东南大学至善出版基金项目

工业机器人技术及应用

主　编　郑　英
副主编　郁佳佳　许　庆

东南大学出版社
SOUTHEAST UNIVERSITY PRESS
·南京·

图书在版编目(CIP)数据

工业机器人技术及应用 / 郑英主编. -- 南京：东南大学出版社，2025.5. -- ISBN 978-7-5766-2203-4

Ⅰ. TP242.2

中国国家版本馆 CIP 数据核字第 2025RR7870 号

责任编辑：胡中正　责任校对：韩小亮　封面设计：毕　真　责任印制：周荣虎

工业机器人技术及应用
Gongye Jiqiren Jishu Ji Yingyong

主　　编	郑　英
出版发行	东南大学出版社
出 版 人	白云飞
社　　址	南京四牌楼2号　邮编：210096　电话：025-83793330
网　　址	http://www.seupress.com
电子邮件	press@seupress.com
经　　销	全国各地新华书店
印　　刷	常州市武进第三印刷有限公司
开　　本	787 mm×1 092 mm　1/16
印　　张	14.5
字　　数	360 千字
版　　次	2025 年 5 月第 1 版
印　　次	2025 年 5 月第 1 次印刷
书　　号	ISBN 978-7-5766-2203-4
定　　价	50.00 元

* 本社图书若有印装质量问题，请直接与营销部调换。电话(传真)：025-83791830。

前 言

随着自动化技术的飞速发展,工业机器人技术的应用领域正在迅速扩大,工业和农业的诸多行业在加速应用机器人技术。工业机器人为人类解决繁重的搬运、枯燥的装配及对人身体有害的焊接和喷涂等工作,同时提高了工作效率,保证了作业质量,是各个行业不可缺少的助手。

我国工业机器人技术起步比较晚,面对急剧增加的市场需求,高校需要开展工业机器人教育,培养适应市场需求的机器人应用型人才。为了顺应工业机器人产业的发展趋势,拓展学生的视野,展示工业机器人的广阔应用领域,本书综合了相关学科的知识,系统讲解了工业机器人的理论和控制方法、工业机器人用到的内外部传感器和工业机器人的应用,介绍了工业机器人的基础知识以及与之相关的搬运、焊接和装配等应用和编程技术。

本书分为基础和应用两大部分。基础部分主要包括机器人入门知识,如高等数学、线性代数、力学、机械原理等课程的基础知识。应用部分则详细介绍了诸如搬运、焊接、装配等作业,还对机器人的编程和仿真进行了介绍。

本书内容共分 7 章:第 1 章主要讲解机器人的发展史、机器人的分类、机器人的系统组成和技术参数;第 2 章讲解机器人的本体结构,主要包括机器人基座、手臂、腕部和末端执行器和机器人的驱动等;第 3 章讲解机器人坐标变换、机器人的运动学建模、动力学建模以及机器人末端执行器的轨迹规划;第 4 章讲解工业机器人的传感部分,主要包括内部传感器和外部传感器,具体有编码器、视觉传感器等;第 5 章讲解工业机器人的控制,包括点到点的控制、连续控制以及智能控制等;第 6 章介绍机器人的集成及维护,主要包括机器人系统集成、安全管理以及工业机器人的日常维护;第 7 章介绍工业机器人的示教编程、离线编程,以 ABB 机器人为例,讲解示教器的使用和离线编程。最后附录部分编写了机器人的 Matlab 仿真。

本书第 1 章、第 2 章、第 3 章和第 6 章的工业机器人应用部分内容由郑英编写,第 4 章、第 5 章由郁佳佳编写,第 6 章安全与维护部分内容和第 7 章由许庆编写。学生杨贤哲、雷艳丽等参与了相关章节的书稿整理工作。全书由郑英统稿。

本书编写过程中参阅了国内外众多专家学者和一些院校的教材、资料和文献,由于篇幅有限,书中未能详尽列出,谨在此表示衷心感谢。

本书的出版得到东南大学至善出版基金的资助,在此表示感谢!

机器人技术内容十分广泛,涉及诸多学科领域。由于编者水平有限、经验不足,书中错误在所难免,敬请读者批评指正,提出宝贵意见,请发送邮件到 njzhengying@163.com,我们将不胜感激。

编者

2024 年 9 月

目 录

第1章 绪论 ··· 1
  1.1 工业机器人的定义及发展 ··· 1
    1.1.1 工业机器人的定义 ··· 1
    1.1.2 工业机器人的发展 ··· 2
  1.2 工业机器人的分类及应用 ··· 4
    1.2.1 工业机器人的分类 ··· 4
    1.2.2 工业机器人的应用 ··· 6
  1.3 工业机器人的基本组成和技术参数 ·· 9
    1.3.1 工业机器人的基本组成 ·· 9
    1.3.2 工业机器人的技术参数 ··· 11
  1.4 工业机器人产业现状 ·· 16
    1.4.1 全球市场格局 ·· 16
    1.4.2 工业机器人产业链组成 ··· 16
    1.4.3 中国工业机器人概况 ·· 16

第2章 工业机器人的机械动力系统 ·· 20
  2.1 工业机器人的基座和行走机构 ·· 20
    2.1.1 工业机器人的基座 ··· 20
    2.1.2 工业机器人的行走机构 ··· 20
  2.2 工业机器人的机身和手臂 ·· 23
    2.2.1 工业机器人的机身结构 ··· 23
    2.2.2 工业机器人机身与臂部的配置形式 ····································· 24
    2.2.3 工业机器人的手臂 ··· 25
  2.3 工业机器人的腕部 ··· 27
    2.3.1 工业机器人手腕的定义 ··· 27
    2.3.2 手腕的运动形式 ·· 28
    2.3.3 腕部的分类 ·· 29
    2.3.4 柔顺手腕 ··· 31
  2.4 工业机器人的末端执行器 ·· 31
    2.4.1 末端执行器的结构特点 ··· 31
    2.4.2 末端执行器的分类 ··· 32

    2.4.3 机械式夹持器 ……………………………………………………………… 32
    2.4.4 吸附式执行器 ……………………………………………………………… 34
    2.4.5 专用工具 …………………………………………………………………… 35
    2.4.6 工具快换装置 ……………………………………………………………… 36
    2.4.7 仿人机器人末端执行器 …………………………………………………… 36
    2.4.8 其他手 ……………………………………………………………………… 37
  2.5 工业机器人的传动机构 ………………………………………………………… 37
    2.5.1 工业机器人的驱动方式 …………………………………………………… 38
    2.5.2 机器人的传动结构 ………………………………………………………… 41
    2.5.3 机器人的制动 ……………………………………………………………… 45
    2.5.4 新型的驱动方式 …………………………………………………………… 46

第3章 工业机器人运动学和动力学 …………………………………………………… 48
  3.1 工业机器人坐标系 ……………………………………………………………… 48
  3.2 机械手运动学表示方法 ………………………………………………………… 49
    3.2.1 机械手的结构 ……………………………………………………………… 49
    3.2.2 机械手的运动学 …………………………………………………………… 50
    3.2.3 运动学、静力学和动力学的关系 ………………………………………… 51
  3.3 机器人运动学 …………………………………………………………………… 51
    3.3.1 工业机器人位姿 …………………………………………………………… 51
    3.3.2 齐次变换及运算 …………………………………………………………… 57
    3.3.3 机器人的连杆参数及坐标变换 …………………………………………… 62
    3.3.4 工业机器人运动学方程 …………………………………………………… 65
  3.4 工业机器人动力学 ……………………………………………………………… 70
    3.4.1 工业机器人速度分析 ……………………………………………………… 70
    3.4.2 工业机器人静力分析 ……………………………………………………… 73
    3.4.3 工业机器人动力学分析 …………………………………………………… 75
  3.5 工业机器人的运动轨迹规划 …………………………………………………… 77
    3.5.1 路径和轨迹 ………………………………………………………………… 77
    3.5.2 轨迹规划 …………………………………………………………………… 77

第4章 工业机器人的传感器系统 ……………………………………………………… 86
  4.1 工业机器人常用传感器概述 …………………………………………………… 86
    4.1.1 传感器概述 ………………………………………………………………… 86
    4.1.2 工业机器人传感器分类 …………………………………………………… 87
    4.1.3 传感器的性能指标 ………………………………………………………… 87
    4.1.4 机器人对传感器的要求 …………………………………………………… 89
  4.2 工业机器人内部传感器 ………………………………………………………… 90
    4.2.1 位置和位移传感器 ………………………………………………………… 91

4.2.2　速度传感器 ·· 94
　　4.2.3　加速度传感器 ··· 95
　　4.2.4　姿态传感器 ·· 96
4.3　常用的工业机器人外部传感器 ··· 97
　　4.3.1　视觉传感器 ·· 97
　　4.3.2　触觉传感器 ··· 104
　　4.3.3　接近觉传感器 ··· 110
　　4.3.4　其他外部传感器 ·· 113
4.4　多传感器的信息融合技术 ··· 114

第5章　工业机器人的控制系统 ·· 117
5.1　工业机器人控制系统的特点、功能和组成 ·· 117
　　5.1.1　工业机器人控制系统的特点 ··· 117
　　5.1.2　工业机器人控制系统的功能 ··· 118
　　5.1.3　工业机器人控制系统的组成 ··· 118
　　5.1.4　工业机器人控制系统的分类 ··· 120
　　5.1.5　工业机器人驱动系统 ·· 125
5.2　工业机器人的控制方式 ··· 125
5.3　工业机器人示教再现控制 ··· 126
5.4　工业机器人的运动控制 ··· 128
　　5.4.1　工业机器人伺服控制 ·· 128
　　5.4.5　工业机器人关节位置控制 ··· 129
　　5.4.3　工业机器人关节速度控制 ··· 129
5.5　工业机器人的力控制 ·· 130
5.6　工业机器人的视觉控制 ··· 131
5.7　工业机器人现代控制方法 ··· 132
5.8　工业机器人控制系统工程实现 ··· 135
　　5.8.1　工业机器人控制体系结构 ··· 135
　　5.8.2　工业机器人控制系统设计流程 ·· 136
5.9　工业机器人操作系统 ·· 137
5.10　工业机器人控制系统发展趋势 ··· 139

第6章　工业机器人的应用及维护 ·· 141
6.1　工业机器人的系统集成 ··· 141
　　6.1.1　工业机器人系统集成的基础 ··· 141
　　6.1.2　工业机器人系统集成的步骤 ··· 141
　　6.1.3　工业机器人系统集成的实施 ··· 143
6.2　认识工业机器人工作站 ··· 145
　　6.2.1　工业机器人工作站的组成 ··· 145

####### 6.2.2 工业机器人工作站的特点 … 145
####### 6.2.3 工业机器人工作站的一般设计原则 … 146
6.3 工业机器人的应用 … 146
####### 6.3.1 搬运机器人 … 146
####### 6.3.2 焊接机器人 … 152
####### 6.3.3 喷漆机器人 … 159
####### 6.3.4 装配机器人 … 161
6.4 工业机器人的安全管理与维护 … 164
####### 6.4.1 工业机器人的安全管理 … 164
####### 6.4.2 工业机器人的维护 … 167

第7章 工业机器人的示教编程和仿真 … 173
7.1 工业机器人的编程要求与语言类型 … 173
####### 7.1.1 工业机器人的编程要求 … 173
####### 7.1.2 工业机器人的语言类型 … 174
7.2 工业机器人的语言系统结构与编程语言 … 175
####### 7.2.1 工业机器人的语言系统结构 … 175
####### 7.2.2 工业机器人的编程语言 … 176
7.3 示教再现编程的概念及特点 … 177
####### 7.3.1 示教再现编程的特点 … 178
####### 7.3.2 示教再现编程的优点和缺点 … 178
####### 7.3.3 示教再现编程的基本方法 … 179
7.4 离线编程的概念及特点 … 181
####### 7.4.1 离线编程的特点 … 181
####### 7.4.2 离线编程的优点和缺点 … 181
####### 7.4.3 离线编程的基本步骤 … 182
7.5 ABB工业机器人仿真 … 182
####### 7.5.1 RobotStudio软件介绍 … 182
####### 7.5.2 RobotStudio软件下载和安装 … 184
####### 7.5.3 RobotStudio软件界面介绍 … 185
####### 7.5.4 ABB示教器基本操作 … 187
####### 7.5.5 搬运仿真工作站 … 203
####### 7.5.6 码垛仿真工作站 … 206

附录一：机器人的Matlab仿真 … 210
附录二：六自由度机器人Matlab仿真代码 … 216
参考文献 … 220

第1章 绪 论

1954年,美国人G.C.戴万获得了第一项工业机器人专利,1958年美国机械与铸造公司研制成功了一台数控自动通用机器,商品名为Versatran,并以"工业机器人"为商品广告投入市场,这就是世界上最早的工业机器人。经过几十年的迅速发展,工业机器人已经广泛应用于汽车及汽车零部件制造业、机械加工行业、电子电气行业、物流和制造业等诸多领域中。作为现代制造业中不可替代的核心自动化装备,工业机器人已经成为衡量一个国家制造业水平和科技水平的重要标志。同时,工业机器人的发展是一个动态过程,其性能和应用领域也必将随着科技的发展而不断提升。工业机器人是典型的机电一体化装置,其涉及机械、电气、控制、检测、通信和计算机等方面的知识。为此,本章内容将对工业机器人的定义、组成、分类和应用以及目前工业机器人产业现状做一些整体介绍,为后续章节的学习奠定基础。

1.1 工业机器人的定义及发展

随着科学技术的发展,机器人已经渗透人们生活的方方面面。人们制造了它,并感受到机器人带来的高效和便捷。随着人们对机器人需求的不断增长,人们将会看到形形色色的机器人,它们或大或小,或圆或方,或单独作业或群体协作,以不同的形式出现在人们的面前。那么什么是机器人呢?

1.1.1 工业机器人的定义

工业机器人是技术最成熟、应用最广泛的一类机器人,但对于工业机器人的定义,科学界尚未形成统一意见。主要原因在于人们对机器人的认识还远远不够,工业机器人是面向工业领域的多关节机械手或多自由度的机械装置,它能自动执行工作指令,靠自身动力和控制能力来完成各种功能。美国机器人协会(RIA)给出的工业机器人定义为"一种用于移动各种材料、零件、工具或专用装置,通过程序动作来执行各种任务的,并具有编程能力的多功能操作机"。日本工业机器人协会(JIRA)定义工业机器人为"工业机器人是一种带有存储器件和末端操作器的通用机械,它能够通过自动化的动作替代人类劳动"。国际标准化组织(ISO)定义为"工业机器人是一种能自动控制,可重复编程,多功能/多自由度的操作机,能搬运材料、工件或操持工具来完成各种作业"。目前国际上大多数采用ISO定义的工业机器人的定义。

工业机器人通常具有四个特点:拟人化、通用性、独立性和不同程度的智能化。因此，可以理解工业机器人是具有类似于人的手臂、手腕、手、眼睛等感官的机械电子装置，具有感知、推理、决策和学习等能力，不依赖于人通过程序可以完成多种作业任务，如搬运、码垛、焊接、喷涂等工作任务。

机器人的出现和高速发展是社会、经济发展的必然，是为提高社会的生产水平和人们的生活质量，让机器代替人们去干那些人们不愿意干、干不了和干不好的工作。机器人的出现也是适应特种行业的需求。任何行业，危险的工作岗位人类都不愿意做，有些岗位的工作也不应该由人来完成。同时，机器人的出现也是保持产品高度一致性的需要。相对来说，工人生产达到一致性的要求较难满足，需要加大管理成本的投入，而机器人能够保证连续生产，提高生产率，降低人工成本。比如搬运码垛这类枯燥重复而且耗费体力的工作，比如火山探测、深海探索等人类无法亲自到达的地方，比如焊接、涂装等对人有害的工作。

随着机器人技术的进步，引发了人类对机器人的担忧，美国著名科幻小说家阿西莫夫于1950年在他的小说《我是机器人》中，提出了"机器人三守则"：

① 机器人必须不危害人类，也不允许它眼看人类受害而袖手旁观。
② 机器人必须绝对服从于人类，除非这种服从有害于人类。
③ 机器人必须保护好自身不受伤害，除非为了保护人类或者是人类命令它做出牺牲。

这三条原则，给机器人赋予新的伦理性，并使机器人概念通俗化，更易于被人类社会所接受。

工业机器人体现着机器人技术的发展成果，可实现制造生产的规模化、智能化，作为先进制造业的支撑技术和信息化社会的新兴产业，必将对未来生产和社会发展起着重要的作用。

1.1.2　工业机器人的发展

机器人技术作为20世纪人类最伟大的发明之一，自20世纪60年代问世以来，已经取得长足的进步。机器人的英文名字robot源于捷克语robota，意思是奴隶劳动。第一次出现在捷克剧作家卡尔·查别克1920年的作品《罗萨姆的万能机器人》中。1954年美国人戴沃尔制造出世界上第一台可编程的机器人，最早提出工业机器人的概念，并进行了专利申请。1958年世界上第一个机器人公司Unimation(Universal Automation)在美国成立，并设计了第一台工业机器人Unimate，用于压铸的五轴液压驱动机器人，用一台计算机实现手臂的控制，能够记忆完成180个工作步骤。1962年美国机械与铸造公司(AMF)推出的"VERSATRAN"是最早的工业机器人的实用机型，是第一台真正商业化的机器人。其在外形上有类似于人的手和臂，采用液压驱动，主要用于机器之间的物料运输，它的手臂可以绕底座回转，沿垂直方向升降，也可以沿半径方向伸缩。在工业机器人问世的最初阶段，机器人技术发展较为缓慢，主要在大学和研究所的实验室里，具有代表性的是Unimate机器人和Versatran机器人。1967年日本川崎重工业公司从美国引进机器人技术，并成立机械手研究协会，同年召开日本首届机器人学会，并于1968年试制出第一台日本产通用机械手机器人。20世纪70年代，随着自动控制和计算机等技术的发展，机器人进入工业生产的实用化时代。最具代表性的是美国Unimation公司的PUMA系列工业机器人和日本的SCARA机器人。1972年，IBM公司开发出内部使用的直角坐标机器人。1974年，瑞士的ABB公司研发了世界上第一台全电控式工业机器人IRB6，采用仿人化设计，其手臂动作模仿人类的手臂。1978年，美国推出通用工业机器人PUMA应用于通用汽车装配线，标志着工业机器人技术已经完全成熟。与此同时，日本山梨大学推出第一台SCARA工业机器人，它具有四个运动自由度。20世纪80年代，将具有感知、思索、决策和执行动作的系统称为智能机器人。机器人概念的延伸不但指导了机器人技术的研究和应用，而且为机器人技术未来的发展提供了广阔的空间。20世纪90年代，装配和物流搬运的工业机器人开始应用。工业机器人自问世以来广泛应用在制造业中，尤其是在汽车生产线上得到广泛的应用。计算机技术和人工智能技术的发展推动了机器人概念的延伸。当前，机器人技术与信息技术的融合和交互说明了机器人所具有的创新活力。

国际工业机器人发展的两条路径：一是模仿人的手臂，实现多维运动，典型应用为点焊、弧焊机器人；二是模仿人的下肢运动，实现物料输送、传递等搬运功能，如搬运机器人。国外机器人企业主要分日系和欧系两种。具体说有四大家族：瑞士ABB，德国KUKA（库卡），日本YASKAWA（安川），日本FANUC（发那科）；还有四小家族：日本OTC（欧地希），日本NACHI（那智不二越），日本PANASONIC（松下），日本KAWASAKI（川崎）；此外还有意大利COMAU（柯马），日本MITSUBISHI（三菱）。

我国机器人技术起步比较晚，大致经历了20世纪70年代的萌芽期、80年代的开发期、90年代的实用化期和21世纪的高速增长期。我国于1972年开始研制自己的工业机器人。1986年，国家高技术研究发展计划（863计划）开始实施，经过几年的不懈努力，成功研制出了一批特种机器人。90年代，我国的工业机器人又在实践中取得很大进步，研制出了适合工业生产需要的装配、喷涂、包装等应用型工业机器人。目前，我国工业机器人已经处于高增长阶段，连续多年位居全球工业机器人需求和应用第一大市场，服务机器人需求潜力也巨大，商用探索不断加速，特种机器人应用场景进一步拓展并细化，与此同时，在"机器换人"大潮下，机器人消费市场正快速扩大。

智能化、仿生化是工业机器人的最高阶段，随着材料、控制等技术的不断发展，实验室产品越来越多地逐步应用于各个场景。伴随移动互联网、物联网的发展，多传感器、分布式控制的精密型工业机器人将会越来越多，逐步渗透制造业的方方面面，并且由制造实施型向服务型转化。一些相关科研机构和企业已掌握的技术包括：工业机器人操作机的优化设计制造技术；工业机器人控制、驱动系统的硬件设计技术；机器人软件的设计和编程技术；运动学和轨迹规划技术；点焊、弧焊及大型机器人自动生产线与周边配套设备的开发和制备技术等。其中某些关键技术已达到或接近世界先进水平。

在我国工业机器人发展过程中，出现了一些有代表性的厂商，如：沈阳新松（SIASUN）、广州数控（GSK）、芜湖埃夫特（EFORT）、南京埃斯顿（ESTUN）、武汉华中数控、上海新时达、珞石科技、台达集团等。

但是，工业机器人的核心零部件如减速器、伺服电机和控制器等，依然成为制约着中国工业机器人发展的瓶颈，工业机器人龙头企业埃斯顿在发布的公告介绍，减速器、伺服电机和控制器这3个核心零部件在工业机器人成本中占比合计超过70%，目前国内的核心零部件市场均被国外品牌占据。

总之，长远来看，机器人产品的生产成本会大大降低，性能会逐步完善，因此，工业机器人的应用在各行各业中将继续得到飞速发展。

1.2　工业机器人的分类及应用

1.2.1　工业机器人的分类

关于工业机器人的分类,国际上没有制定统一的标准,可按智能程度、坐标类型、驱动方式、拓扑结构、自由度、应用领域等划分。

1. 按工业机器人的研究、发展程度分类

(1) 示教再现型机器人:即第一代工业机器人,能够按照人类预先示教的空间轨迹、作业条件和作业顺序等重复作业,示教可由操作员手把手进行或通过示教器完成,机器人对外部信息不具备反馈能力。当前工业应用最多的是示教再现机器人。

(2) 感知型机器人:即第二代工业机器人,具有环境感知装置,通过反馈控制,使机器人在一定程度上感知外部环境,并且适应环境的变化,具有对某些外界信息进行反馈调整的能力。目前已经进入应用阶段。

(3) 智能型机器人:即第三代工业机器人,具有多种智能传感器,可进行复杂的逻辑推理、学习、判断及决策,可在作业环境中独立行动,具有发现问题并且能自主地解决问题的能力。目前尚处于实验研究阶段。智能型机器人至少要具备三个要素:感觉要素、运动要素、思考要素。其中,思考要素是智能机器人的关键要素,也是智能机器人必备的要素。

2. 按工业机器人操作机的坐标形式分类

工业机器人的坐标形式有直角坐标型、圆柱坐标型、球坐标型、垂直关节坐标型和平面关节坐标型。

(1) 直角坐标型机器人:直角坐标型机器人的外形与数控机床和三坐标测量机类似,其三个关节都是移动关节,关节轴线相互垂直,相当于笛卡尔坐标系的轴。作业范围为立方体形状。其优点是刚度大,位置精度高,运动学求解简单,控制无耦合;缺点是结构庞大,动作范围小,灵活性差且占地面积大。

(2) 圆柱坐标型机器人:圆柱坐标型机器人具有两个移动关节和一个转动关节,作业范围为圆柱形状。其优点是位置精度高,运动直观,控制简单,结构简单,占地面积小;缺点是工作空间受限,不能抓取靠近立柱或地面上的物体。

(3) 球坐标型机器人:球坐标型机器人具有一个移动关节和两个转动关节,作业范围为空心球状。其优点是结构紧凑,动作灵活,占地面积小;缺点是结构复杂,定位精度低,运动直观性差。

(4) 关节坐标型机器人:关节坐标型机器人主要由回转和旋转自由度构成。可以看作模仿人的手臂的结构,具有肘关节的连杆关节结构。这种结构对于确定的三维空间上任意位置和姿态都是有效的,对于各种作业也具有良好的适应性,但坐标计算和控制比较复杂。其优点是作业范围大,动作灵活,能抓取靠近机身位置的物体;缺点是运动直观性差,比较难达到高定位精度要求。

(5) 平面关节型机器人:平面关节型机器人具有三个转动关节,其轴线相互平行。还有一个移动关节,用于完成手腕在垂直于平面方向上的运动。手腕的中心位置由两个转动关节的角度及移动关节的位移决定,手爪的方向由转动关节的角度决定。其优点是在平面上的运动具有较大的柔性,沿垂直方向有很强的刚性,且动作灵活、速度快、定位精度高。缺点是受制于组成结构,其有效负载通常会比其他类型的机器人要低,灵活性和自由度不如其他六轴工业机器人。

3. 按工业机器人的控制方式分类

按照控制方式可以把机器人分为非伺服控制机器人和伺服控制机器人两种。

(1) 非伺服控制机器人:工作能力有限,按照预先编好的程序顺序进行工作,使用限位开关、制动器、插销板和定序器来控制机器人的运动。非伺服控制机器人的驱动装置接通电源后,带着机器人手臂、腕部和手部等装置运动,当它们移动到由限位开关所规定的位置时,限位开关动作,给定序器发送一个工作任务完成的信息,并使中断制动器动作,切断驱动电源,停止作业。

(2) 伺服控制机器人:具有更强的工作能力,价格贵,在某些情况下不如简单的机器人可靠。伺服系统的被控制量可为机器人手部执行装置的位置、速度、加速度和力矩等。伺服控制机器人通过传感器获取的反馈信号与来自给定装置的综合信号进行比较后,得到误差信号,经过放大以后用于驱动机器人的伺服机构,实现末端执行器以一定的规律运动,到达规定的位置、速度和加速度等,这是一个反馈控制系统。

4. 按工业机器人的拓扑结构分类

按照机器人的拓扑结构可以分为串联机器人、并联机器人和混联机器人。

(1) 串联机器人:机器人的连杆和关节顺次连接,一个轴的运动会改变另一个轴的坐标原点。其具有结构简单、易操作、灵活性强、工作空间大等特点,但因运动链较长,系统的刚度和运动精度较低,不适宜高速操作。

(2) 并联机器人:一个轴的运动不影响另一个轴的坐标原点,并联机器人动态性能优越,适合高速场合,采用并联闭环结构,具有较大的承载能力,各个关节的误差可以相互抵消,运动精度高,但运动空间相对较小。

(3) 混联机器人:至少有一个并联机构和一个或者多个串联机构构成。混联机器人既有串联机器人工作空间大、运动灵活的特点,又具有并联机器人刚度大、承载能力强的特点,可在大范围作业空间高速准确地完成作业任务。

5. 按驱动类型分类

按照工业机器人的驱动类型可以分为气压驱动机器人、液压驱动机器人和电力驱动机器人。

(1) 气压驱动机器人:以压缩空气来驱动执行机构,优点是空气来源方便,动作迅速,结构简单,造价比较低;缺点是空气具有可压缩性,工作速度稳定性差,适合机器人抓举力比较小的场合。

(2) 液压驱动机器人:利用液体油液来驱动执行机构,优点是具有比较大的抓举力,传动平稳,动作速度快,灵敏度高;缺点是要求制造精度高,成本高,对环境有污染,不宜在高温或者低温场合工作。

(3) 电力驱动机器人:由电动机产生的力或者力矩驱动执行机构,电力驱动具有易于控制、运动精度高、成本低、驱动效率高等优点,应用范围比较广。

此外,按应用场景还可以分为装配机器人、焊接机器人、搬运机器人、喷涂机器人等。

1.2.2 工业机器人的应用

1. 工业机器人的应用场景

工业机器人最早应用于汽车制造行业，常用于焊接、喷漆、上下料和搬运。随着工业机器人技术应用范围的延伸和扩大，现在已可代替人从事危险、有害、有毒、低温和高热等恶劣环境中的工作和代替人完成繁重、单调的重复劳动，并可提高劳动生产率，保证产品质量。工业机器人与数控加工中心、自动搬运小车以及自动检测系统可组成柔性制造系统（FMS）和计算机集成制造系统（CIMS），实现生产自动化。

工业机器人主要应用于以下几个方面：

（1）恶劣工作环境及危险工作

工业机器人可代替人，应用于压铸车间及核工业等有害于身体健康并危及生命，或不安全因素很大而不宜于人去做的作业领域，如核工业上沸水式反应堆燃料自动交换机等。

（2）特殊作业场合和极限作业

机器人可用于火山探险、深海探秘和空间探索等对于人类来说是力所不能及的场合，如航天飞机上用来回收卫星的操作臂等。

（3）自动化生产领域

早期的工业机器人在生产上主要用于机床上下料、点焊和喷漆。随着柔性自动化的出现，机器人在自动化生产领域扮演了更重要的角色。现举例如下：

① 搬运。搬运时用一种设备握持工具，从一个加工位置移动到另一个加工位置。搬运机器人可安装不同的末端执行器（如机械臂夹爪、真空吸盘等）以完成各种不同形状和状态的工件搬运，大大减轻了人类繁重的体力劳动。通过编程控制，配合各个工序不同设备实现流水线作业。搬运机器人广泛应用于机床上下料、自动装配流水线、码垛搬运、集装箱等自动搬运，如图1-1所示。

图1-1 搬运机器人

② 焊接。目前工业应用最广泛的是机器人焊接，如工程机械、汽车制造、电力建设等。焊接机器人能在恶劣的环境下工作并能提供稳定的焊接质量，提高工作效率，减轻工人的劳动强度。目前，焊接机器人基本上都是关节型机器人，绝大多数有6个轴。三个自由度用来控制焊具跟随焊缝的空间轨迹，另三个自由度保持焊具与工件表面有正确的姿态关系，这样才能保证良好的焊缝质量。按焊接工艺的不同，焊接机器人分为三类，即点焊机器人、弧焊机器人和激光焊接机器人。这种机器人广泛应用于汽车制造厂承重大梁和车身结构的焊接，如图1-2所示。

③ 涂装。涂装机器人适用于生产量大、产品型号多、表面形状不规则的工件外表面涂装,广泛应用于汽车及其零部件、仪表、家电、建材和机械等行业。在进行三维表面喷漆和喷涂作业时,至少要有五个自由度。由于可燃环境的存在,驱动装置必须防燃防爆。按照机器人手腕结构形式的不同,涂装机器人可以分为球型手腕涂装机器人和非球型手腕涂装机器人。其中,非球型手腕涂装机器人根据相邻轴线的位置关系又可分为正交非球型手腕机器人和斜交非球型手腕机器人,如图1-3所示。

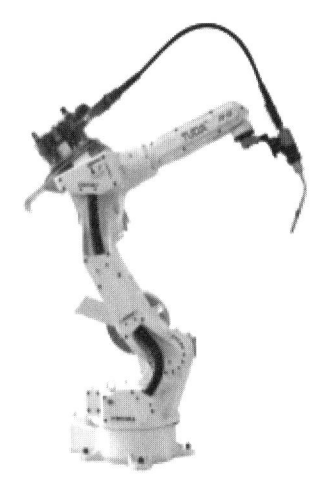

图1-2 焊接机器人

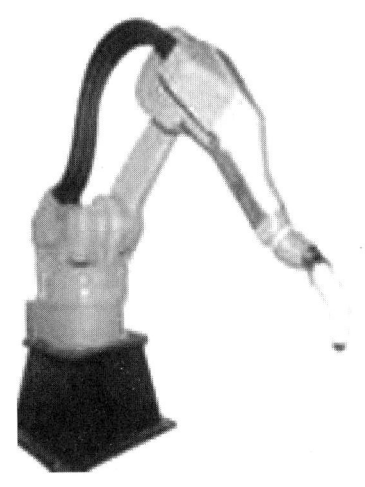

图1-3 喷涂机器人

④ 装配。装配是一个比较复杂的作业过程,不仅要检测装配过程中的误差,还要纠正这种误差。装配机器人是柔性自动化系统的核心设备,末端执行器种类多,如接触传感器、视觉传感器、接近传感器和听觉传感器等,可适应不同的装配对象。传感系统用于获取装配机器人与环境和装配对象之间相互作用的信息。装配机器人主要应用于各种电气的制造及流水线产品的组装作业,具有高效、精确、持续工作的特点。

⑤ 码垛。码垛机器人可以满足中低产量的生产需求,也可以按照要求的编组方式和层数,完成对料袋、箱体等各种产品的码垛。使用码垛机器人能够提高企业的生产效率,同时减少人工搬运造成的错误,还可以不间断地持续工作,节约大量人力资源成本。码垛机器人广泛应用于化工、饮料、啤酒、塑料等生产企业。

⑥ 打磨。打磨机器人是可以进行自动打磨的工业机器人,主要用于工件的表面打磨、棱角去毛刺、焊缝打磨、内腔内孔去毛刺、孔口螺纹口加工等。打磨机器人广泛应用于3C、卫浴五金、汽车零部件、医疗器械、家具制造、民用产品等领域。大多数打磨机器人是六轴机器人,根据末端执行器性质的不同,打磨机器人可分为两大类,即机器人持工件打磨机器人和机器人持工具打磨机器人。

2. 工业机器人的行业应用

随着"工业4.0"和"中国制造2025"的相继提出和不断深化,全球制造业正在向着自动化、集成化、智能化及绿色化方向发展。我国作为制造大国,以工业机器人为标志的智能制造在各个行业的应用越来越广泛。

(1) 金属成形

金属成形机床是机床工具的重要组成部分,成形加工通常与高劳动强度、噪声污染、金属粉尘等联系在一起,有时处于高温高湿甚至有污染的环境中,工作简单枯燥,企业招人困难。工业机器人与成形机床集成,不仅可以解决企业用人问题,还可提高加工效率、精度和安全性,具有很大的发展空间。

工业机器人在金属成形领域主要有数控折弯机集成应用、压力机冲压集成应用、热模锻集成应用、焊接应用等几个方面。

(2) 电子电气

工业机器人在电子类的 IC、贴片元器件这些领域的应用也较为普遍。目前世界工业界装机最多的工业机器人是 SCARA 型四轴机器人,第二位是串联关节六轴机器人,这两类超过全球工业机器人装机量的一半。

在电子电气领域,工业机器人在分拣装箱、撕膜系统、激光塑料焊接、高速码垛等一系列流程中表现出色。

(3) 塑料工业

从汽车和电子工业到消费品和食品工业都有塑料的身影。塑料原材料通过注塑机和工具被加工成精细耐用的成品或半成品,这个过程往往少不了工业机器人。

工业机器人不仅适用于净室环境标准下作业,也可在注塑机旁完成高强度作业,提高各种工艺的经济效益。工业机器人快速、高效、灵活、结实耐用及承重力强等优势,确保塑料企业在市场中的竞争优势。

(4) 铸造行业

铸造行业的作业使工人和机器遭受沉重负担,因为他们需要在高污染、高温、重力等极端的工作环境下进行多班作业。因此,绿色铸造被越来越多的企业所重视和推行。

铸造业从浇注、搬运延伸到了清理、码垛等工作,都能应用工业机器人来改善工作环境,提高工作效率、产品精度和质量,降低成本,减少浪费,并可获得灵活且高速持久的生产流程,满足绿色铸造的特殊要求。

(5) 家用电器行业

家电行业历来是劳动密集型产业,在人力成本大幅增加、中国人口红利逐渐消失、精密制造提升等客观因素推动下,工业机器人在家电领域的应用是必然的。

使用工业机器人可以更经济有效地完成生产、加工、搬运、测量和检验工作,可以连续可靠地完成生产任务,无需经常将沉重的部件中转。由此可以确保生产流水线的物料流通顺畅,且始终保持恒定高质量。

3. 应用机器人的优点

通过对机器人应用领域的介绍,可以知道机器人应用给人类带来如下好处:

① 减少劳动力费用。

② 提高生产率。

③ 改进产品质量。

④ 增加制造过程的柔性。

⑤ 减少材料浪费。

⑥ 控制和加快库存的周转。

⑦ 降低生产成本。

⑧ 消除危险和恶劣的劳动岗位。

1.3 工业机器人的基本组成和技术参数

1.3.1 工业机器人的基本组成

狭义的工业机器人构成:机器人操作机(本体)、控制器和示教器。机器人本体包括基座、腰部、手臂和手腕构成的机械臂,电机、减速机、传动系统等构成的驱动装置和传动单元以及位置/速度传感器、电流传感器等内部传感器。

广义机器人系统的构成除了本体、控制器、示教器,还有末端执行器(工具手)、外部传感器、周边设备、上位机处理器、软件系统、加工工件等。

一般的通用工业机器人的基本组成:机器人由机械部分、传感部分、控制部分三大部分组成。这三大部分又分成六个子系统,分别为:驱动系统、机械结构系统、感受系统、机器人—环境交互系统、人机交互系统和控制系统,如图1-4所示。对应的工业机器人系统如图1-5所示。

1. 机械部分

机械部分是机器人的重要组成部分,也就是我们常说的机器人本体部分,这部分可以分为两个系统。

(1) 机械结构系统

主要由机身、手臂、腕部和手部四大部分组成。每一个部分具有若干自由度,构成一个多自由度的机械系统。手部又可以称作末端执行器,是直接安装在手腕上的一个重要部件,它可以是多手指的手爪,也可以是喷漆枪、焊枪等作业工具。

(2) 驱动系统

工业机器人在运动时,每个关节的运动都是通过驱动装置和传动机构实现的,驱动装置是向机器人各机械臂提供动力和运动的装置,不同的机器人,采用的驱动动力不同,驱动系统的传动方式也不同。驱动机器人所用的电机一般为步进电机或伺服电机,目前也有部分机器人使用力矩电动机,但成本高,操作复杂。它的作用是提供机器人各部分、各关节动作的原动力。驱动系统传动部分可以是液压传动系统、电动传动系统、气动传动系统,或者是各种系统结合起来的综合传动系统,也可以是直接驱动或者通过同步带、链条、轮系、谐波齿轮等机械传动机构进行间接驱动。常用的传动机构有谐波传动、螺旋传动、链传动、带传动以及各种齿轮传动等。

2. 控制部分

控制部分是工业机器人的神经中枢或控制中心,由计算机硬件、软件和一些专用电路、控制器、驱动器等构成。控制器相当于机器人的大脑,可以直接或者通过人工对机器人的动作进行控制,控制部分也可以分为两个系统:

(1) 控制系统

控制系统主要根据机器人的作业指令程序以及从传感器反馈回来的信号支配的执行机构去完成规定的运动和功能。根据控制原理,控制系统可以分为程序控制系统、适应性控制系统和人工智能控制系统三种。根据运动形式,控制系统可以分为点位控制和轨迹控制。其中,点位控制方式只关心机器人末端执行器的起点和终点位置,而不关心两点之间的运动轨迹,这种控制方式可以完成无障碍条件下的点焊、上下料、搬运等操作。连续路径的轨迹控制方式不仅要求机器人以一定的精度达到目标点,而且对移动轨迹也有一定的精度要求,如机器人喷涂、弧焊等操作。实质上这种控制方式是以点位控制方式为基础,在每两点之间用满足精度要求的位置轨迹插补算法实现轨迹连续化。

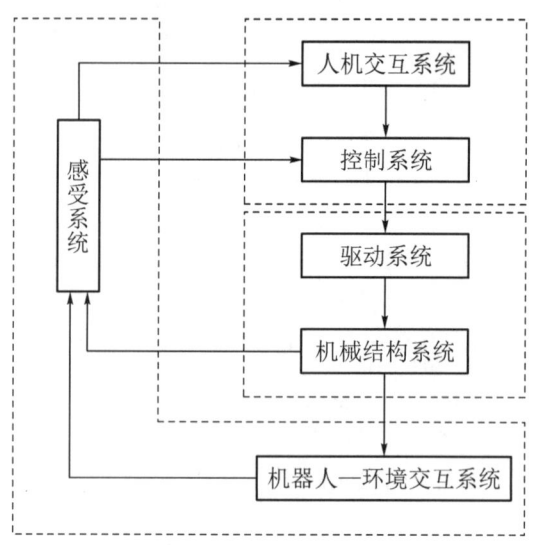

图 1-4　工业机器人组成

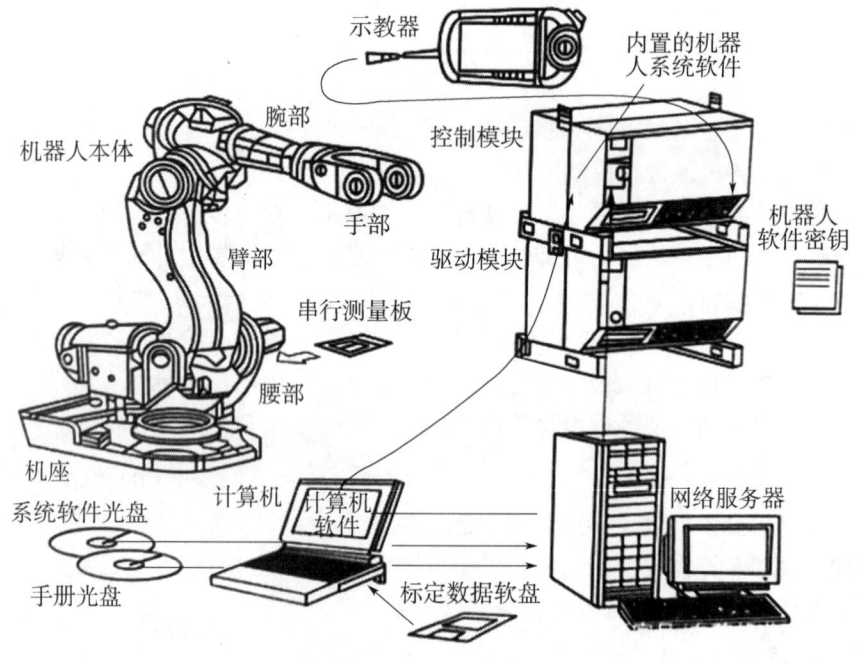

图 1-5　工业机器人系统

（2）人机交互系统

人机交互系统是人与机器人进行联系和参与机器人控制的装置。例如,示教器、计算机的标准终端,指令控制台、信息显示板、危险信号报警器等。操作人员手持示教器,通过操作液晶屏或者触控屏把控制信号传送到控制柜的存储器中,实现对机器人的控制。示教器一般都有显示区、功能按键区及急停按钮和出入线端口等。

3. 传感部分

传感器是用来检测作业对象及外界环境的,在工业机器人上安装各类传感器,可以帮助机器人工作。传感器就好比人类的五官,为机器人工作提供感觉,帮助机器人工作过程更加精确。这部分主要可以分为两个系统:

(1) 感知系统

感知系统用以获取内部和外部环境状态中有意义的信息,提高了机器人的机动性、适应性和智能化的水平。内部传感器是完成机器人运动控制所必需的传感器,如位置、速度传感器等;外部传感器检测机器人所处环境、外部物体状态或机器人与外部物体的关系,如力觉、触觉、视觉和接近传感器等。如表1.1所示。

表1.1 机器人常用传感器

	用途	机器人的精确控制
内部传感器	检测信息	位置、角度、速度、加速度、姿态、方向等
	所用传感器	微动开关,光电开关,差动变压器,编码器,电位计,旋转变压器,测速发电机,加速度计,陀螺仪,倾角传感器,力(力矩)传感器
外部传感器	用途	了解工件、环境或机器人在环境中的状态,对工件的灵活、有效的操作
	检测信息	工件和环境:形状、位置、范围、质量、姿态、运动、速度等;机器人与环境:位置、速度、加速度、姿态等 对工件的操作:非接触(间隔、位置、姿态等)、接触(障碍检测、碰撞检测等)、触觉(接触觉、压觉、滑觉)、夹持力等
	所用传感器	视觉传感器,光学测距传感器,超声测距传感器,触觉传感器、电容传感器、电磁感应传感器、限位传感器、压敏导电橡胶、弹性体加应变片等

(2) 机器人—环境交互系统

机器人—环境交互系统是实现机器人与外部环境中的设备相互联系和协调的系统。工业机器人与外部设备集成为一个功能单元,如加工制造单元、焊接单元、装配单元等。也可以是多台机器人、多台机床设备或者多个零件存储装置等集成为一个执行复杂任务的功能单元。

通过这三大部分六个子系统的协调作业,使工业机器人成为一台高精密度的机械设备,具有工作精度高、稳定性强、工作速度快等特点,为企业提高生产效率和产品质量奠定了基础。机器人是机械、电子、检测、控制和计算机技术的综合应用,了解机器人的基本组成,能更好地应用机器人完成工作。

1.3.2 工业机器人的技术参数

工业机器人的种类、用途以及用户要求都不一样,但是机器人的基本组成是一样的,需要研究的参数也一样。工业机器人制造商在产品供货时一般会提供相应的技术数据。表1.2为ABB工业机器人IRB120的主要技术参数,表1.3为FANUC工业机器人M-10iA/12的主要技术参数。尽管各厂家提供的技术参数不完全一样,但是工业机器人的主要技术参数一般应该有自由度、定位精度、工作范围、最大工作速度和承载能力等。工业机器人的主要技术参数一般都包括：自由度、定位精度和重复定位精度、分辨率、工作空间、最大速度和承载能力等。

表 1.2 ABB 工业机器人 IRB120 的主要技术参数

规格			
型号	工作范围	有效荷重	手臂荷重
IRB120-3/0.6	580 mm	3 kg(4 kg)	0.3 kg
特性			
集成信号源	手腕设 10 路信号		
集成气源	手腕设 4 路空气(5 bar)		
重复定位精度	0.01 mm		
机器人安装	任意角度		
防护等级	IP30		
控制器	IRC5 紧凑型/IRC6 单柜型		
运动			
轴运动	工作范围	最大速度	
轴 1 旋转	+165°～-165°	250°/s	
轴 2 手臂	+110°～-110°	250°/s	
轴 3 手臂	+70°～-90°	250°/s	
轴 4 手腕	+160°～-160°	320°/s	
轴 5 弯曲	+120°～-120°	320°/s	
轴 6 翻转	+400°～-400°	420°/s	
性能			
1 kg 拾料节拍			
25 mm×300 mm×25 mm	0.58 s		
TCP 最大速度	6.2 m/s		
TCP 最大加速度	28 m/s^2		
加速时间 0～1 m/s	0.07 s		
电气连续			
电源电压	200～600 V,50/60 Hz		
额定功率	—		
变压器额定功率	3.0 kVA		
功耗	0.25 kW		
物理特性			
机器人底座尺寸	180 mm×180 mm		
机器人高度	700 mm		
重量	25 kg		

续表

环境	
机械手环境温度：	
运行中	+5 ℃(41 ℉)至+45 ℃(122 ℉)
运输与储存时	-25 ℃(-13 ℉)至+55 ℃(131 ℉)
短期	最高+70 ℃(158 ℉)
相对湿度	最高95%
选件	洁净室 ISO 6 级(IPA 认证)
噪音水平	最高 70 dB(A)
安全性	安全停、紧急停 2 通道安全回路检测

表1.3 FANUC 工业机器人 M-10iA/12 的主要技术参数

模式		关节型		
控制轴数		6 轴(J1,J2,J3,J4,J5,J6)		
安装形式		地面安装		
运动范围	J1	340/360°	J4	380°
	J2	250°	J5	280°
	J3	455°	J6	720°
最大运动速度	J1	210°/s	J4	400°/s
	J2	190°/s	J5	400°/s
	J3	210°/s	J6	600°/s
允许的最大扭矩	J4	2.2 kgf·m	允许的最大转动惯量 J4	0.63 kg·m²
	J5	2.2 kgf·m	J5	0.63 kg·m²
	J6	1.0 kgf·m	J6	0.15 kg·m²
最大负重	手腕部最大负载	12 kg		
	J3 臂部	12 kg		
驱动方式		交流伺服驱动		
重复精度		±0.08 mm		
自重		130 kg		
安装环境		环境温度：0~45 ℃ 振动：0.5 G(4.9 m/s²)以下 环境湿度：一般要求低于 75%RH,无霜冻、结露,短时间(一个月内)可在 95%RH 以下环境工作		

1. 自由度

自由度是指机器人所具有的独立坐标轴运动的数目,不包括末端执行器的开合自由度。一般情况下,机器人的一个自由度对应一个关节,所以自由度与关节的概念是等同的。机器人的自由度是根据它的用途来设计的,在三维空间中描述一个物体的姿态需要6个自由度,机器人的自由度,可以少于6个,也可以多于6个。自由度可以用机器人的轴数进行解释,机器人的轴数越多,自由度就越多,机械结构运动的灵活性就越大,通用性越强。但是自由度增多,使得机械臂结构变得复杂,会降低机器人的刚性。目前大部分机器人都具有3~6个自由度,大于6个的自由度称为冗余自由度,当机械臂上自由度多于完成工作所需要的自由度时,多余的自由度就可以为机器人提供一定的避障能力。可以根据实际工作的复杂程度和障碍选择自由度的个数,如图1-6所示。

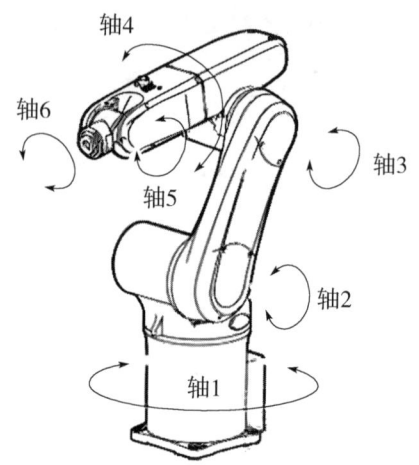

图1-6 机器人的自由度

大多数机器人从总体上看是个开链机构,但是其中可能包含局部闭环机构,闭环机构可以提高刚性,但是,会限制关节的活动范围,工作空间会缩小。

2. 定位精度、重复定位精度

精度是一个位置量相对于其参照系的绝对度量,机器人的精度取决于机械精度和电气精度。我们经常说到的机器人的精度是指机器人的定位精度和重复定位精度。定位精度是指机器人末端执行器的实际位置和目标位置之间的偏差。重复定位精度是指机器人重复定位其手部于同一目标位置的能力,可以用标准偏差这个统计量来表示,如图1-7所示。

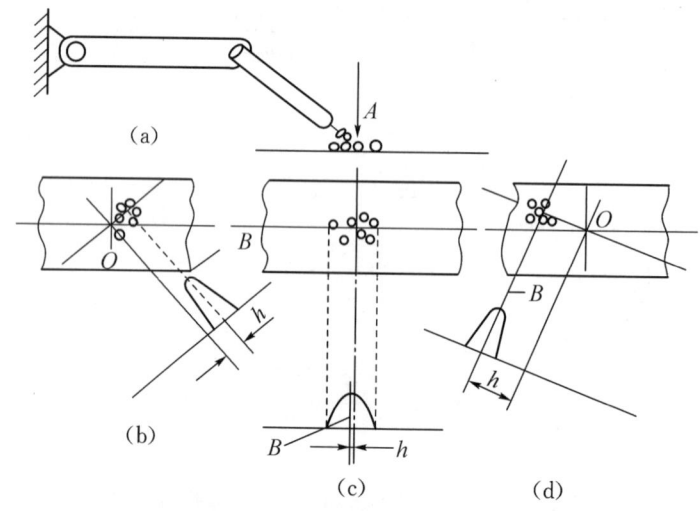

(a) 重复定位精度的测量;(b) 合理的定位精度,良好的重复定位精度;
(c) 良好的定位精度,很差的重复定位精度;(d) 很差的定位精度,良好的重复定位精度

图1-7 工业机器人的定位精度和重复定位精度的典型情况

3. 分辨率

分辨率是指机器人每一个关节所能够实现的最小移动距离或最小转动角度。工业机器人的分辨率分为编程分辨率和控制分辨率两种。编程分辨率是指控制程序中可以设定的最小距离,又称为基准分辨率。控制分辨率是系统位置反馈回路所能检测到的最小位移。

精度和分辨率不一定相关,一台设备的运动精度是指命令设定的运动位置与该设备执行命令后所能够达到运动位置之间的差距。分辨率则反映实际需要的运动位置和命令所能够设定的位置之间的差距。

4. 工作空间

工作空间指的是机器人正常工作时,末端执行器坐标系的原点能在空间活动的最大范围,或者说该点可以到达所有点所占的空间体积。工作空间范围的大小不仅与机器人各连杆的尺寸有关,而且与机器人的总体结构形式有关。工作空间的形状和大小是十分重要的,机器人在执行某作业时可能会因存在手部不能到达的盲区(Dead Zone)而不能完成任务。如图1-8、图1-9所示。

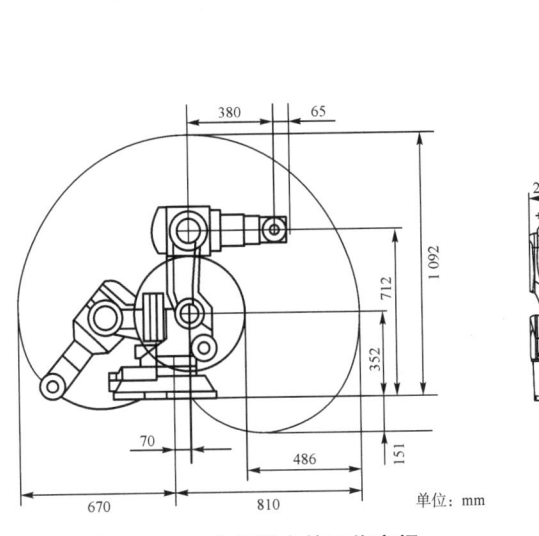

图1-8 工业机器人的工作空间

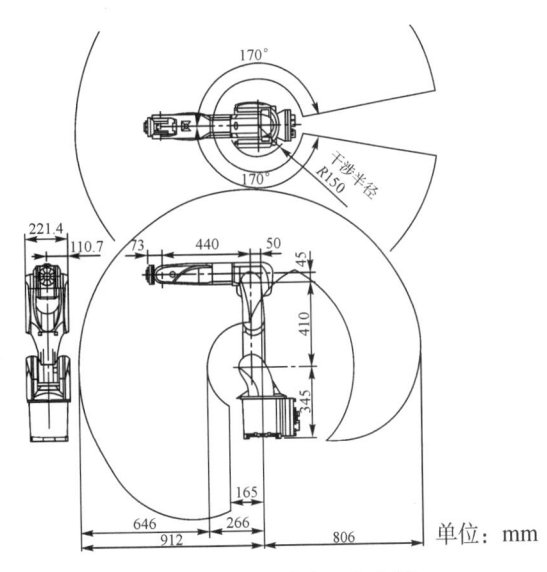

图1-9 机器人工作空间

5. 最大工作速度

机器人最大工作速度是指机器人在工作载荷条件下,匀速运动过程中,机械接口中心或工具中心点在单位时间内所移动的距离或转动的角度。产品说明书中一般提供了主要运动自由度的最大稳定速度,但是在实际应用中仅考虑最大稳定速度是不够的。这是因为运动循环包括加速启动、等速运行和减速制动三个过程。如果最大稳定速度高,允许的极限加速度小,则加减速的时间就会长一些,即有效速度就要低一些。所以,在考虑机器人运动特性时,除了要注意最大稳定速度外,还应注意其最大允许的加减速度。工作速度直接影响到工作效率,提高工作速度可以提高工作效率,所以机器人的加速减速能力显得尤为重要,需要保证机器人加速减速的平稳性。

6. 承载能力

承载能力是指机器人在工作范围内的任何位姿上所能承受的最大负载,通常可以用质量、力矩、惯性矩来表示。承载能力不仅决定于负载的质量,而且还与机器人运行的速度和加速度的大小及方向有关。一般低速运行时,承载能力大,为安全考虑,规定在高速运行时所能抓起的工件质量作为承载能力指标。通常,承载能力不仅指负载,而且还包括了机器人末端执行器的质量。

1.4 工业机器人产业现状

1.4.1 全球市场格局

美国是工业机器人的诞生地,早在1959年,美国Unimation公司就生产出了世界上第一台工业机器人。到了20世纪70~80年代,美国工业机器人产业发展放缓,机器制造业产能逐步转移到亚洲。日本机器人产业在80年代实现了对美国的反超,成为机器人制造大国。如今,日本和欧洲是全球工业机器人市场的两大主角,并且实现了传感器、控制器、精密减速机等核心零部件完全自主化。通过满足具有国际性竞争力的汽车、电子/电机产业等企业使用者的严苛要求,以及专门技能的累积,欧洲和日本已经成为全球的领导者。全球工业机器人竞争格局:欧日占半壁江山。发达国家相关机器人企业占据市场主导地位,尤其机器人生产企业"四大家族"占据世界市场份额约50%以上。

2018年全年全球机器人产业市场规模超过298.2亿美元,其中工业机器人市场规模为168.2亿美元;我国机器人市场规模为87.4亿美元,其中工业机器人市场规模约为62.3亿美元。具体到机器人产业的各个应用场景,在全球工业机器人市场,搬运机器人销量最高,规模达到102.6亿美元,其次为装配机器人,市场规模达到35.3亿美元。我国工业机器人市场规模达到62.3亿美元,搬运机器人规模为40.5亿美元,占比达65%,其次为装配机器人,规模为9.3亿美元,比焊接机器人占比高出6个百分点。

从企业来看,ABB、发那科、库卡和安川电机这四家企业仍是工业机器人的"四大家族",成为全球主要的工业机器人供货商,占据全球约50%的市场份额,其中发那科的销售占比最高,占比达到17.3%。2018年日本的机器人接受订货为24.83万台,同样刷新了最高纪录。同时,生产和总发货台数也连增4年,分别达到24.03万台和24.21万台,双双创下历史新高。欧洲为机器人销量第二大地区。其工业机器人销量增加18%,约6.63万台,达到新峰值。

1.4.2 工业机器人产业链组成

工业机器人产业链的组成分为上游、中游和下游。产业链的上游是工业机器人的核心零部件,一般包括减速器、伺服电机和控制器等;产业链的中游一般是机器人的本体;产业链的下游一般是工业机器人的系统集成。

1.4.3 中国工业机器人概况

随着人口红利的逐渐下降,企业用工成本不断上涨,工业机器人正逐步走进公众的视野。人口红利的持续消退,给机器人产业带来了重大的发展机遇。在国家政策的支持下,机器人产业有望迎来爆发期。

中国制造业面临着向高端转变、承接国际先进制造、参与国际分工的巨大挑战。加快工业机器人技术的研究开发与生产是中国抓住这个历史机遇的主要途径。因此我国工业机器人产业发展要进一步落实:第一,工业机器人技术是我国由制造大国向制造强国转变的主要手段和途径,政府要对国产工业机器人有更多的政策与经济支持,参考国外先进经验,加大技术投入与改造;第二,在国家的科技发展计划中,应该继续对智能机器人的研究开发与应用给予大力支持,形成产品和自动化制造装备同步协调的新局面;第三,部分国产工业机器人质量已经与国外相当,企业采购工业机器人时不要盲目进口,应该综合评估。

当前,我国进口的工业机器人主要来自日本,但是随着诸如"机器人"类似的具有自有知识产权的企业不断出现,越来越多的工业机器人将会由中国制造。未来我国工业机器人的大范围应用将会集中在广东、江苏、上海、北京等地,其工业机器人拥有量将占全国一半以上。

国产机器人与进口机器人尚有差距。国内企业高端产能不足,以集成为主,缺乏核心零部件研发技术。据工信部2016年初统计,我国涉及机器人生产的企业已逾800家,其中超过200家是机器人本体制造企业,大部分以组装和代加工为主,处于产业链低端,产业集中度低、总体规模小,产业链条亟待充实与规范。机器人企业以民营企业为主,产能规模和应用平台受限。

未来工业机器人的发展趋势有:

1. 新型操作机构设计技术

进一步提高机器人的负载-自重比;机构向模块化、可重构方向发展,包括伺服电机、减速器和检测系统三位一体化,以及机器人和数控技术一体化等。

2. 新型机器人控制技术

开放式、模块化控制系统,机器人驱控一体化技术等;基于PC网络式控制器以及CAD/CAM/机器人编程一体化技术。

3. 智能机器人技术

智能机器人具有很强的检测功能和判断能力。多种传感器的使用和信息的融合已成为进一步提高机器人智能性和适应性的关键,是第三代智能型机器人的核心技术所在;触觉、视觉和力觉传感器的使用,极大提升了机器人的智能化。此外,机器人与AI技术的结合,是未来机器人发展的主要方向。

4. 工业机器人的协作控制

工业机器人与人共同完成某项作业,人与机器人进行感知和通信。工业机器人不仅与人合作,也有多机器人的协作,还有机器人与周边设备及生产管理系统的集成和协调都属于人机协作机器人的范围。因此,工业机器人的协作控制还有大量的理论和实践工作需要研究。

5. 机器人网络通信技术

网络通信技术是机器人由独立应用到网络化应用、由专用设备到标准化设备发展的关键,发展CPS信息物理系统,与大数据、云计算以及物联网技术的结合是实现工业4.0的支撑性技术需求。

6. 机器人遥操作和监控技术

随着机器人在太空、深水、核电站等高危环境中应用的推广,遥操作和监控技术已成为机器人在这些危险环境中正常工作的保障。

7. 机器人虚拟/增强现实(VR/AR)技术

基于多传感器、多媒体、虚拟现实以及临场感应技术,实现机器人的虚拟遥操作和人机交互;从仿真、预演发展到过程控制,使操作者产生置身于远端作业环境中的感觉来操作机器人;增强现实在机器人中的应用研究。

8. 人机共融技术

人与机器人能在同一自然空间里紧密地进行协调工作,人与机器人可以相互理解、相互帮助;七轴仿人手臂;灵巧手等。

习 题

1-1 简述工业机器人的定义。

1-2 简述工业机器人的主要应用场合。这些场合有什么特点?

1-3 说明工业机器人的基本组成及各部分之间的关系。

1-4 简述工业机器人各参数的定义:自由度、重复定位精度、工作范围、工作速度、承载能力。

1-5　工业机器人的产业链是怎样的？

1-6　工业机器人未来的发展趋势是什么？

第 2 章 工业机器人的机械动力系统

提及机器人,大多数人更多的是想到那些拟人化的机器人,但实际上大多数的机器人目前阶段都不具备基本的人类形态,更多的是以机械手的形式存在。工业机器人机械系统主要由四大部分构成:机身(即立柱)、臂部、腕部、手部。本章主要介绍工业机器人的总体结构,从工业机器人基座、臂部、腕部、末端执行器和工业机器人的传动机构进行介绍。

2.1 工业机器人的基座和行走机构

2.1.1 工业机器人的基座

工业机器人的基座是工业机器人的基础部分,它起着固定和支撑的作用,工业机器人的基座有固定式和移动式两种。固定式基座是工业机器人的基座直接安装在地面或工作站上,移动式基座是工业机器人的基座安装在行走机构上。如图 2‑1 和图 2‑2 所示。

图 2‑1 固定式工业机器人

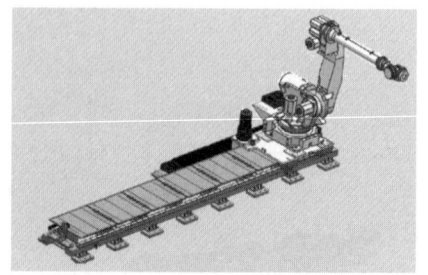

图 2‑2 移动式工业机器人

2.1.2 工业机器人的行走机构

大多数工业机器人是固定的,还有少部分可以沿着固定轨道移动,但随着工业机器人应用范围的不断扩大,以及海洋开发、原子能工业及航空航天等领域的不断发展,具有一定智能的可移动机器人将是未来机器人的发展方向之一,并会得到广泛应用。

行走机构是行走工业机器人的重要执行部件,它的组成有驱动装置、传动机构、位置检测元件、传感器、电缆及管路等。行走机构支撑机器人的机身、臂部和手部,因而必须具有足够的刚度和稳定性,另一方面它还要根据作业任务的要求,带动机器人在更广阔的作业空间内运动。工业机器人的行走机构按运动轨迹可分为固定轨迹式行走机构和无固定轨迹式行走机构,其中无固定轨迹式行走机构按结构特点可分为车轮式行走机构、履带式行走机构和足式行走机构。其中轮式行走机构效率最高,但适应能力相对较差。

1. 固定轨迹式行走机构

固定轨迹式工业机器人的机身安装在一个可移动的拖板座上,靠丝杠螺母驱动,整个机器人沿丝杠纵向移动,如图2-2所示。这类机器人除采用这种直线驱动方式外,有时也采用类似起重机梁行走方式等。这种工业机器人主要用在作业区域大的场合,比如大型设备装配、大面积喷涂等。

2. 无固定轨迹式行走机构

一般而言,无固定轨迹式行走机构主要有车轮式行走机构、履带式行走机构、足式行走机构。此外,还有适用于各种特殊场合的步行式行走机构、蠕动式行走机构、混合式行走机构和蛇形行走机构等。下面主要介绍车轮式行走机构、履带式行走机构和足式行走机构。

(1) 车轮式行走机构

车轮式行走机器人是机器在相对平坦的地面上,用车轮移动方式行走,是机器人应用中使用最多的一种机器人。

① 车轮的形式

车轮的形状或结构形式取决于地面的性质和车辆的承载能力,在轨道上运行的多采用实心钢轮,室外路面上运行的多采用充气轮胎,室内地面上运行的可采用实心轮胎。此外还有适合月球或者火星表面开发的行走车轮,还有实验室开发的爬楼梯的行走机构。

② 车轮的配置和转向机构

三轮机构有后驱也有前驱的,后驱的三轮机构前面一个轮子起到辅助作用。如图2-3所示。

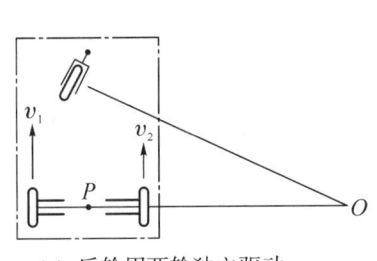
(a) 后轮用两轮独立驱动
前轮为小脚轮构成辅助轮

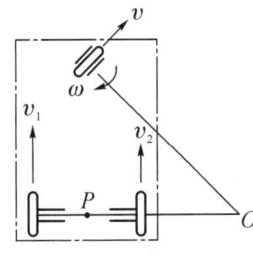
(b) 前轮驱动和转向
两后轮为从动轮

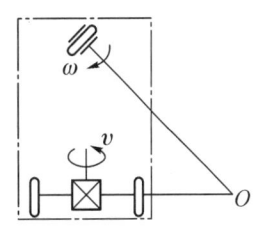
(c) 后轮通过差动齿轮驱动
前轮转向

图2-3 机器人三轮车轮配置方式

四轮行走机构类似于汽车的结构,也是机器人常用的配置形式,如图2-4所示。

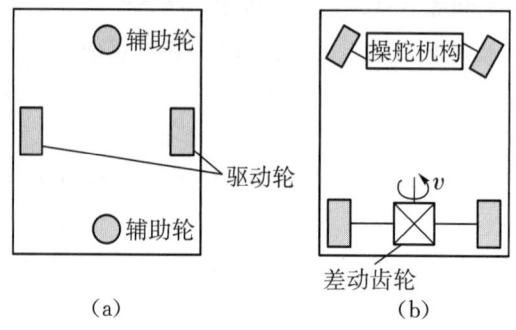

图2-4　机器人四轮行走机构

此外,还有感应引导的车轮行走机器人,可以用做机床上下料机床间工件或者工具的传送接收等。车轮式行走机构也是遥控机器人移动的一种基本方式。

(2) 履带式行走机构

履带式行走机构适合未改造的天然路面行走,是轮式行走机构的扩展,履带本身起着给车轮连续铺路的作用。

履带行走机构由履带、驱动链轮、支承轮、托带轮和张紧轮组成,如图2-5所示。

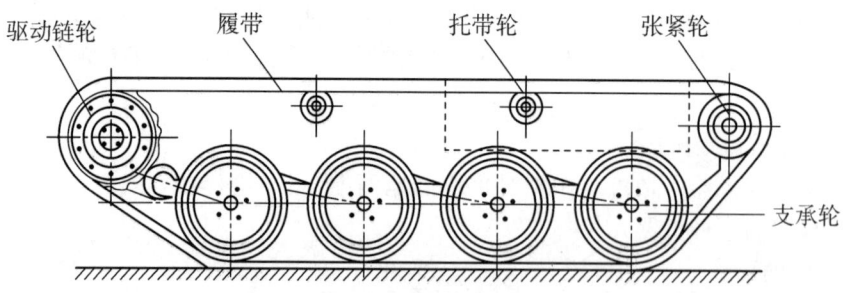

图2-5　履带行走机构

履带行走机构的形状有一字形、倒梯形等。一字形驱动轮及张紧轮兼做支承轮,增大支撑地面面积,改善了稳定性,驱动轮和导向轮只略高于地面。倒梯形驱动轮为了减少泥土加入引起履带的磨损和失效,调高驱动轮和张紧轮,比较适合穿越障碍。履带式行走机构的特点是支撑面积大,接地比压小,适合在松软或者泥沼场景下作业,能在凹凸地面上行走及跨越障碍物。履带支撑面上有履齿,牵引附着性能好。但是它没有自定位轮及转向轮,只能靠左右两个履带的速度差实现转弯,容易产生滑动,不能确定回转半径,且结构复杂,运动惯性比较大,减震性能差。

(3) 足式行走机构

足式行走机构有很大的灵活性和适应性,尤其是在有障碍物的通道或者很难靠近的工作场地有优势,走在不平地面或者松软地面上时,运动速度较高,能耗比较少。

根据足的个数分为单足、双足、三足、四足和六足行走机构。足的配置是指足相对于机械本体的位置和方位的安排。

足式行走机构按行走时保持平衡方式的不同可分为两类:静态稳定的足式机构和动态稳定的足式机构。静态稳定通过足够多数量的足支撑来实现,行走过程中,机身重心的垂直投影始终落在支撑足着落地点的垂直投影所形成的凸多边形内。为了保持平衡,必须考虑足的配置,保证至少同时有 3 个足着地来保持平衡。动态稳定中,机身重心有时不在支撑图形中,利用重心超出面积外而向前产生倾倒的分力作为行走的动力,并不停地调整平衡点以保证不会摔倒。

2.2 工业机器人的机身和手臂

机身和臂部相连,机身支撑臂部,机身一般用于工业机器人完成升降、回转和俯仰等动作。机器人的机身(或称立柱)是直接连接、支撑和传动手臂及行走机构的部件,实现臂部各种运动的驱动装置和传动件一般安装在机身上。臂部的运动越多,机身的受力越复杂。固定式机器人的机身直接连接在地面基础上,行走式机器人的机身则安装在移动机构上。由于机器人的运动方式、使用条件、载荷能力各不相同,所采用的驱动装置、传动机构、导向装置也不同,致使机身结构有很大差异。

2.2.1 工业机器人的机身结构

工业机器人必须有一个便于安装的基础件机座。机座往往与机身做成一体,机身与臂部连接,机身支承臂部,臂部又支撑腕部和手部,如图 2-6 所示。下面我们就来学习工业机器人的机身结构。

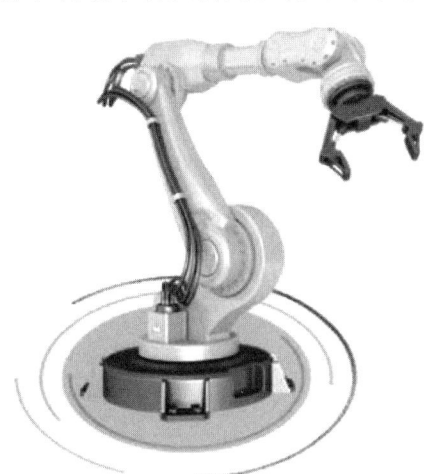

图 2-6 工业机器人的机身

工业机器人的机身结构一般由机器人总体设计确定,如图 2-7 所示。

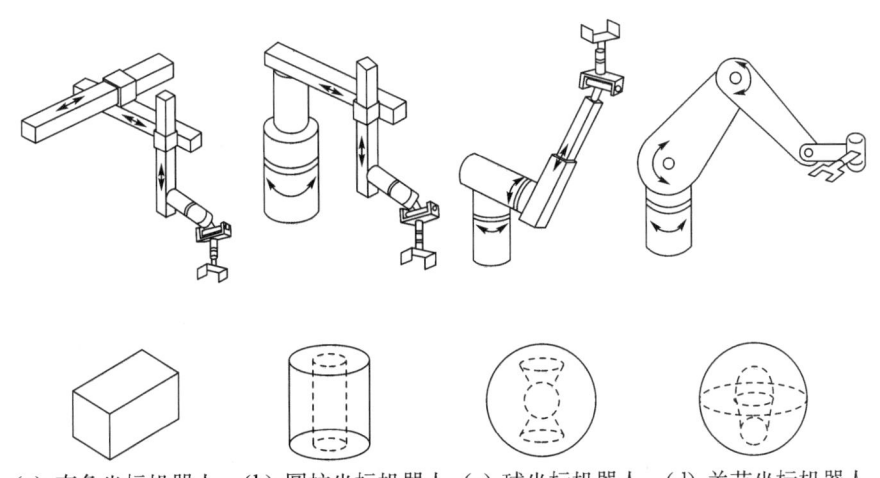

(a) 直角坐标机器人　(b) 圆柱坐标机器人　(c) 球坐标机器人　(d) 关节坐标机器人

图 2-7 工业机器人的机身结构

(1) 直角坐标机器人:把升降或水平移动自由度归属于机身。
(2) 圆柱坐标机器人:把回转与升降这两个自由度归属于机身。

(3) 球坐标机器人：把回转与俯仰这两个自由度归属于机身。
(4) 关节坐标机器人：把回转自由度归属于机身。

圆柱型工业机器人机身具有回转和升降两个自由度，回转和升降运动通常采用液压缸来实现，升降油缸在下，回转油缸在上，升降活塞杆的尺寸要大；回转油缸在下，升降油缸在上，回转油缸的驱动力矩要大一些。

如果采用链轮传动机构可将直线运动转为链轮的回转运动。它的回转角度可大于360°，可采用单杆活塞气缸驱动或者双杆活塞气缸驱动，如图2-8所示。

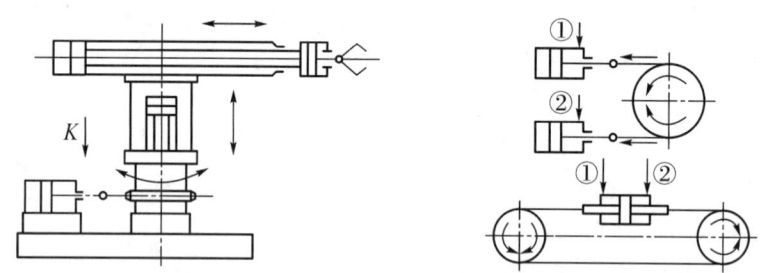

(a) 单杆活塞气缸驱动链条链轮传动机构　(b) 双杆活塞气缸驱动链条链轮传动机构

图 2-8　链轮传动机构

球坐标型工业机器人机身具有回转与俯仰两个自由度，回转运动与圆柱型工业机器人机身相同，俯仰运动一般采用液压缸与连杆机构来实现。手臂俯仰运动用的活塞缸位于手臂下方，其活塞缸和手臂用铰链连接，缸体采用尾部耳环或中部销轴等方式与立柱连接，如图2-9所示。

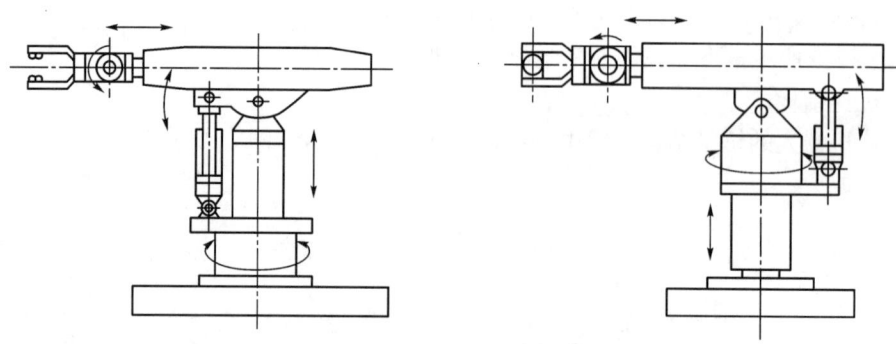

图 2-9　手臂俯仰驱动缸安装示意图

关节型工业机器人的机身只有一个回转自由度，也就是腰部的回转，在六自由度的工业机器人中，腰部承受的力最大，也最复杂。腰部的驱动电机多采用立式倒置安装，腰部的减速器多采用高刚性和高精度的 RV 减速器，工业机器人的腰部回转精度依赖 RV 减速器的回转精度。对于中大型工业机器人，常采用 RV 减速器，电动机输出轴齿轮与 RV 减速器输入端的中控齿轮箱啮合，实现一级减速，RV 减速器的输出轴固定在基座上，减速器的外壳旋转实现二级减速，带动机身做旋转运动。

2.2.2　工业机器人机身与臂部的配置形式

机身和臂部的配置形式基本上反映了机器人的总体布局。根据机器人的运动要求、工作对象、作业环境和场地等因素的不同，出现了各种不同的配置形式。目前常用的有横梁式、立柱式、机座式、屈伸式等几种。

(1) 横梁式

机身设计成横梁式,用于悬挂手臂部件,这类机器人的运动形式大多为移动式。它具有占地面积小、能有效利用空间、直观等优点。横梁可设计成固定的或行走的,一般横梁安装在厂房原有建筑的柱梁或有关设备上,也可从地面架设。

(2) 立柱式

立柱式机器人多采用回转型、俯仰型或屈伸型的运动形式,是一种常见的配置形式。一般臂部都可在水平面内回转,具有占地面积小、工作范围大的特点。立柱可固定安装在空地上,也可以固定在机床床身上。立柱式结构简单,服务于某种主机,承担上、下料或转运等工作。

(3) 机座式

机座式机器人可以是独立的、自成系统的完整装置,可以随意安放和搬动,也可以具有行走机构,如沿地面上的专用轨道移动,以扩大其活动范围。各种运动形式的机身均可设计成机座式。

(4) 屈伸式

伸屈式机器人的臂部由大小臂组成,大小臂间有相对运动,称为屈伸臂。屈伸臂与机身间的配置形式关系到机器人的运动轨迹,可以实现平面运动,也可以做空间运动。

2.2.3 工业机器人的手臂

机器人手臂是连接机身和手腕的部件,它的主要作用是支撑腕部和手部,并带动它们在空间运动,确定末端执行器的空间位置,满足机器人的作业空间要求,并将各种载荷传递到机座。工业机器人的组成有大臂、小臂(或多臂),包括臂杆以及与其伸缩、屈伸或自转等运动有关的构件,如传动机构、驱动装置、导向定位装置、支撑连接和位置检测元件等,驱动方式主要有液压驱动、气动驱动和电动驱动,其中电动驱动方式最为通用。一般机器人的手臂有3个自由度,即手臂的伸缩、左右回转和升降(或俯仰)。手臂不仅承受被抓取的工件重量,还要承受末端操作器、手腕和手臂的自身重量。

1. 手臂的特点

(1) 有2~3个自由度,即伸缩、回转、俯仰(或升降),而专用机械手的臂部一般有1~2个自由度,为伸缩、回转和直行。

(2) 重量大、受力复杂。在运动时,直接承受腕部、手部和工件(或工具)的动、静载荷,特别是高速运动时,将产生较大的惯性力,引起冲击,影响定位的准确性。

(3) 安装在机身上。工业机器人的臂部一般与控制系统和驱动系统一起安装在机身上。

2. 手臂的分类

手臂的结构、灵活性、抓重大小(即臂力)和定位精度都直接影响机器人的工作性能。臂部按运动和布局、驱动方式、传动和导向装置可分为以下四种臂部结构类型:伸缩型臂部结构、转动型臂部结构、屈伸型臂部结构、机械传动臂部结构。

臂部按手臂的结构形式,可分为单臂式臂部结构、双臂式臂部结构和悬挂式臂部结构三类。如图2-10所示为手臂的三种结构形式:

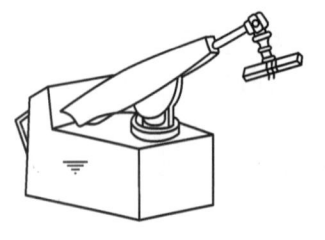 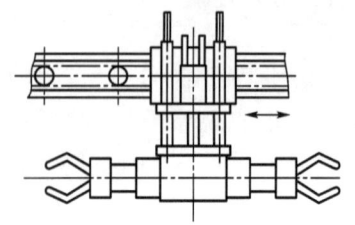 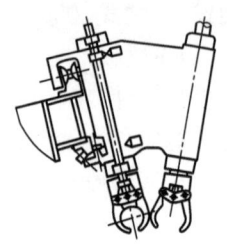

(a) 单臂式手臂结构　　　　(b) 悬挂式手臂结构　　　　(c) 双臂式手臂结构

图 2-10　手臂的结构形式

臂部按手臂的运动形式,可分为直线运动型臂部结构、回转运动型臂部结构和复合运动型臂部结构三类。

(1) 直线运动是指手臂的伸缩、升降及横向(或纵向)移动。

(2) 回转运动是指手臂的左右回转和上下摆动(即俯仰)。

(3) 复合运动是指直线运动和回转运动的组合、两直线运动的组合、两回转运动的组合。

3. 手臂的运动机构介绍

(1) 手臂直线运动机构

机器人手臂的伸缩、升降及横向(或纵向)移动均属于直线运动,而实现手臂往复直线运动的机构形式较多,常用的有活塞液压(气)缸、活塞缸和齿轮齿条机构、丝杆螺母机构及活塞缸和连杆机构等。

(2) 手臂俯仰运动机构

机器人的手臂俯仰运动一般采用活塞液压缸与连杆机构来实现。其结构如图 2-9 所示。

如图 2-11 所示,手臂俯仰运动机构采用铰链活塞缸 5、7 和连杆机构,使小臂 4 相对于大臂 6 和大臂 6 相对于立柱 8 实现俯仰运动。

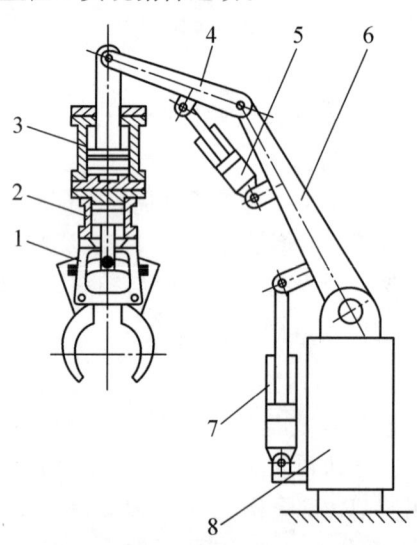

图 2-11　铰链活塞缸实现手臂俯仰的结构示意图
1—手臂;2—夹紧缸;3—升降缸;4—小臂;5、7—铰链活塞缸;6—大臂;8—立柱

(3) 手臂回转运动机构

实现机器人手臂回转运动的机构形式是多种多样的,常用的有叶片式回转缸、齿轮传动机构、链轮传动机构和连杆机构。

齿轮齿条机构是通过齿条的往复移动,带动与手臂连接的齿轮做往复回转运动,即实现手臂的回转运动。带动齿条往复移动的活塞缸可以由压力油或压缩空气驱动。

(4) 手臂复合运动机构

手臂复合运动机构多用于动作程序固定不变的专用机器人,它不仅使机器人的传动结构简单,而且可简化驱动系统和控制系统,并使机器人传动准确、工作可靠,因而在生产中应用得比较多。除手臂实现复合运动外,手腕和手臂的运动也能组合成复合运动,如图 2-12 所示。

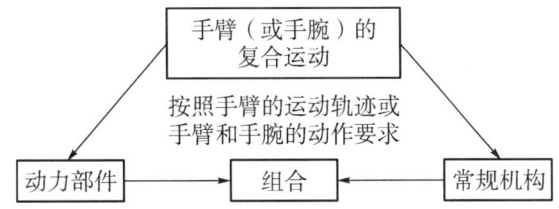

图 2-12　手腕和手臂的复合运动

2.3　工业机器人的腕部

腕部是臂部和手部的连接件,起支承手部和改变手部姿态的作用,它具有独立的自由度,用来完成复杂的姿态,通常由 2～3 个自由度构成。关节机器人的腕部结构有三种,如图 2-13 所示。其中 RBR 型结构应用最为广泛,适应于各种工作场合,其他两种结构应用范围相对较窄。比如说 3R 型的腕部结构主要应用在喷涂行业等。

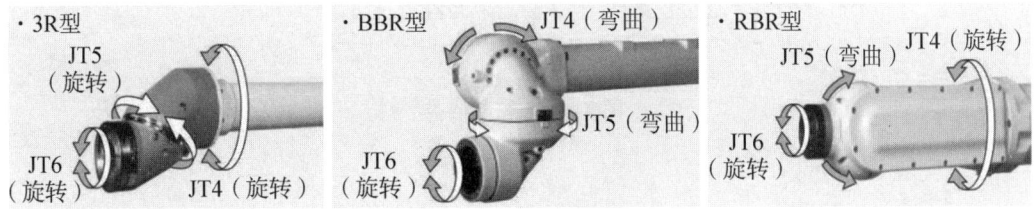

图 2-13　腕部结构

2.3.1　工业机器人手腕的定义

为了使手部能处于空间任意方向,要求腕部能实现对空间三个坐标轴 X、Y、Z 的旋转运动,如图 2-14 所示。腕部的这三个自由度分别是偏转 Y(Yaw)、俯仰 P(Pitch) 和翻转 R(Roll),并不是所有的腕部都必须具备三个自由度,而是根据实际使用的工作性能要求来确定。

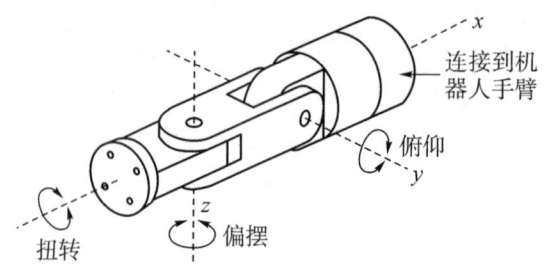

图 2-14 典型的工业机器人手腕

2.3.2 手腕的运动形式

腕部是安装在臂部的小臂上,应满足传动灵活,结构紧凑轻巧,避免干涉,具有合理的自由度。

1. 臂转

臂转是指腕部绕小臂轴线的转动,又称为腕部的旋转,通常叫做 Roll,用 R 来表示。如图 2-16(a)有些机器人限制其腕部转动角度小于 360°,另一些机器人则仅仅受控制电缆缠绕的限制,腕部可以转几圈。按腕部转动特点的不同,又分为滚转和弯转两种。

滚转:组成关节的两个零件自身的几何回转中心和相对运动的回转轴线重合,能实现 360°旋转,用 R 标记。如图 2-15(a)所示。

弯转:两个零件的几何回转中心和其相对运动的回转轴线垂直的关节运动,其相对转动角度一般小于 360°,用 B 来标记,如图 2-15(b)所示。

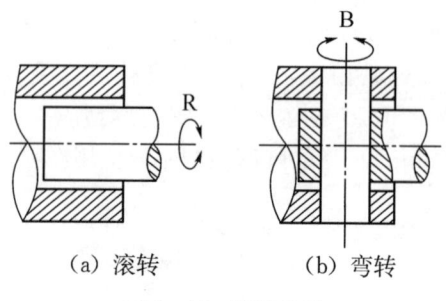

图 2-15 臂转分类

2. 腕摆

指腕部的上下摆动,这种运动又称为俯仰,通常把腕摆叫做 Pitch,用 P 表示。如图 2-16(b)所示。

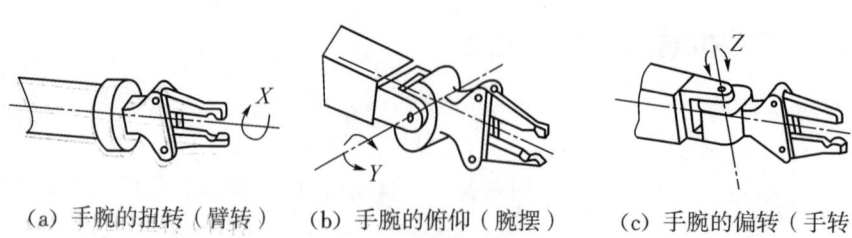

(a) 手腕的扭转(臂转)　　(b) 手腕的俯仰(腕摆)　　(c) 手腕的偏转(手转)

图 2-16 手转类型

3. 手转

指机器人腕部水平摆动,通常把手摆叫做 Yaw,用 Y 来标记。Roll 应用一个 B 型关节完成相对于机器人手臂轴的旋转运动;Pitch 应用一个 R 型关节完成上下扭转摆动;Yaw 应用一个 R 型关节完成左右偏转摆动,如图 2-16(c)所示。

腕部的结构多为上述三个回转方式的组合,可以使用多种形式,常见的腕部组合方式有臂转—腕摆—手转及臂转—双腕摆—手转结构等,如图 2-17 和图 2-18 所示。

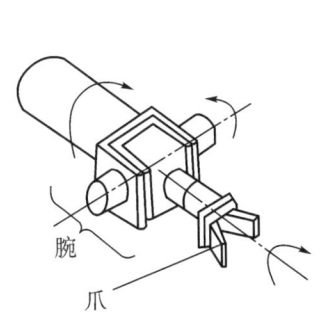

图 2-17 臂转—腕摆—手转

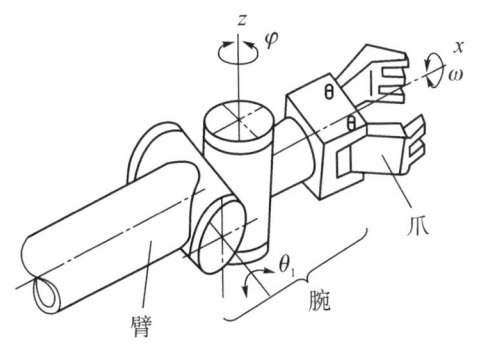

图 2-18 臂转—双腕摆—手转

2.3.3 腕部的分类

按自由度分为单自由度腕部、二自由度腕部、三自由度腕部。

(1) 单自由度腕部

① 单一的翻转功能:腕部的关节轴线与臂部的纵轴线共线,回转角度不受结构限制,可以回转 360°以上,该运动用翻转关节(R 关节)实现,如图 2-19(a)所示。

② 单一的俯仰功能:腕部关节轴线与臂部及手的轴线相互垂直,回转角度受结构限制,通常小于 360°。该运动用折曲关节(B 关节)实现,如图 2-19(b)所示。

③ 单一的折曲功能:腕部关节轴线与臂部及手的轴线在另一个方向上相互垂直,回转角度受结构限制,通常小于 360°。该运动用折曲关节(B 关节)实现,如图 2-19(c)所示。

④ T 手腕具有单一的平移功能,手腕关节轴线与手臂及末端执行器的轴线在一个方向上成一个平面,不能转动只能平移。该运动用平移关节(T 关节)实现。如图 2-19(d)所示。

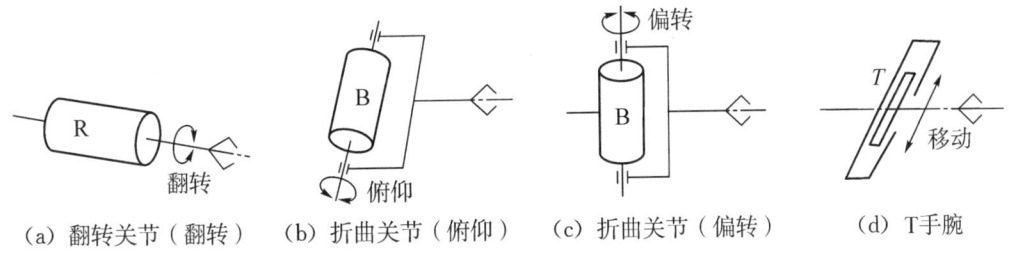

(a) 翻转关节(翻转)　　(b) 折曲关节(俯仰)　　(c) 折曲关节(偏转)　　(d) T 手腕

图 2-19 单自由度腕部

(2) 二自由度腕部

由一个 R 关节和一个 B 关节联合构成 BR 关节,如图 2-20(a)所示;或两个 B 关节组成 BB 关节,如图 2-20(b)所示。但不能由两个 RR 关节构成二自由度腕部,因为两个

R 关节的功能是重复的,实际上只起到单自由度的作用,出现退化现象。如图 2-20(c) 所示。

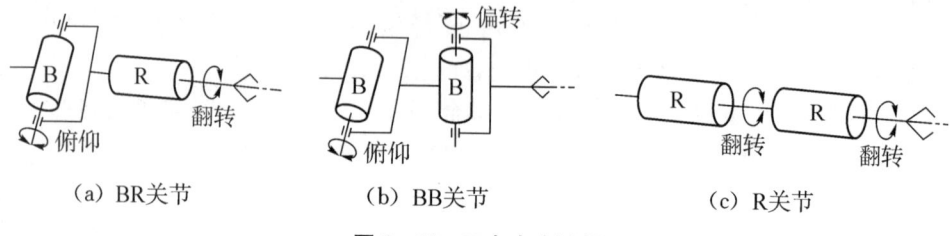

图 2-20 二自由度腕部

（3）三自由度腕部

由 R 关节和 B 关节组合构成的三自由度腕部可以有多种形式,实现翻转、俯仰和偏转功能,如图 2-21 所示。

RRR 腕部的三个 R 关节不能共轴线,RBR 和 BBR 腕部使手部具有俯仰、偏转和翻转运动。此外,B 关节和 R 关节排列的次序不同,也会产生不同的结果,因而也会产生其他形式的三自由度的腕部。三自由度手腕能够使手部完成空间任何姿态。

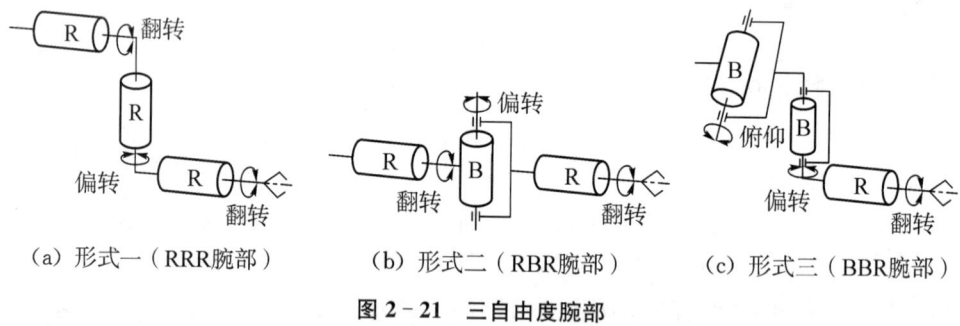

图 2-21 三自由度腕部

腕部实际所需要的自由度要根据机器人的工作性能要求确定。三自由度手腕的结合方式如图 2-22 所示。

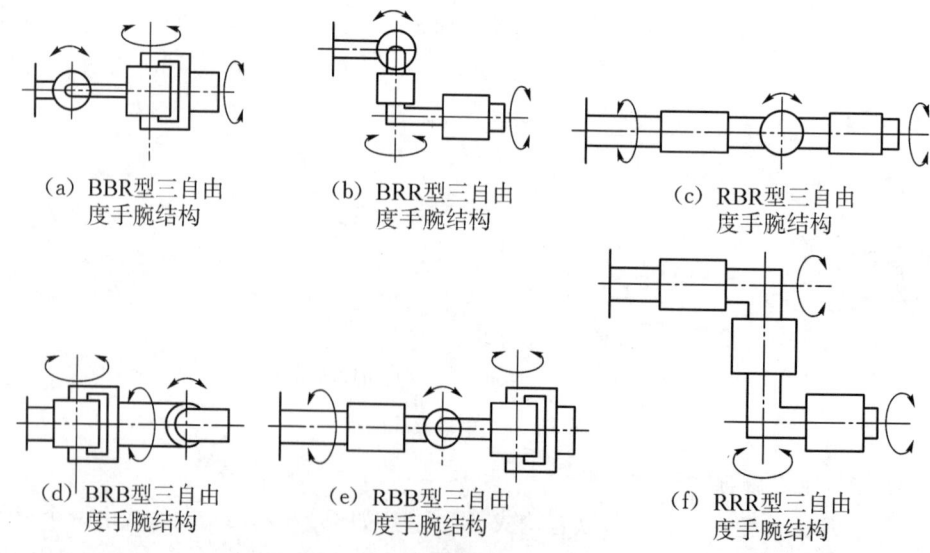

图 2-22 三自由度手腕的结合方式

2.3.4 柔顺手腕

手腕结构的设计要满足传动灵活、结构紧凑轻巧、避免干涉的要求。在用机器人进行精密装配中,当被装配的零件不一致,工件的定位夹具、机器人定位精度不能满足装配要求时,将不能完成装配,于是提出柔顺性概念。柔顺装配技术有以下两种:一种是从检测和控制的角度,采用不同的搜索方法,实现边校正边装配;另一种是从机械结构的角度,在手腕部配置一个柔顺环节,以满足柔顺装配的要求。图2-23所示是具有移动和摆动功能的浮动机构的柔顺手腕。水平移动浮动机构由平面、钢球和弹簧构成,实现在两个方向上进行浮动;摆动浮动机构由上、下球面和弹簧构成,实现两个方向的摆动。

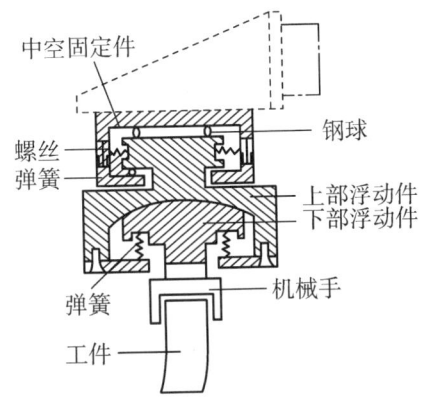

图2-23 移动摆动柔顺手腕

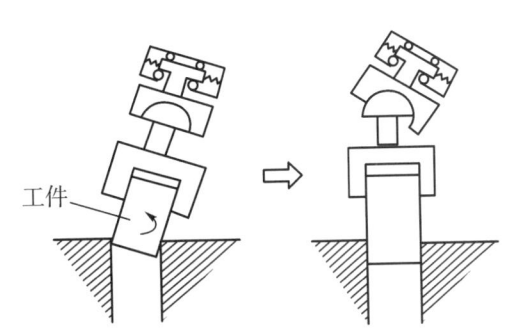

图2-24 柔顺手腕动作过程

在装配作业中,如遇夹具定位不准或机器人手爪定位不准时,可自行校正。其动作过程如图2-24所示,在插入装配中工件局部被卡住时,将会受到阻力,促使柔顺手腕起作用,使手爪有一个微小的修正量,工件便能顺利插入。

2.4 工业机器人的末端执行器

工业机器人的手部也称末端执行器,由驱动机构、传动机构和手指三部分组成,是一个独立的部件,具有通用性,可用于多种类型的机器人(如直角坐标机器人、圆柱坐标机器人、球坐标机器人和关节坐标机器人等)。工业机器人的手部是直接安装在工业机器人腕部,用于夹持工件或让工具按规定程序完成指定工作的部件。对整个机器人完成任务的好坏起着关键作用,直接关系到夹持工件时的定位精度、夹持力的大小等。另外,工业机器人的手部通常采用专用装置,一种手爪往往只能抓住一种或几种在形状、尺寸、质量等方面相近的工件。

2.4.1 末端执行器的结构特点

工业机器人的末端执行器,也叫手部,具有如下特点:
① 和腕部相连处可拆卸:一个机器人通常有多个末端执行器装置或工具。
② 形态各异:可以具有手指或无手指,可以有手爪或作业工具。

③ 通用性较差：一种工具往往只能执行一种作业任务。
④ 是一个独立的部件：手部是工业机器人机械系统的关键部件之一。

2.4.2 末端执行器的分类

工业机器人广泛应用于工业领域，进行加工的对象和任务多种多样，末端执行器很难做到标准化。工业机器人的手部结构按照用途和结构的不同可分为机械式夹持器、吸附式执行器和专用工具（如焊枪、喷嘴、电磨头等）三类。此外，还有工具快换装置、多工位换接装置和仿生多指灵巧手。

2.4.3 机械式夹持器

机械式夹持器一般有手指、驱动机构、传动机构、连接与支撑元件组成，工作原理类似于常用的手钳，如图 2-25 所示。

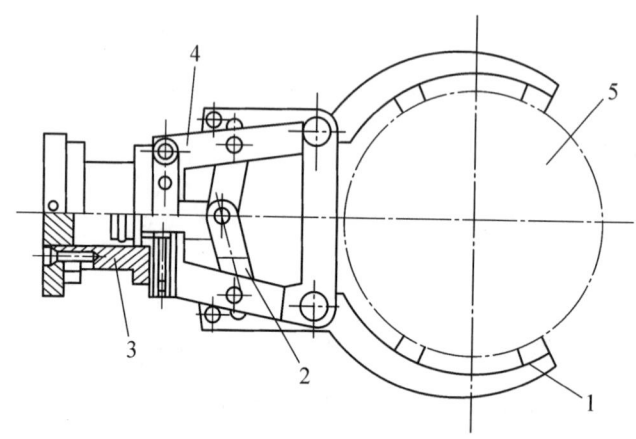

图 2-25 机械式夹持器
1—手指；2—传动机构；3—驱动装置；4—支架；5—工件

机械式末端执行器通常由两个或者多个手指组成，通过机器人控制器控制手指的开合来抓取工件或者物体。机械式夹持器按照夹取东西的方式不同，分为内撑式夹持器如图 2-26(a)所示和外夹式夹持器如图 2-26(b)所示两种，两者夹持部位不同，手爪动作的方向相反。

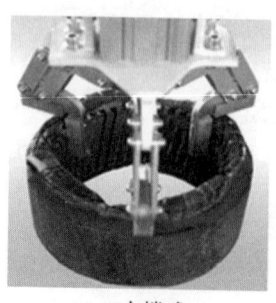 

(a) 内撑式　　　　　　　　(b) 外夹式

图 2-26 机械式夹持器

1. 手指

手指是直接与工件接触的构件,通过手指的张开和闭合来实现工件的松开和夹紧。指端是手指上直接与工件接触的部位,其形状分为 V 形指、平面指、尖指和特形指,如图 2-27 所示。

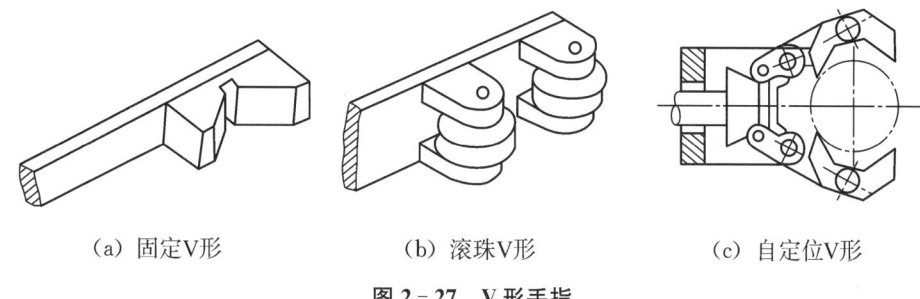

(a) 固定V形　　　　(b) 滚珠V形　　　　(c) 自定位V形

图 2-27　V 形手指

固定 V 形适合加持圆柱形工件,夹紧平稳,夹持误差小;滚珠 V 形用来快速夹持旋转中圆柱形工件;自定位 V 形具有自定位能力,与工件接触好,浮动件设计应具备自锁性。

平面指一般用来夹持方形工件;尖指一般用来夹持小型或者柔性工件;特形指用于夹持不规则形状的工件。如图 2-28 所示。

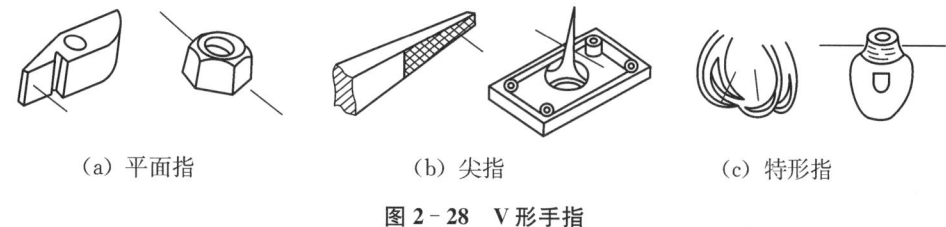

(a) 平面指　　　　(b) 尖指　　　　(c) 特形指

图 2-28　V 形手指

尖指一般用于夹持位于狭窄工作场地的细小工件,以免发生碰撞。

特形指一般用于夹持形状不规则的工件,应设计出与工件形状相适应的专用特形手指。

指面的形状常有光滑指面、齿形指面和柔性指面等。光滑指面平整光滑,用来夹持已加工表面,避免已加工表面受损。齿形指面的指面刻有齿纹,可增加夹持工件的摩擦力,以确保夹紧牢靠,多用来夹持表面粗糙的毛坯或半成品。柔性指面内镶橡胶、泡沫、石棉等物,有增加摩擦力、保护工件表面、隔热等作用,一般用于夹持已加工表面、炽热件,也适于夹持薄壁件和脆性工件。

2. 驱动装置

驱动装置是向传动机构提供动力的装置,通常采用气动、液压、电动和电磁来驱动。图 2-29 为气动的末端执行器。

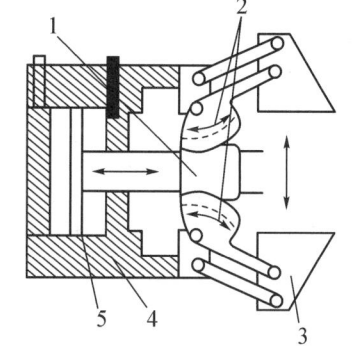

图 2-29　气动驱动装置的末端执行器

1—齿条;2—扇形齿轮;3—手指;4—气缸;5—活塞

3. 传动机构

传动机构是向手指传递运动和动力，以实现夹紧和松开动作的机构。该机构根据手指开合的动作特点分为回转型和平移型。夹钳式手部中较多的是回转型手部，其手指就是一对杠杆，一般再同斜楔、滑槽、连杆、齿轮、蜗轮蜗杆或螺杆等机构组成复合式杠杆传动机构，用以改变传动比和运动方向等。平移型夹钳式手部是通过手指的指面做直线往复运动或平面移动来实现张开或闭合动作的，常用于夹持具有平行平面的工件（如冰箱等）。其结构较复杂，不如回转型手部应用广泛。

2.4.4 吸附式执行器

吸附式执行器靠吸附力取料，适用于大平面、易碎、微小的物体，使用面较广，根据吸附力的不同，可分为气吸附和磁吸附两种。

1. 气吸式执行器

气吸附的工作原理：利用吸盘内的压力与大气压之间的压力差进行工作。气吸附式末端执行器由吸盘、吸盘架和气路组成。末端执行器按形成压力差的方法，可分为真空气吸、喷气式负压气吸、挤压排气负压气吸，如图 2-30 所示。

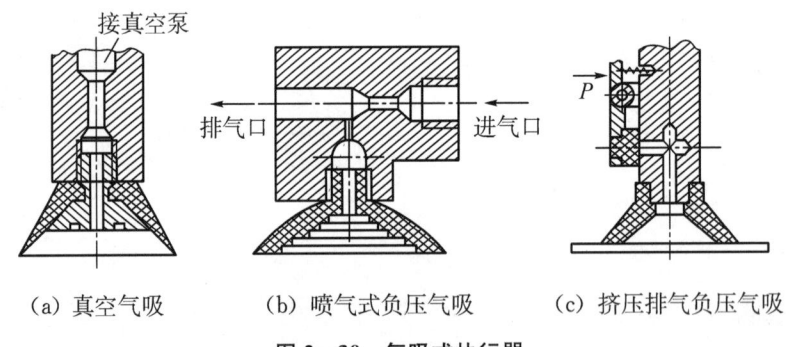

(a) 真空气吸　　(b) 喷气式负压气吸　　(c) 挤压排气负压气吸

图 2-30　气吸式执行器

气吸式执行器具有结构简单、质量轻、使用方便可靠等优点。广泛应用于非金属材料或无剩磁材料的吸附。另外一个特点是吸附力分布均匀，对工件表面没有损伤，且对被吸持工件预定的位置精度要求不高，但要求工件上与吸盘接触部位光滑平整、清洁，被吸工件材质致密，没有透气空隙。

三种吸附式末端执行器比较如表 2.1 所示。

表 2.1　三种吸附式末端执行器比较

名称	特点
真空吸附取料末端执行器	工作可靠，吸附力大，但需要配备真空泵机器控制系统，费用较高
喷气式负压吸附末端执行器	一般工厂容易取得所需的压缩空气，使用方便，成本低
挤压排气取料末端执行器	结构简单，经济方便，吸附力小，不宜长久保持，可靠性差

2. 磁吸式执行器

磁吸式执行器是利用永久磁铁或者电磁铁通电后产生的磁力来吸附工件的，应用比较广泛,不会破坏被吸附表面的质量。其优点是具有较大的单位面积吸附力,对工件表面粗糙度及通孔沟槽等无要求。缺点是被吸附工件存在剩磁,吸附头上常吸附磁性屑,影响正常工作。磁吸式执行器如图 2-31 所示。

电磁铁根据供电不同分为直流电磁铁和交流电磁铁。直流电磁铁吸附力强,无噪声和涡流损耗。交流电磁铁吸附力波动,有噪声和涡流损耗。

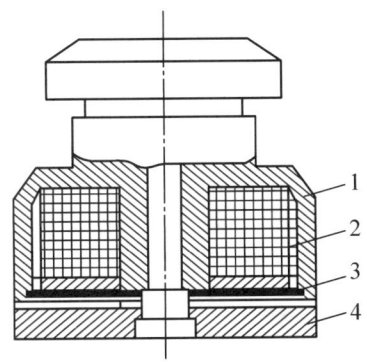

图 2-31 磁吸式执行器
1—电磁吸盘;2—防尘盖;3—线圈;4—外壳体

电磁铁吸附式末端执行器在通电瞬间,由于空气间隙的存在,磁阻很大,线圈的电感和启动电流很大,会产生磁性吸力将工件吸住,一旦断电,磁吸力消失,工件就松开。若采用永久磁铁作为吸盘,则必须强迫取下工件。

2.4.5 专用工具

机器人是一种通用性很强的自动化设备,可根据作业要求完成各种动作,再配上各种专用的末端执行器后,就能完成各种动作。末端执行器有拧螺母机、焊枪、电磨头、电铣头、抛光头、激光切割机等。各种专用工具如图 2-32 所示。

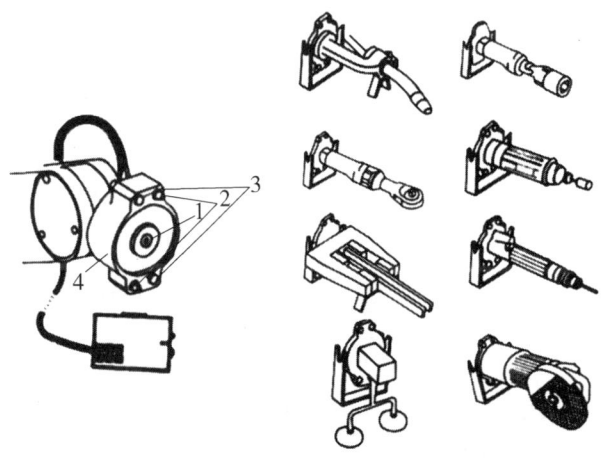

图 2-32 各种专用末端执行器和电磁吸盘式换接器
1—气路接口;2—定位销;3—电接头;4—电磁吸盘

2.4.6 工具快换装置

机器人工具快换装置,是一种用于机器人快速更换末端执行器的装置,可以在数秒内快速更换不同的末端执行器,使机器人更具有柔性,更高效,被广泛应用于自动化行业的各个领域,如图 2-33 所示。

换接器由两部分组成:换接器插座和换接器插头,分别装在机器腕部和末端操作器上,能够实现机器人对末端操作器的快速自动更换。

专用末端执行器换接器的要求主要有:同时具备气源、电源及信号的快速连接与切换;能承受末端执行器的工作载荷;在失电、失气情况下,机器人停止工作时不会自行脱离;具有一定的换接精度等。

快速更换装置分为主侧和工具侧,锁紧装置大多采用气体。主侧安装在一台机器人上或者其他结构上。工具侧安装在工具上,如抓具、焊枪或者毛刺清理工具。

图 2-33 机器人工具快换装置

2.4.7 仿人机器人末端执行器

大部分工业机器人的末端执行器只有两个手指,而且手指上没有关节,无法满足复杂形状物体的作业。仿人机器人末端执行器能像人手一样进行各种复杂作业。仿人机器人末端执行器有两种,一种叫柔性手,一种叫仿生多指灵活手。

1. 柔性手

柔性手可以对不同外形的物体实施抓取,并使物体表面受力比较均匀,如图 2-34 所

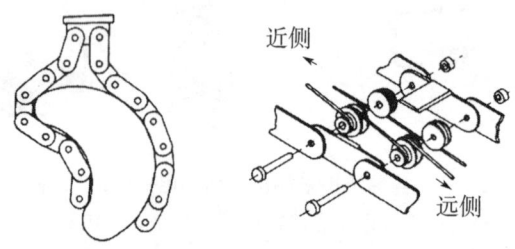

图 2-34 多关节柔性手

示为多关节柔性手,每个手指由多个关节串联而成。手指传动部分由牵引钢丝绳及摩擦滚轮组成,每个手指由两根钢丝绳牵引,一侧为握紧,另一侧为放松。驱动源可采用电机驱动或液压、气动元件驱动。柔性手腕可抓取外形凹凸不平的物体并使物体受力均匀。

2. 仿生多指灵巧手

机器人末端执行器和腕部最理想的形式就是跟人类的手一样多指灵活。

2.4.8 其他手

1. 弹性力手爪

弹性力手爪的特点是其夹持物体的抓力是由弹性元件提供的,不需要专门的驱动装置,在抓取物体时需要一定的压入力,而在卸料时,则需要一定的拉力。

2. 摆动式手爪

摆动式手爪的特点是在手爪的开合过程中,其爪的运动状态是绕固定轴摆动的,结构简单,使用较广,适合于圆柱表面物体的抓取。

3. 勾托式手部

图 2-35 所示为勾托式手部结构示意图。勾托式手部并不靠夹紧力来夹持工件,而是利用工件本身的重量,通过手指对工件的勾、托、捧等动作来托持工件。应用勾托方式可降低对驱动力的要求,简化手部结构,甚至可以省略手部驱动装置。该手部适用于在水平面内和垂直面内搬运大型笨重的工件或结构粗大而质量较轻且易变形的物体。勾托式手部又有手部无驱动装置和驱动装置两种类型。

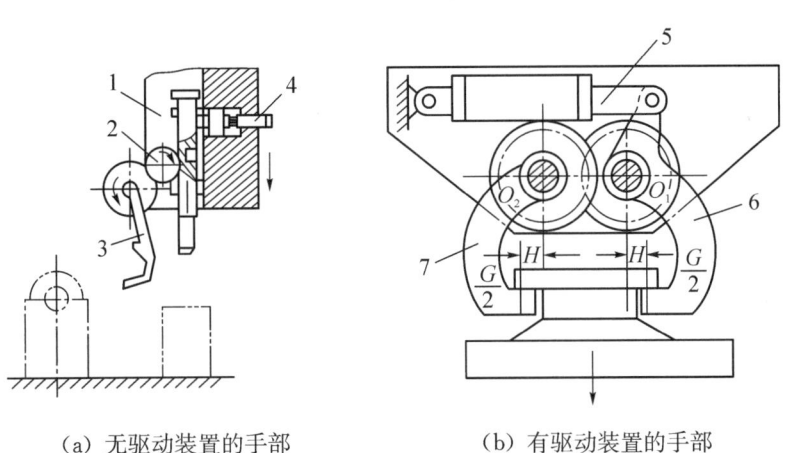

(a) 无驱动装置的手部　　(b) 有驱动装置的手部

图 2-35　勾托式手部示意图

1—齿条;2—齿轮;3—手指;4—销子;5—驱动油缸;6,7—杠杆手指

2.5　工业机器人的传动机构

工业机器人的驱动源通过传动部件来驱动关节的移动或者转动,从而实现机身、手臂和手腕的运动。因此,传动机构是构成工业机器人的重要部件。

2.5.1 工业机器人的驱动方式

工业机器人驱动系统按动力源可分为液压驱动、气动驱动和电动驱动三种基本驱动类型。根据需要,可采用三种基本驱动类型的一种,或合成式驱动系统。这三种基本驱动系统的主要特点见表2.2所示。

表2.2 液压驱动、气动驱动和电动驱动的主要特点

内容	驱动方式		
	液压驱动	气动驱动	电动驱动
输出功率	输出功率很大,压力范围为 $50\sim140$ N/cm²	输出功率大,压力范围为 $48\sim60$ N/cm²,最大可达 100 N/cm²	较大
控制性能	利用液体的不可压缩性,控制精度较高,输出功率大,可无级调速,反应灵敏,可实现连续轨迹控制	气体压缩性大,精度低,阻尼效果差,低速不易控制,难以实现高速、高精度的连续轨迹控制	控制精度高、功率较大,能精确定位,反应灵敏,可实现高速、高精度的连续轨迹控制,伺服特性好,控制系统复杂
响应速度	很高	较高	很高
结构性能及体积	结构适当,执行机构可标准化、模拟化,易实现直接驱动。功率与质量比大,体积小,结构紧凑,密封问题较大	结构适当,执行机构可标准化、模拟化,易实现直接驱动。功率与质量比大,体积小,结构紧凑,密封问题较小	伺服电动机易于标准化,结构性能好,噪声低,电动机一般需配置减速装置,除直驱电动机外,难以直接驱动,结构紧凑,无密封问题
安全性	防爆性能较好,用液压油作传动介质,在一定条件下有火灾危险	防爆性能好,高于1 000 kPa(10个大气压)时应注意设备的抗压性	设备自身无爆炸和火灾危险,直流有刷电动机换向时有火花,对环境的防爆性能较差
对环境的影响	液压系统易漏油,对环境有污染	排气时有噪声	无
在工业机器人中应用范围	适用于重载、低速驱动,电液伺服系统适用于喷涂机器人、点焊机器人和托运机器人	适用于中小负载驱动、精度要求较低的有限点位程序控制机器人,如冲压机器人本体的气动平衡及装配机器人气动夹具	适用于中小负载、要求具有较高的位置控制精度和轨迹控制精度、速度较高的机器人,如AC伺服喷涂机器人、点焊机器人、弧焊机器人、装配机器人等
成本	液压元件成本较高	成本低	成本高
维修及使用	方便,但油液对环境温度有一定要求	方便	较复杂

1. 液压驱动

液压驱动工业机器人是利用油液作为传递的工作介质。电动机带动液压泵输出压力油,将电动机输出的机械能转换成油液的压力能,压力油经过管道及一些控制调节装置等进入油缸,推动活塞杆运动,从而使机械臂产生伸缩、升降等运动,将油液的压力能又转换成机械能。

(1) 液压系统的组成

① 液压泵:是能量转换装置,将电动机输出的机械能转换为油液的压力能,用压力油驱动整个液压系统工作。

② 液动机(液压执行装置):是压力油驱动运动部件对外工作的部分。机械臂做直线运动,液动机就是机械臂伸缩油缸,也有做回转运动的液动机,一般叫做液压马达,回转角度小于360°的液动机,一般叫回转油缸(或摆动油缸)。

③ 控制调节装置:指各类阀,有压力控制阀、流量控制阀、方向控制阀。主要调节控制液压系统油液的压力、流量和方向,使机器人的机械臂、手腕、手指等能够完成所要求的运动。

④ 辅助装置:如油箱、滤油器、储能器、管路和管接头以及压力表等。

(2) 液压伺服驱动系统

液压驱动机器人分为程序控制驱动和伺服控制驱动两种类型。前者属非伺服型,用于有限点位要求的简易搬运机器人,液压驱动机器人中应用较多的是伺服控制驱动型的。液压伺服驱动系统由液压源、驱动器、伺服阀、传感器和控制回路组成,如图 2-36 所示。

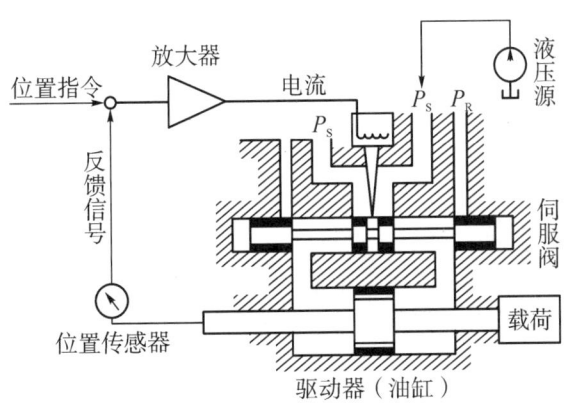

图 2-36 工业机器人液压驱动系统

液压泵将压力油供到伺服阀,给定位置指令值与位置传感器的实测值之差经放大器放大后送到伺服阀。当信号输入到伺服阀时,压力油被供到驱动器并驱动载荷。当反馈信号与输入指令值相同,驱动器便停止。伺服阀在液压伺服系统中是不可缺少的一部分,它利用电信号实现液压系统的能量控制。在响应快、载荷大的伺服系统中往往采用液压驱动器,原因在于液压驱动器的输出力与重量比最大。

2. 气动驱动

工业机器人气动驱动结构如图 2-37 所示。

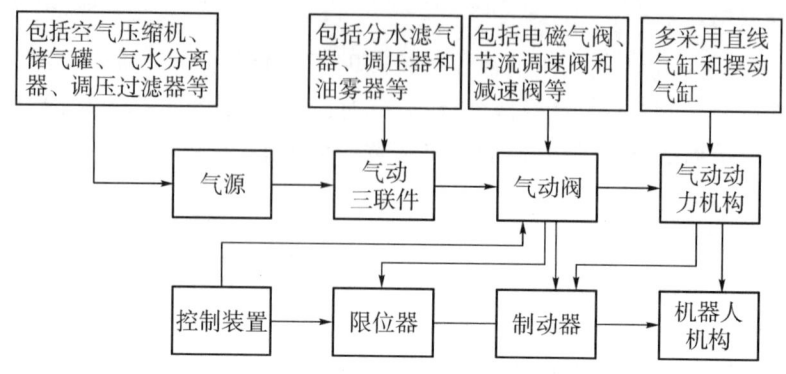

图 2-37 工业机器人气动驱动结构

气动驱动系统由以下 4 个部分组成。

(1) 气源系统

压缩空气是保证气动系统正常工作的动力源。一般工厂均设有压缩空气站。压缩空气站的设备主要是空气压缩机和气源净化辅助设备。

由于压缩空气中含有水汽、油气和灰尘,这些杂质如果被直接带入储气罐、管道及气动元件和装置中,会引起腐蚀、磨损、阻塞等一系列问题,从而造成气动系统效率和寿命降低、控制失灵等严重后果。因此,压缩空气需要净化。

(2) 气源净化辅助装备

气源净化辅助设备有后冷却器、油水分离器、储气罐、过滤器等。

① 后冷却器:安装在空气压缩机出口处的管道上,它的作用是使压缩空气降温。

② 油水分离器:将水、油分离。

③ 储气罐:存储较大量的压缩空气,以供给气动装置连续和稳定的压缩空气,并可减少由于气流脉动所造成的管道振动。

④ 过滤器:过滤压缩空气。一般气动控制元件对空气的过滤要求比较严格,常采用简易过滤器过滤后,再经分水滤气器二次过滤。

(3) 气动执行机构

气动执行机构有气缸和气动马达两种。

气缸和气动马达(气马达)是将压缩空气的压力能转换为机械能的能量转换装置。气缸输出力,驱动工作部分做直线往复运动或往复摆动;气动马达输出力矩,驱动机构做回转运动。

(4) 空气控制阀和气动逻辑元件

空气控制阀是气动控制元件,它的作用是控制和调节气路系统中压缩空气的压力、流量和方向,从而保证气动执行机构按规定的程序正常地进行工作。空气控制阀有压力控制阀、流量控制阀和方向控制阀三类。

气动逻辑元件是通过可动部件的动作,进行元件切换而实现逻辑功能的。采用气动逻辑元件给自动控制系统提供了简单、经济、可靠、寿命长的新途径。

3. 电动驱动

电动驱动(亦称电气驱动)是利用电动机产生的力或力矩直接或通过减速机构等间接地驱动机器人的各个运动关节的驱动方式,一般由电动机及其驱动器组成。

(1) 电动机

工业机器人常用的电动机有直流伺服电动机、交流伺服电动机和步进伺服电动机。

① 直流伺服电动机（DC 伺服电动机）：直流伺服电动机的控制电路比较简单，所构成的驱动系统价格比较低廉，但是在使用过程中直流伺服电动机的电刷会有磨损，需要定时调整以及更换，既增加了工作负担又会影响机器人的性能，且电刷易产生火花，在喷雾、粉尘等工作环境中容易引起火灾等，存在安全隐患。

② 交流伺服电动机（AC 伺服电动机）：交流伺服电动机的结构比较简单，转子由磁体构成，直径较细；定子由三相绕组组成，可通过大电流，无电刷，运行安全可靠，适用于频繁的启动、停止工作，而且荷载能力、力矩惯量比、定位精度等优于直流伺服电动机，但是其控制电路比较复杂，所构成的驱动系统价格相对比较高昂。

③ 步进伺服电动机：步进伺服电动机是以电脉冲驱动使其转子转动产生转角值的动力装置。其中输入的脉冲数决定转角值，脉冲频率决定转子的速度。其控制电路较为简单，不需要转动状态的检测电路，因此所构成的驱动系统价格比较低廉。但是，步进伺服电动机的功率比较小，不适用于大负荷的工业机器人使用。

(2) 驱动器

伺服驱动器（亦称伺服控制器或者伺服放大器）是用来控制、驱动伺服电动机的一种控制装置，多数是采用脉冲宽度调制（PWM）进行控制驱动完成机器人的动作。为了满足实际工作对机器人的位置、速度和加速度等物理量的要求，通常采用如图 2-38 所示的驱动原理，由位置控制构成的位置环、速度控制构成的速度环和转矩控制构成的电流环组成。

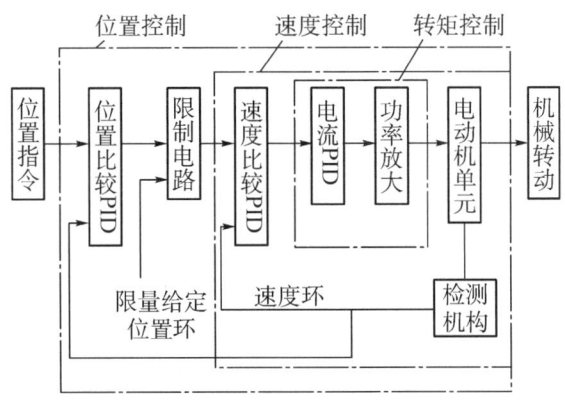

图 2-38 工业机器人电动驱动原理框图

驱动器的电路一般包括：功率放大器、电流保护电路、高低压电源、计算机控制系统电路等。根据控制对象（电动机）的不同，驱动器一般分为直流伺服电动机驱动器、交流伺服电动机驱动器、步进伺服电动机驱动器。

2.5.2 机器人的传动结构

驱动装置的受控运动必须通过传动装置带动机械臂产生运动，以精确地保证末端执行器所要求的位置、姿态，并实现其运动。目前工业机器人广泛采用的机械传动装置是减速器。

机器人关节减速器使机器人伺服电动机在一个合适的速度下运转，并能精确地将转速降低到工业机器人各部分需要的速度,从而提高机械本体刚性,输出更大的转矩。它的特点是传动链短、体积小、功率大、质量轻和易于控制。机器人关节减速器分为 RV 减速器和谐波减速器。

RV 减速器:放在机身、腰部、大臂等重负载位置,主要用于 20 kg 以上的机器人关节。

谐波减速器:放在小臂、腕部和手部等轻负载位置,主要用于 20 kg 以下的机器人关节。

此外,机器人还采用轴承传动、丝杠传动、齿轮传动、链条(带)传动、绳传动,如图 2-39 所示。

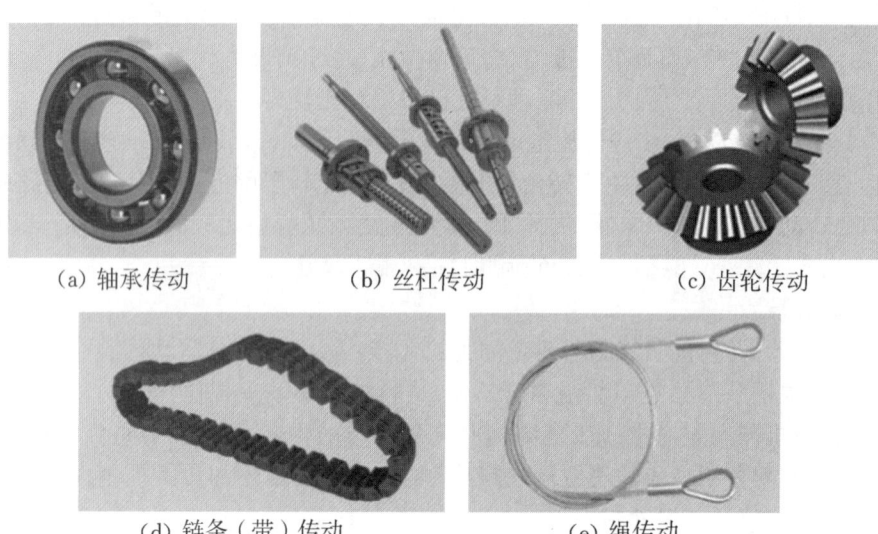

(a) 轴承传动　　　(b) 丝杠传动　　　(c) 齿轮传动

(d) 链条(带)传动　　　(e) 绳传动

图 2-39　机器人传动结构

1. 轴承传动

轴承是支承元件,主要功能是支承机械旋转体,用以降低设备在传动过程中的机械载荷摩擦系数。工业机器人的轴承是其关键配套件之一,最适用于工业机器人的关节部位或者旋转部位。交叉圆柱滚子轴承和等截面薄壁轴承是工业机器人应用中较为主要的两大类。

(a) 交叉滚子轴承　　　(b) 等截面薄壁轴承

图 2-40　轴承传动

交叉滚子轴承如图 2-40(a)所示,是圆柱滚子或圆锥滚子成 90°的 V 形沟槽滚动面上通过隔离块而相互垂直的排列,可承受径向负荷、轴向负荷以及力矩负荷等多方向的负荷,适用于工业机器人关节和旋转部。交叉滚子内外环是分割结构,间隙可以调整,能够获得高精度的旋转运动。分割的内外环,在装入滚子和保持器后,被固定在一起,所以安装简单。内外环尺寸被最小限度地小型化。特别是超薄结构接近极限的小型尺寸,并具有高刚性。

等截面薄壁轴承如图2-40(b)所示,它的精度高、噪声小、承载能力强,即便是更大的轴直径和轴承孔,横截面也保持不变。

2. 丝杠传动

丝杠传动有滑动式、滚珠式和静压式等。机器人传动用的丝杠具备结构紧凑、间隙小和传动效率高的特点,如图2-41所示。

滑动式丝杠螺母机构传动平稳,没有冲击,无噪声能自锁,可用较小的驱动转矩获得较大的牵引力,由于摩擦传动效率比较低。

滚珠丝杠传送效率、传动精度和定位精度均很高,传送平稳性和灵敏度也很好,磨损小、使用寿命比较长,但是成本比较高。

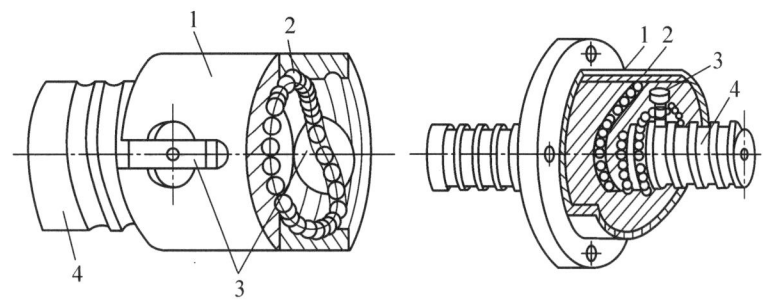

图2-41 丝杠传动
1—螺母;2—滚珠;3—回程引导装置;4—丝杠

3. 行星齿轮传动

如图2-42所示为行星齿轮传动的结构简图。行星齿轮传动机构尺寸小,惯量低;一级传动比大,结构紧凑;载荷分布在若干个行星齿轮上,内齿轮也具有较高的承载能力。

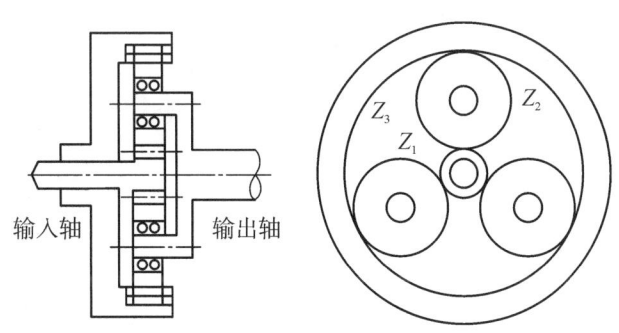

图2-42 行星齿轮传动的结构简图

4. 谐波齿轮传动

同行星齿轮传动一样,谐波齿轮传动(简称谐波传动)通常由3个基本构件组成,包括一个有内齿的刚轮、一个带有外齿的柔轮和一个波发生器,如图2-43所示。在这3个基本构件中任意固定一个,其余一个为主动件,另一个为从动件(如刚轮固定不变,波发生器为主动件,柔轮为从动件)。

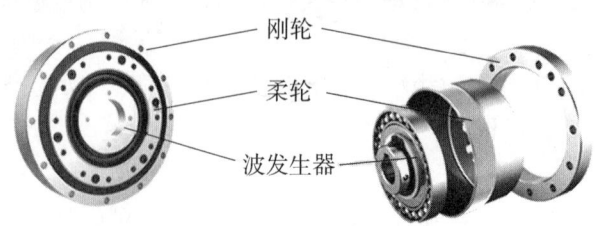

图 2-43 谐波齿轮的结构

波发生器与输入轴相连,它有一个椭圆形凸轮和一个薄壁的柔性轴承组成,对柔性齿圈的变形起产生和控制作用。

柔轮有薄壁杯形、薄壁圆筒形或平嵌式等多种,薄壁圆筒形柔轮的开口端外面有齿圈,它随波发生器的转动而产生径向弹性变形,筒底部分与输出轴连接。

刚轮是一个刚性的内齿轮,双波谐波传动的刚轮通常比柔轮多两个齿,谐波齿轮减速器多以刚轮固定,外部与箱体连接。

当波发生器装入柔轮后,迫使柔轮的剖面由原来的圆形变成椭圆形,当波发生器沿某一方向连续转动时,柔轮的变形不断改变,使柔轮与刚轮的啮合状态不断改变,啮入—啮合—啮出—脱开—再啮入……周而复始地进行,柔轮的外齿数少于刚轮的内齿数,从而实现柔轮相对于刚轮沿发生器相反方向的缓慢旋转。谐波齿轮工作原理如图 2-44 所示。

谐波齿轮的特点是结构简单、体积小、重量轻,传动比范围大,传动精度高,承载能力大,运动平稳无冲击,噪声小,传动效率高,可实现高增速运动,可以实现差速传动。

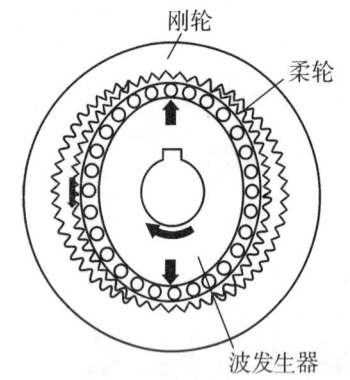

图 2-44 谐波齿轮传动机构工作原理

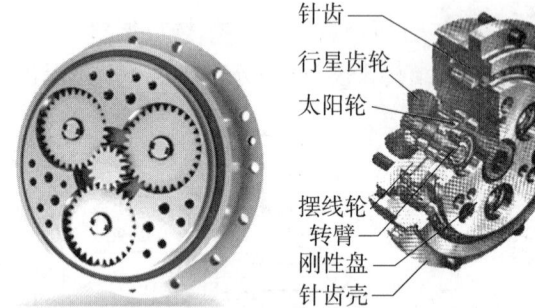

图 2-45 RV 减速器的结构

5. RV 减速器

RV 减速器的传动装置采用的是一种新型的二级封闭行星轮系,在摆线针轮传动基础上发展起来的一种新型传动装置,在机器人领域中占有主导地位。

RV 减速器具有传动比范围大,传动效率高,扭转刚度远大于一般摆线针轮减速器的输出机构,在额定转矩下弹性回差误差小,传递同等转矩与功率时,RV 减速器比其他减速器体积小等特点。而谐波减速器会随着使用时间的增长,运动精度显著降低。

RV 减速器的结构如图 2-45 所示,主要由太阳轮、行星轮、转臂(曲柄轴)、摆线轮(RV 齿轮)、针齿、刚性盘与输出盘等部件组成。

太阳轮用来传递输入功率,且与行星齿轮相啮合。行星齿轮与曲柄轴固连,起功率分流作用,把功率分流传递给摆线轮行星机构。曲柄轴一端连接行星齿轮,另一端连接支承圆盘,既可以带动摆线轮产生公转,也可以使摆线轮产生自传。摆线轮在传动机构中实现背向力的平衡,一般要安装两个完全相同的摆线轮,且两个摆线轮偏心位置互成180°。针轮上安装有多个针齿,与壳体固连在一起,统称为针轮壳体。刚性盘是动力传动机构,曲柄轴的输出端通过轴承安装在这个刚性盘上。输出盘与刚性盘相互连接成为一体,输出运动或动力。

RV减速器的工作原理:RV传动装置有第一级渐开线圆柱齿轮行星减速机构和第二级摆线针轮行星减速机构两部分组成。如果渐开线太阳轮顺时针方向旋转,则渐开线行星轮在公转的同时还进行逆时针方向自转,并通过曲柄轴带动摆线轮进行偏心运动。同时通过曲柄轴将摆线轮的转动等速传给输出机构。

6. 同步带传动

在工业机器人中,同步带传动主要用来传递平行轴间的运动。同步传送带和带轮的接触面都制成相应的齿形,靠啮合传递功率,其传动原理如图2-46所示。同步带传动平稳准确,速比范围大,无滑动,适合电动机与高减速比的减速器之间的传动,但成本较高。

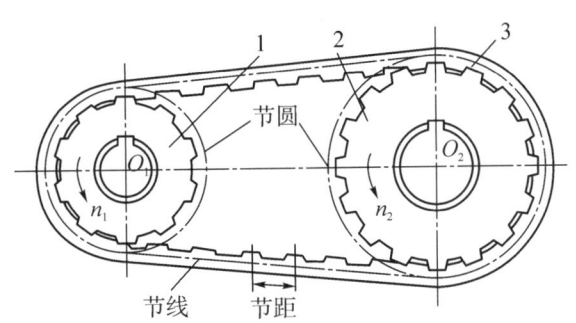

图 2-46 同步带传动原理
1—主动轮;2—从动轮;3—传送带

2.5.3 机器人的制动

许多机器人的机械臂都需要在各关节处安装制动器,其作用是:在机器人停止工作时,保持机械臂的位置不变;在电源发生故障时,保护机械臂和它周围的物体不发生碰撞。传动机构一般摩擦力都很小,在驱动器停止工作的时候,它们不能承受负载。如果不采用某种外部固定装置,如制动器、夹紧器或止挡装置等,一旦电源关闭,机器人的各个部件就会在重力的作用下滑落。因此,为机器人设计制动装置是十分必要的。

制动器通常是按失效抱闸方式工作的,即要松开制动器就必须接通电源,否则,各关节不能产生相对运动。它的主要目的是在电源出现故障时起保护作用。其缺点是在工作期间要不断通电使制动器松开。假如需要的话,也可以采用一种省电的方法,其原理是:需要各关节运动时,先接通电源,松开制动器,然后接通另一电源,驱动一个挡销将制动器锁在放松状态。

2.5.4 新型的驱动方式

1. 磁致伸缩驱动

铁磁材料和亚铁磁材料由于磁化状态的改变,其长度和体积都要发生微小的变化,这种现象称为磁致伸缩。20世纪60年代发现某些稀土元素在低温时磁伸率达 $3\,000\times 10^{-6} \sim 10\,000\times 10^{-6}$,人们开始关注研究有使用价值的大磁致伸缩材料。研究发现,$TbFe_2$(铽铁)、$SmFe_2$(钐铁)、$DyFe_2$(镝铁)、$HoFe_2$(钬铁)、$TbDyFe_2$(铽镝铁)等稀土—铁系化合物不仅磁致伸缩值高,而且居里点高于室温,室温磁致伸缩值为 $1\,000\times 10^{-6} \sim 2\,500\times 10^{-6}$,是传统磁致伸缩材料如铁、镍等的 $10\sim 100$ 倍。这类材料被称为稀土超磁致伸缩材料(Rear Earth Giant MagnetoStrictive Materials,RE-GMSM)。这一现象已用于制造具有微英寸量级位移能力的直线电机。为使这种驱动器工作,要将被磁性线圈覆盖的磁致伸缩小棒的两端固定在两个架子上。当磁场改变时,会导致小棒收缩或伸展,这样其中一个架子就会相对于另一个架子产生运动。一个与此类似的概念是用压电晶体来制造具有毫微英寸量级位移的直线电机。

美国波士顿大学已经研制出了一台使用压电微电机驱动的机器人——"机器蚂蚁"。"机器蚂蚁"的每条腿是长 1 mm 或不到 1 mm 的硅杆,通过不带传动装置的压电微电机来驱动各条腿运动。这种"机器蚂蚁"可用在实验室中收集放射性的尘埃以及从活着的病人体中收取患病的细胞。

2. 形状记忆金属

有一种特殊的形状记忆合金叫做 Biometal(生物金属),它是一种专利合金,在达到特定温度时缩短大约 4%。通过改变合金的成分可以设计合金的转变温度,但标准样品都将温度设在 90 ℃左右。在这个温度附近,合金的晶格结构会从马氏体状态变化到奥氏体状态,并因此变短。然而,与许多其他形状记忆合金不同的是,它变冷时能再次回到马氏体状态。如果线材上负载低的话,上述过程能够持续变化数十万个循环。实现这种转变的常用热源来自当电流通过金属时,金属因自身的电阻而产生的热量。结果是,来自电池或者其他电源的电流轻易就能使生物金属线缩短。这种线的主要缺点在于它的总应变仅发生在一个很小的温度范围内,因此除了在开关情况下以外,要精确控制它的拉力很困难,同时也很难控制位移。

习 题

2-1 工业机器人手部的特点是什么?大致分为哪几类?

2-2　试述磁力吸盘的基本原理。

2-3　真空吸盘有哪几种？试述它们的工作原理。

2-4　什么叫R关节、B关节和Y关节？什么叫RPY运动？

2-5　机器人的行走机构有哪些？各有什么特点？

2-6　机器人的驱动方式有哪些？各有什么特点？

2-7　机器人的新型驱动方式有哪些？

第 3 章　工业机器人运动学和动力学

工业机器人是由多个关节构成的开链结构,末端执行器安装作业工具,控制器是以关节为坐标进行位置和速度控制,因此需要描述机器人末端执行器和各个关节之间的数学关系。加工对象在工作空间内的位置、机器人手臂的运动位置以及机械手臂的运动轨迹都需要用确定的坐标系来描述。

当工作任务由笛卡尔坐标系描述时,就需要把机械臂坐标转换为机械臂在空间运动关节位姿,也即机器人运动学问题。运动学是机器人位置、姿态和轨迹规划的基础。动力学是机器人控制的基础。本章将从工业机器人的运动学和动力学来介绍机器人位姿、运动和控制的相关数学基础知识。

3.1　工业机器人坐标系

工业机器人在坐标系中运动,其位置和姿态描述都需要依靠坐标系。工业机器人的坐标系包括基坐标系(又叫大地坐标系)、机器人坐标系、关节坐标系、工件坐标系、工具坐标系和用户坐标系。各个坐标系的定义如图 3-1 所示。

1. 基坐标系

基坐标系又叫大地坐标系、世界坐标系,是工业机器人在工作空间定位的基础,在工作单元或工作站中的固定位置。默认基坐标系和机器人坐标系重合。

2. 机器人坐标系

机器人坐标系是机器人各个关节坐标系的参考基础,是机器人各种运动学常用的坐标系。通常将机器人基座中心位置定义为机器人坐标系。

3. 关节坐标系

工业机器人的关节坐标系设置在机器人关节的中心位置,Z 轴指向关节的旋转轴或运动轴,表示关节处每个轴相对于关节零位的相对角度或位置。

4. 工具坐标系

工具坐标系设置在机器人末端的工具中心点为坐标原点,有时候有夹爪或者焊枪等工具放在机器人末端关节法兰盘上,工具坐标系的原点会随之改变。工具坐标系需要工具安装尺寸或者通过示教方式设置。

5. 工件坐标系

工件坐标系是用户根据加工工件的形状自己定义的坐标系,可以根据工业机器人示教需要定义多个工件坐标系。

6. 用户坐标系

用户坐标系也即自定义坐标系,一般是用户根据操作台位置和形状来设定,有利于处理持有工件或者其他坐标系的设备。

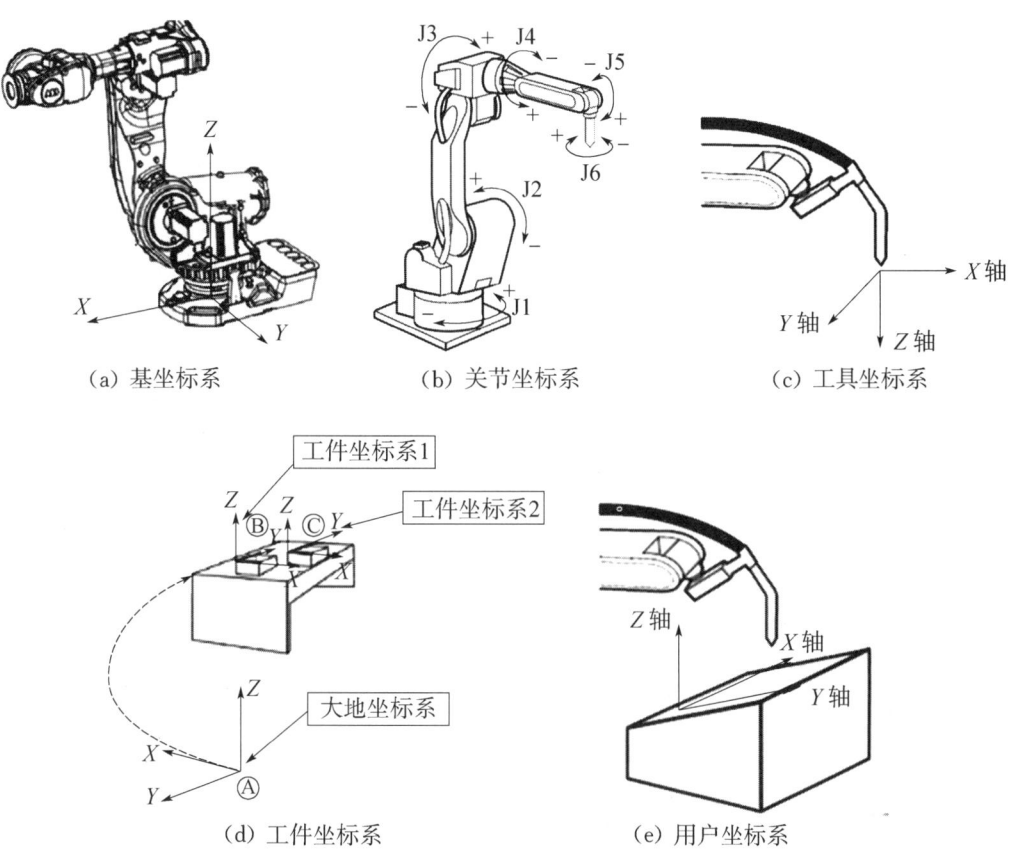

(a) 基坐标系　　(b) 关节坐标系　　(c) 工具坐标系

(d) 工件坐标系　　(e) 用户坐标系

图 3-1　工业机器人坐标系

3.2　机械手运动学表示方法

3.2.1　机械手的结构

典型的机械手如图 3-2 所示,是由多个连杆通过关节结合起来的结构,连杆被固定在基座上,前端装有适用作业的末端执行器,机器人作业需要用手爪,有时也装有传感器。还有驱动关节运动的电机等一般称为驱动器,电机产生的力通过齿轮等减速器增力后传递到关节上。自由度是表示机构运动时独立的位置变量个数,通常与机械手的关节数相同。图 3-2 所示机械手具有两个关节,称为两自由度机器人。

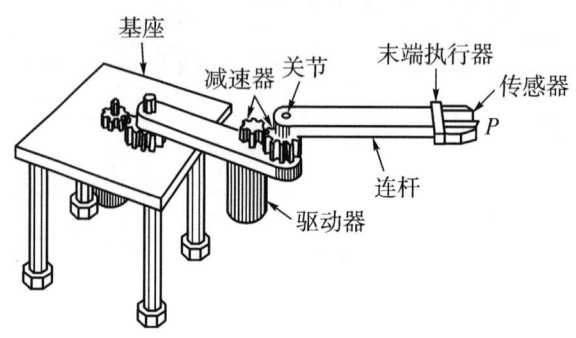

图 3-2 机械手结构

3.2.2 机械手的运动学

图 3-3 表示的是 2 自由度机械手的连杆结构,由于机械手的运动主要由连杆机构来决定,很多时候是把驱动器和减速器等去掉以后进行分析。图中的连杆机构是带有垂直纸面回转的关节结构,通过确定连杆长度 L_1、L_2,以及关节角 θ_1、θ_2,可以定义连杆机构。表示关节位置的变量一般称为关节变量。

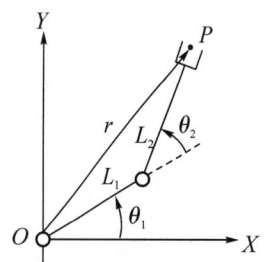

图 3-3 2 自由度机械手的连杆结构

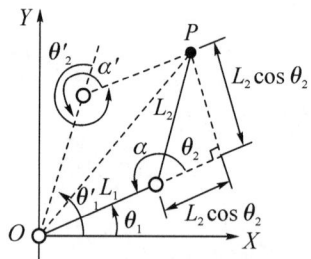

图 3-4 手爪位置几何分析

在处理机械手的运动时,要考虑手爪的位置(图中点 P 的位置),从几何学的观点来处理这个手爪位置与关节变量的关系称为运动学。

下面我们引入向量分别表示手爪位置 r 和关节变量 θ 来介绍一下二自由度的机械手运动学,如图 3-4 所示。

$$r = \begin{bmatrix} x \\ y \end{bmatrix} \quad \theta = \begin{bmatrix} \theta_1 \\ \theta_2 \end{bmatrix} \tag{3-1}$$

手爪位置的各个分量,按几何学可以表示为:

$$x = L_1 \cos \theta_1 + L_2 \cos(\theta_1 + \theta_2) \tag{3-2}$$

$$y = L_1 \sin \theta_1 + L_2 \sin(\theta_1 + \theta_2) \tag{3-3}$$

这个关系式用向量表示,一般可以表示为 $r = f(\theta)$。

这样,从关节变量求手爪位置称为正运动学,反之,从给定的手爪位置求关节变量称为逆运动学。

$$\theta_2 = \pi - \alpha \tag{3-4}$$

$$\theta_1 = \arctan\left(\frac{y}{x}\right) - \arctan\left(\frac{L_2 \sin\theta_2}{L_1 + L_2 \cos\theta_2}\right) \tag{3-5}$$

$$\alpha = \arccos\left(\frac{-(x^2+y^2)+L_1^2+L_2^2}{2L_1 L_2}\right) \tag{3-6}$$

$$\boldsymbol{\theta} = f^{-1}(\boldsymbol{r}) \tag{3-7}$$

正如图 3-4 中所示，$\alpha' = -\alpha$ 也是解，这时 $\boldsymbol{\theta}$ 解也就变成另外的值，即逆运动学的解不是唯一的。

3.2.3 运动学、静力学和动力学的关系

静力学指在机器人的手爪接触环境时，在静止状态下处理手爪力 F 与驱动力 τ 的关系。动力学研究机器人各关节变量对时间的一阶导数、二阶导数与各执行器驱动力或力矩之间的关系，即机器人机械系统的运动方程。而运动学则从几何学的观点来处理手爪位置与关节变量的关系。

在考虑控制时，就要考虑在机器人的动作中，关节驱动力 τ 会产生怎样的关节位置 θ、关节速度 $\dot{\theta}$ 和关节加速度 $\ddot{\theta}$，处理这种关系称为动力学。对于动力学来说，除了与连杆长度有关之外，还与各连杆的质量、绕质量中心的惯性矩、连杆的质量中心与关节轴的距离有关。

运动学、静力学和动力学中各变量的关系如图 3-5 所示。图中用虚线表示的关系可通过实线关系的组合表示，这些也可作为动力学的问题来处理。

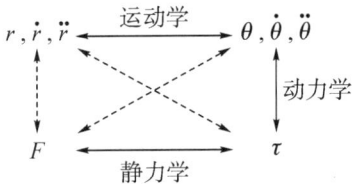

图 3-5 机器人运动学、静力学和动力学的关系

3.3 机器人运动学

3.3.1 工业机器人位姿

1. 点位置的描述——位置矢量

在直角坐标系中，用三个相互正交的单位矢量来表示一个参考坐标系 $\{A\}$。则点 $\boldsymbol{P}$ 在参考坐标系 $\{A\}$ 中的位置矢量：

$$\boldsymbol{P} = \begin{bmatrix} p_x \\ p_y \\ p_z \end{bmatrix} \tag{3-8}$$

用一个矢量来描述空间中点的位置，其中，p_x、p_y、p_z 是点 $\boldsymbol{P}$ 的三个位置坐标分量。

在直角坐标系$\{A\}$中,空间任意一点 p 也可以用它在直角坐标系$\{A\}$中的 3 个坐标分量来表示,即:

$$p = p_x \boldsymbol{i} + p_y \boldsymbol{j} + p_z \boldsymbol{k} \tag{3-9}$$

式中:p_x, p_y, p_z 是点 $\boldsymbol{P}$ 在坐标系$\{A\}$中的三个分量。如图 3-6 所示。

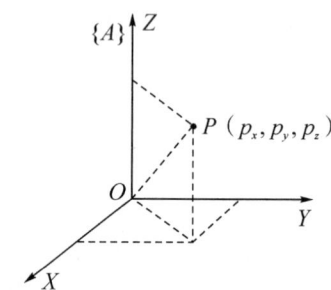

图 3-6 空间任意点的参考坐标系

2. 点的齐次坐标

若空间一点 $\boldsymbol{P}$ 的直角坐标为:

$$\boldsymbol{P} = \begin{bmatrix} x \\ y \\ z \end{bmatrix} \tag{3-10}$$

则它的齐次坐标可表示为:

$$\boldsymbol{P} = \begin{bmatrix} x \\ y \\ z \\ 1 \end{bmatrix} \tag{3-11}$$

值得注意的是,齐次坐标的表示不是唯一的。将各个元素同乘以非零因子 ω 后,仍然代表同一点 $\boldsymbol{P}$,即

$$\boldsymbol{P} = \begin{bmatrix} x \\ y \\ z \\ 1 \end{bmatrix} = \begin{bmatrix} a \\ b \\ c \\ w \end{bmatrix} \tag{3-12}$$

式中:$a = \omega x, b = \omega y, c = \omega z$。还要注意:$\boldsymbol{P} = (0 \ 0 \ 0 \ 0)^T$ 没有意义。

通常规定:列向量 $\boldsymbol{P} = (a \ b \ c \ 0)^T$,(其中 $a^2 + b^2 + c^2 \neq 0$) 表示空间的无穷远点,包括无穷远点的空间称为扩大空间。而把第四个元素非零的点称为非无穷远点。

无穷远点$(a \ b \ c \ 0)^T$ 的三元素 a, b, c 称为它的方向数。以下三个无穷远点 $(1 \ 0 \ 0 \ 0)^T$、$(0 \ 1 \ 0 \ 0)^T$、$(0 \ 0 \ 1 \ 0)^T$ 分别代表 OX、OY、OZ 轴上的无穷远点,用它们分别表示这三个坐标轴的方向。而非无穷远点$(0 \ 0 \ 0 \ 1)^T$ 代表坐标原点。

$$\boldsymbol{X} = \begin{bmatrix} 1 \\ 0 \\ 0 \\ 0 \end{bmatrix} \quad \boldsymbol{Y} = \begin{bmatrix} 0 \\ 1 \\ 0 \\ 0 \end{bmatrix} \quad \boldsymbol{Z} = \begin{bmatrix} 0 \\ 0 \\ 1 \\ 0 \end{bmatrix} \quad \boldsymbol{O} = \begin{bmatrix} 0 \\ 0 \\ 0 \\ 1 \end{bmatrix} \quad (3-13)$$

因此,利用齐次坐标不仅可以规定点的位置,还可以规定矢量的方向。当第四个元素非零时,代表点的位置;当第四个元素为零时,代表点的方向。

例如:在图 3-7 中,矢量 v 的方向用齐次矩阵表示为:

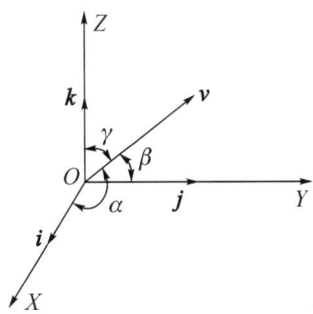

图 3-7 坐标轴方向描述

$$\boldsymbol{v} = \begin{bmatrix} a \\ b \\ c \\ 0 \end{bmatrix}$$

其中:$a = \cos\alpha, b = \cos\beta, c = \cos\gamma$。当 $\alpha = 60°, \beta = 60°, \gamma = 45°$ 时,矢量 v 为

$$\boldsymbol{v} = \begin{bmatrix} 0.5 \\ 0.5 \\ 0.707 \\ 0 \end{bmatrix}$$

例 3-1 用齐次坐标系表示图 3-8 所示的矢量 u, v, w 的坐标方向。

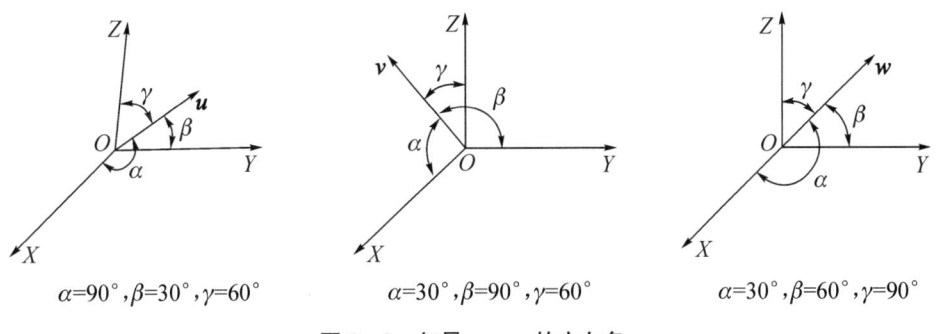

图 3-8 矢量 u, v, w 的方向角

解 矢量 u, v, w 可表示为:

u: $u = [\cos\alpha \quad \cos\beta \quad \cos\gamma \quad 0]^T = [\cos90° \quad \cos30° \quad \cos60° \quad 0]^T = [0 \quad 0.866 \quad 0.5 \quad 0]^T$

$v:v=[\cos\alpha \quad \cos\beta \quad \cos\gamma \quad 0]^T=[\cos30° \quad \cos90° \quad \cos60° \quad 0]^T=[0.866 \quad 0 \quad 0.5 \quad 0]^T$

$w:w=[\cos\alpha \quad \cos\beta \quad \cos\gamma \quad 0]^T=[\cos30° \quad \cos60° \quad \cos90° \quad 0]^T=[0.866 \quad 0.5 \quad 0 \quad 0]^T$

3. 动坐标系的描述

在机器人坐标系中,运动时相对于连杆不动的坐标系称为静坐标系,跟随连杆运动的坐标系称为动坐标系,动坐标系的位置与姿态的描述是对动坐标系原点及各个坐标轴方向的描述。

(1) 刚体的位姿的描述

机器人的每个连杆都可以看作一个刚体,给定刚体上某一点的位置和刚体在空间的姿态,这个刚体在空间上可以用唯一一个位姿矩阵表示。

如图 3-9 所示,固定坐标系为 $OXYZ$,令 $O'X'Y'Z'$ 为与运动刚体 Q 固连的一个坐标系,即为动坐标系。刚体坐标原点在固定坐标系中的位置用齐次坐标形式表示为:

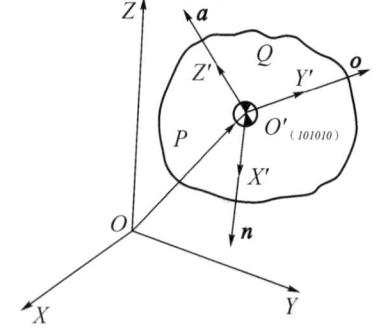

图 3-9 刚体 Q 的位姿

$$P=\begin{bmatrix} x_0 \\ y_0 \\ z_0 \\ 1 \end{bmatrix} \quad (3-14)$$

令 n,o,a 分别表示 X'、Y'、Z' 坐标轴的单位方向矢量,各单位方向矢量在固定坐标系的分量为动坐标系各坐标轴的方向余弦,用齐次坐标表示:

$$n=\begin{bmatrix} n_x \\ n_y \\ n_z \\ 0 \end{bmatrix} \quad o=\begin{bmatrix} o_x \\ o_y \\ o_z \\ 0 \end{bmatrix} \quad a=\begin{bmatrix} a_x \\ a_y \\ a_z \\ 0 \end{bmatrix} \quad (3-15)$$

刚体的位姿矩阵可以表示成

$$T=\begin{bmatrix} n & o & a & p \end{bmatrix}=\begin{bmatrix} n_x & o_x & a_x & x_0 \\ n_y & o_y & a_y & y_0 \\ n_z & o_z & a_z & z_0 \\ 0 & 0 & 0 & 1 \end{bmatrix} \quad (3-16)$$

(2) 连杆的位姿描述

设有一个机器人的连杆 PL,如果给定了连杆上某点的位置和连杆在空间的姿态,则该连杆在空间的位姿是完全确定的。如图 3-10 所示,O' 为连杆上的点,$O'X'Y'Z'$ 为与运动刚体 Q 固连的一个动坐标系,连杆在固定坐标系 $OXYZ$ 中的位置和姿态可以描述为式 3-14 和式 3-15。连杆的位姿矩阵可以表示成式 3-16。

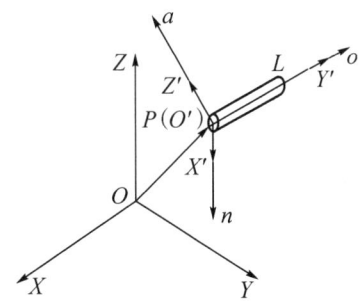

图 3-10 连杆的位姿描述

显然,刚体和连杆的位姿就是对固连在刚体和连杆上动坐标系的位姿表示。

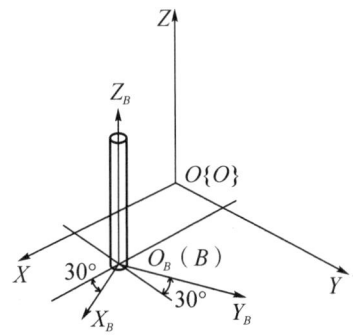

图 3-11 连杆坐标系{B}的位姿

例 3-2 图 3-11 所示连杆坐标系{B}位于 OB 点,在 XOY 平面内,坐标系{B}相对于固定坐标系{A}有 30°的偏转,试写出连杆位姿坐标系{B}的 4×4 矩阵表达式。

解 X_B 的方向列向量为:

$$\boldsymbol{n} = [\cos 30° \quad \cos 60° \quad \cos 90° \quad 0]^T = [0.866 \quad 0.5 \quad 0 \quad 0]^T$$

Y_B 的方向列向量为:

$$\boldsymbol{o} = [\cos 120° \quad \cos 30° \quad \cos 90° \quad 0]^T = [-0.5 \quad 0.866 \quad 0 \quad 0]^T$$

Z_B 的方向列向量为:

$$\boldsymbol{a} = [0 \quad 0 \quad 1 \quad 0]^T$$

坐标系{B}的位置矩阵为:$\boldsymbol{p} = [2 \quad 1 \quad 0 \quad 1]^T$

则动坐标系{B}的 4×4 矩阵表达式为:

$$\boldsymbol{T} = [\boldsymbol{n} \quad \boldsymbol{o} \quad \boldsymbol{a} \quad \boldsymbol{p}] = \begin{bmatrix} 0.866 & -0.5 & 0 & 2 \\ 0.5 & 0.866 & 0 & 1 \\ 0 & 0 & 1 & 0 \\ 0 & 0 & 0 & 1 \end{bmatrix}$$

4. 机器人手部的位姿描述

为了描述机器人手部位姿,手部的位置矢量为从固定参考坐标系 $OXYZ$ 原点 O 指向手部坐标系 $\{B\}$ 原点的矢量 P,如图 3-12 所示。

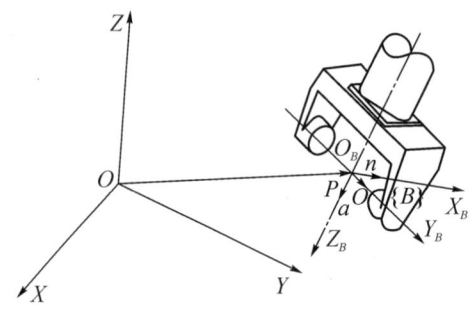

图 3-12 机器人手部位置和姿态描述

机器人手部位姿可以用固定于手部的坐标系 $\{B\}$ 的位姿表示,坐标系 $\{B\}$ 由原点位置和三个单位矢量唯一确定:

(1) 原点:机器人手臂的中心 O_B 为原点;

(2) Z 轴:关节轴的方向为 Z_B 轴,Z_B 轴向量为手指接近物体的方向,称为接近向量 a(approach),简称 a 轴,指向外;

(3) Y 轴:两手指的连线为 Y_B 轴,Y_B 轴的单位方向矢量 o,称为姿态向量 o(orientation),简称 o 轴,指向可以任意选定;

(4) X 轴:X_B 轴与 Y_B 轴和 Z_B 轴垂直,X_B 轴的单位方向矢量 n(normal)为法向矢量,简称 n 轴,指向符合右手法则,并且 $n=o\times a$。

3 个向量 n,o 和 a 两两相互垂直;每个由方向余弦表示的单位向量的长度必须为 1。在这些特征约束下可以转化为约束方程。

例如:

$$n = [1 \ 0 \ 0]^T \quad o = [0 \ 1 \ 0]^T \quad a = [0 \ 0 \ 1]^T$$

则:$o \cdot n=0, a \cdot n=0, o \cdot a=0 \quad o \cdot o=1, a \cdot a=1, n \cdot n=1$,也即:$n \times o = a$。

手部位置矢量为从固定参考坐标系 $OXYZ$ 原点指向手部坐标系 $\{B\}$ 原点的矢量 p,手部的方向矢量为 n,o,a。手部的位姿矩阵为:

$$T = [\boldsymbol{n} \quad \boldsymbol{o} \quad \boldsymbol{a} \quad \boldsymbol{p}] = \begin{bmatrix} n_x & o_x & a_x & p_x \\ n_y & o_y & a_y & p_y \\ n_z & o_z & a_z & p_z \\ 0 & 0 & 0 & 1 \end{bmatrix} = \begin{bmatrix} \boldsymbol{R}_{3\times3} & \boldsymbol{P}_{3\times1} \\ \boldsymbol{0} & 1 \end{bmatrix} \quad (3-17)$$

式中:$\boldsymbol{R}_{3\times3}$ 表示机器人的姿态;$\boldsymbol{P}_{3\times1}$ 表示机器人手部的位置。齐次矩阵 T 描述了机器人手部的位姿(即位置和姿态)。

5. 目标位姿的描述

任何一个物体在空间的位置和姿态都可以用齐次矩阵来表示,如图 3-13 所示。

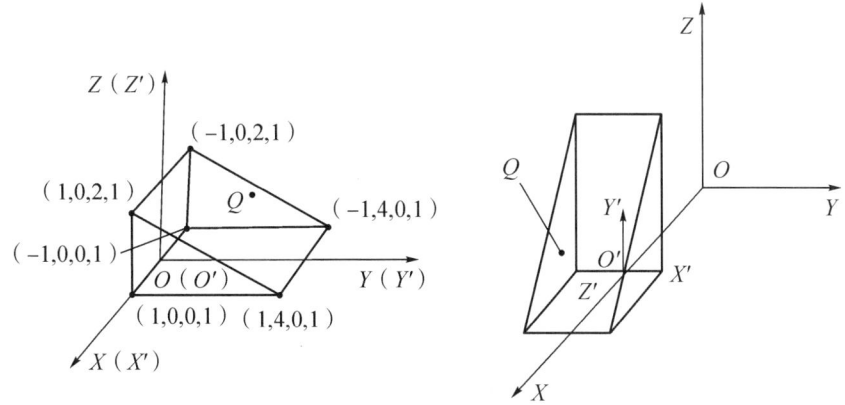

(a) 楔形块的初始位姿　　(b) 楔形块移动后的位姿

图 3-13　目标物的位姿

楔形块 Q 在图 3-13(a)中可以用 6 个点描述，矩阵表示为：

$$Q = \begin{bmatrix} 1 & -1 & -1 & 1 & 1 & -1 \\ 0 & 0 & 0 & 0 & 4 & 4 \\ 0 & 0 & 2 & 2 & 0 & 0 \\ 1 & 1 & 1 & 1 & 1 & 1 \end{bmatrix}_{4 \times 6}$$

若让其绕 Z 轴旋转 $90°$，记为 $\mathrm{Rot}(z, 90°)$；再绕 Y 轴旋转 $90°$，为 $\mathrm{Rot}(y, 90°)$；然后再沿着 X 轴平移 4，为 $\mathrm{Trans}(4, 0, 0)$，则楔形块变为图 3-13(b)中的位姿，其齐次变换矩阵为：

$$Q = \begin{bmatrix} 4 & 4 & 6 & 6 & 4 & 4 \\ 1 & -1 & -1 & 1 & 1 & -1 \\ 0 & 0 & 0 & 0 & 4 & 4 \\ 1 & 1 & 1 & 1 & 1 & 1 \end{bmatrix}_{4 \times 6}$$

3.3.2　齐次变换及运算

在机器人中，手臂、手腕等都被看作为刚体，刚体的运动一般包括平移运动、旋转运动和平移加旋转运动。如果把刚体每次简单的运动用一个变换矩阵来表示，那么，刚体的每次运动可以用多个变换矩阵的乘积来表示，表示这个积的矩阵称为齐次变换矩阵，用连杆的初始位姿矩阵乘以齐次变换矩阵，就可以得到经过多次运动后该连杆的最终位姿矩阵。通过多个连杆位姿的传递，可以得到机器人末端执行器的位姿。

1. 平移的齐次变换

在直角坐标系中某一点的平移如图 3-14 所示，空间一点 $A(x, y, z)$ 平移到 $A'(x', y', z')$：

$$\begin{cases} x' = x + \Delta x \\ y' = y + \Delta y \\ z' = z + \Delta z \end{cases} \quad (3-18)$$

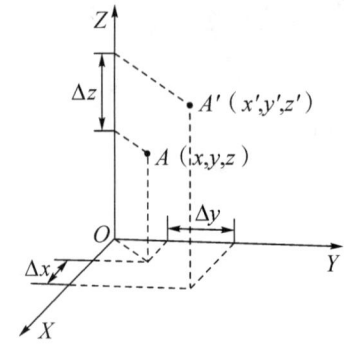

图 3-14 点在直角坐标系中的平移

或写成：

$$\begin{bmatrix} x' \\ y' \\ z' \\ 1 \end{bmatrix} = \begin{bmatrix} 1 & 0 & 0 & \Delta x \\ 0 & 1 & 0 & \Delta y \\ 0 & 0 & 1 & \Delta z \\ 0 & 0 & 0 & 1 \end{bmatrix} \begin{bmatrix} x \\ y \\ z \\ 1 \end{bmatrix} \tag{3-19}$$

记为：

$$\boldsymbol{A}' = \mathrm{Trans}(\Delta x, \Delta y, \Delta z) \boldsymbol{A} \tag{3-20}$$

其中，$\mathrm{Trans}(\Delta x, \Delta y, \Delta z)$ 为平移算子，且

$$\mathrm{Trans}(\Delta x, \Delta y, \Delta z) = \begin{bmatrix} 1 & 0 & 0 & \Delta x \\ 0 & 1 & 0 & \Delta y \\ 0 & 0 & 1 & \Delta z \\ 0 & 0 & 0 & 1 \end{bmatrix} \tag{3-21}$$

式中第四列元素 $\Delta x, \Delta y, \Delta z$ 分别表示沿着 X、Y、Z 轴的移动量。

注意：(1) 算子左乘表示点的平移是相对固定坐标系进行的坐标变换。

(2) 算子右乘表示点的平移是相对动坐标系进行的坐标变换。

(3) 该公式也适用于坐标系的平移变换、物体的平移变换，如机器人手部的平移变换。

2. 旋转的齐次变换

(1) 点在直角坐标系中绕坐标轴的旋转变换

如图 3-15 所示，空间某一点 $\boldsymbol{A}(x, y, z)$ 绕 Z 轴旋转 θ 后到 $\boldsymbol{A}'(x', y', z')$，$\boldsymbol{A}'$ 与 $\boldsymbol{A}$ 点的关系为：

$$\begin{cases} x' = x\cos\theta - y\sin\theta \\ y' = x\sin\theta + y\cos\theta \\ z' = z \end{cases} \tag{3-22}$$

因 A 点绕 Z 轴旋转，所以把 $\boldsymbol{A}$ 与 $\boldsymbol{A}'$ 投影到 XOY 平面内，设投影后 OA 在 XOY 平面长度为 r，令 OA 投影后与 X 轴夹角为 α 则有：

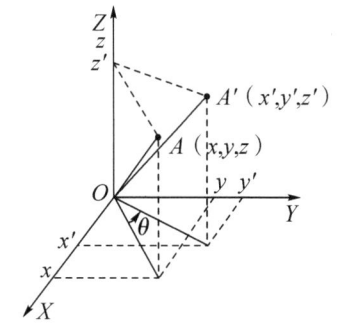

图 3-15 点在直角坐标系中的旋转

$$\begin{cases} x = r\cos\alpha \\ y = r\sin\alpha \end{cases} \quad (3-23)$$

同时有：

$$\begin{cases} x' = r\cos(\alpha+\theta) \\ y' = r\sin(\alpha+\theta) \end{cases} \quad (3-24)$$

所以

$$\begin{cases} x' = r\cos\alpha\cos\theta - r\sin\alpha\sin\theta \\ y' = r\sin\alpha\cos\theta + r\cos\alpha\sin\theta \end{cases} \quad (3-25)$$

消去中间变量 α 后得：

$$\begin{cases} x' = x\cos\theta - y\sin\theta \\ y' = y\cos\theta + x\sin\theta \end{cases} \quad (3-26)$$

由于 Z 轴不变，因此有：

$$\begin{cases} x' = x\cos\theta - y\sin\theta \\ y' = x\sin\theta + y\cos\theta \\ z' = z \end{cases} \quad (3-27)$$

写成矩阵形式为：

$$\begin{bmatrix} x' \\ y' \\ z' \\ 1 \end{bmatrix} = \begin{bmatrix} \cos\theta & -\sin\theta & 0 & 0 \\ \sin\theta & \cos\theta & 0 & 0 \\ 0 & 0 & 1 & 0 \\ 0 & 0 & 0 & 1 \end{bmatrix} \begin{bmatrix} x \\ y \\ z \\ 1 \end{bmatrix} \quad (3-28)$$

记为：

$$\boldsymbol{A}' = \text{Rot}(z,\theta)\boldsymbol{A}$$

其中，$\text{Rot}(z,\theta)$ 为绕 Z 轴旋转的旋转算子，旋转算子左乘表示相对固定坐标系进行变换，且

$$\mathrm{Rot}(z,\theta) = \begin{bmatrix} \cos\theta & -\sin\theta & 0 & 0 \\ \sin\theta & \cos\theta & 0 & 0 \\ 0 & 0 & 1 & 0 \\ 0 & 0 & 0 & 1 \end{bmatrix} \qquad (3-29)$$

同理可以写出绕 X 轴和 Y 轴转动的旋转算子

$$\mathrm{Rot}(x,\theta) = \begin{bmatrix} 1 & 0 & 0 & 0 \\ 0 & \cos\theta & -\sin\theta & 0 \\ 0 & \sin\theta & \cos\theta & 0 \\ 0 & 0 & 0 & 1 \end{bmatrix} \qquad (3-30)$$

$$\mathrm{Rot}(y,\theta) = \begin{bmatrix} \cos\theta & 0 & \sin\theta & 0 \\ 0 & 1 & 0 & 0 \\ -\sin\theta & 0 & \cos\theta & 0 \\ 0 & 0 & 0 & 1 \end{bmatrix} \qquad (3-31)$$

(2) 点在直角坐标系中绕过原点的单位矢量的旋转变换

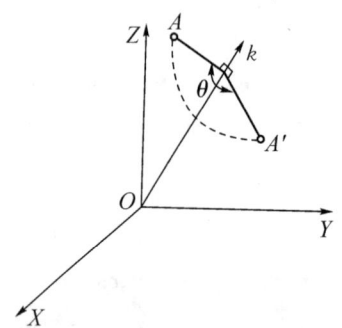

图 3-16 点的一般旋转变换

图 3-16 所示为点 A 在直角坐标系中绕过原点的单位矢量 k 旋转 θ 的情况。k_x, k_y, k_z 分别为 k 矢量在固定坐标系 $X、Y、Z$ 轴上的三个分量,且 $k_x^2 + k_y^2 + k_z^2 = 1$。

可以求得绕任意过原点的单位矢量 k 转 θ 的旋转因子为:

$$\mathrm{Rot}(k,\theta) = \begin{bmatrix} k_x k_x(1-\cos\theta)+\cos\theta & k_y k_x(1-\cos\theta)-k_z\sin\theta & k_z k_x(1-\cos\theta)+k_y\sin\theta & 0 \\ k_y k_x(1-\cos\theta)+k_z\sin\theta & k_y k_y(1-\cos\theta)+\cos\theta & k_z k_y(1-\cos\theta)-k_x\sin\theta & 0 \\ k_z k_x(1-\cos\theta)-k_y\sin\theta & k_z k_y(1-\cos\theta)+k_x\sin\theta & k_z k_z(1-\cos\theta)+\cos\theta & 0 \\ 0 & 0 & 0 & 1 \end{bmatrix}$$
$$(3-32)$$

式 3-32 为一般旋转的齐次变换通式,它概括了绕 $X、Y、Z$ 轴进行旋转的齐次变换的各种特殊情况,反之,当给出某个旋转齐次变换矩阵:

$$\mathbf{R} = \begin{bmatrix} n_x & o_x & a_x & 0 \\ n_y & o_y & a_y & 0 \\ n_z & o_z & a_z & 0 \\ 0 & 0 & 0 & 1 \end{bmatrix} \qquad (3-33)$$

则可以求得 k 及转角 θ。

$$\sin\theta = \pm\frac{1}{2}\sqrt{(o_z-a_y)^2+(a_x-n_z)^2+(n_y-o_x)^2}$$

$$\tan\theta = \pm\frac{\sqrt{(o_z-a_y)^2+(a_x-n_z)^2+(n_y-o_x)^2}}{n_x+o_y+a_z-1}$$

$$k_x = \frac{o_z-a_y}{2\sin\theta}$$

$$k_y = \frac{a_x-n_z}{2\sin\theta}$$

$$k_x = \frac{n_y-o_x}{2\sin\theta}$$

式中：当 θ 取 0°～180°之间的值时，式中的符号取"+"；当转角很小时，公式很难确定转轴；当接近 0°或者 180°时，转轴完全不确定。

旋转算子公式和一般旋转算子公式不仅适用于点的旋转变换，而且也适用于矢量、坐标系、物体等的旋转变换。

若对固定坐标系进行变换，则算子左乘；若对动坐标系进行变换，则算子右乘。

3. 平移加旋转的齐次变换

平移变换和旋转变换可以组合在一起，计算时只要用旋转算子乘上平移算子即可实现在旋转上加平移的变换。

例 3-3 已知坐标系 $\{A\}$ 和 $\{B\}$ 的初始位姿重合，坐标系 $\{B\}$ 相对于 $\{A\}$ 的 Z_A 轴旋转 60°，又沿着 $\{A\}$ 的 X_A 轴平移 5 个单位，再沿 $\{A\}$ 的 Y_A 轴移动 2 个单位。求旋转矩阵 R 和位置矢量 P。若设点 P 原来在坐标系 $\{B\}$ 的描述为 ${}^B\boldsymbol{P} = (2\ 6\ 0)^T$，求它运动后在坐标系 $\{A\}$ 中的描述 ${}^A\boldsymbol{P}$。

$$\boldsymbol{R} = \mathrm{Rot}(z,60°) = \begin{bmatrix} 0.5 & -0.866 & 0 \\ 0.866 & 0.5 & 0 \\ 0 & 0 & 1 \end{bmatrix}$$

$$\boldsymbol{P} = \begin{bmatrix} 5 \\ 2 \\ 0 \end{bmatrix}$$

$$^A\boldsymbol{P} = \boldsymbol{R}^B\boldsymbol{P} + \boldsymbol{P} = \begin{bmatrix} 0.5 & -0.866 & 0 \\ 0.866 & 0.5 & 0 \\ 0 & 0 & 1 \end{bmatrix}\begin{bmatrix} 2 \\ 6 \\ 0 \end{bmatrix} + \begin{bmatrix} 5 \\ 2 \\ 0 \end{bmatrix} = \begin{bmatrix} 0.804 \\ 6.732 \\ 0 \end{bmatrix}$$

例 3-4 对于例 3-3 所述问题，试用齐次变换的方法求 ${}^A\boldsymbol{P}$。

解 由例 3-3 求得的旋转矩阵 R 和位移矢量 P 可以得到齐次变换矩阵：

$$T = [\mathbf{n} \quad \mathbf{o} \quad \mathbf{a} \quad \mathbf{p}] = \begin{bmatrix} 0.5 & -0.866 & 0 & 5 \\ 0.866 & 0.5 & 0 & 2 \\ 0 & 0 & 1 & 0 \\ 0 & 0 & 0 & 1 \end{bmatrix}$$

再由齐次变换得：

$$^A P = T\,^B P$$

$$^A P = \begin{bmatrix} 0.5 & -0.866 & 0 & 5 \\ 0.866 & 0.5 & 0 & 2 \\ 0 & 0 & 1 & 0 \\ 0 & 0 & 0 & 1 \end{bmatrix} \begin{bmatrix} 2 \\ 6 \\ 0 \\ 1 \end{bmatrix} = \begin{bmatrix} 0.804 \\ 6 \\ 0 \\ 1 \end{bmatrix}$$

例 3-5 以下齐次变换矩阵：

$$^A_B T = \begin{bmatrix} 0 & 1 & 0 & 2 \\ 0 & 0 & 1 & -5 \\ 1 & 0 & 0 & 1 \\ 0 & 0 & 0 & 1 \end{bmatrix}$$

描述坐标系 $\{B\}$ 相对于 $\{A\}$ 的位姿。其相关含义是什么？

解 $^A_B T$ 的含义为 $\{B\}$ 的坐标原点相对于 $\{A\}$ 的位置是 $(2 \quad -5 \quad 1 \quad 1)^T$。$\{B\}$ 的三个坐标轴相对于 $\{A\}$ 的方向分别是：

$\{B\}$ 的 x 轴与 $\{A\}$ 的 Z 轴同向，表示为 $(0 \quad 0 \quad 1 \quad 0)^T$；

$\{B\}$ 的 y 轴与 $\{A\}$ 的 X 轴同向，表示为 $(1 \quad 0 \quad 0 \quad 0)^T$；

$\{B\}$ 的 z 轴与 $\{A\}$ 的 Y 轴同向，表示为 $(0 \quad 1 \quad 0 \quad 0)^T$。

3.3.3 机器人的连杆参数及坐标变换

机器人运动学研究的是各连杆的尺寸、运动副类型、连杆之间的关系（包括位移、速度、加速度关系）等。一个机械臂通常由几个单自由度的关节和连杆连接组成，为了控制末端执行器相对于基坐标系的运动，通常在机器人的每个关节上都固定一个坐标系，然后通过矩阵的变换最终推导出末端执行器相对于基坐标系的位姿，从而建立运动学方程。为了研究手部相对于固定坐标系的位姿和运动，首先建立相邻连杆之间的相互关系，即建立连杆坐标系。

如图 3-17 所示，连杆 n 两端有关节 n 和 $n+1$，描述该连杆可以通过两个几何参数：连杆长度和扭角。连杆两端的关节分别有各自的关节轴线，通常情况下，这两条轴线是空间异面直线，设这两条异面直线的公垂线长度为 a_n 为连杆长度，两条异面直线的夹角 α_n 为连杆的扭角。若连杆两端的关节轴线平行，则 $\alpha_n = 0°$。

下面考虑两个相邻连杆 n 和 $n-1$ 之间的关系，如图 3-18 所示，沿着关节 n 轴线的两个公垂线间的距离 d_n 为相邻连杆之间的距离，若两个连杆的轴线都平行，此时机器人关节做平面运动，连杆距离 $d_n = 0$；垂直于关节 n 轴线的平面内两个公垂线的夹角 θ_n 为连杆的转角。

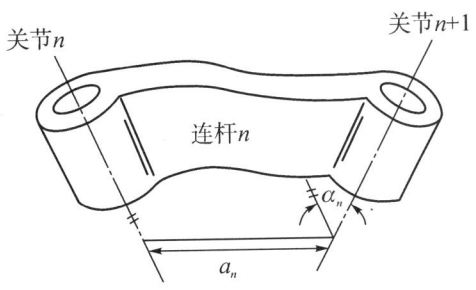

图 3-17 连杆的几何参数

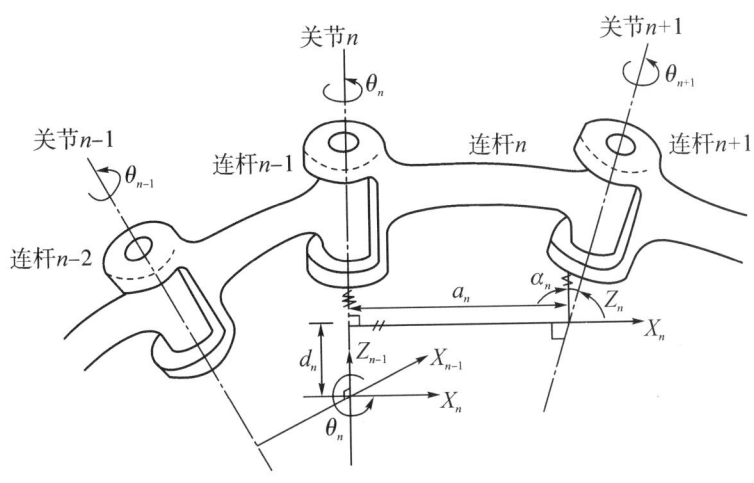

图 3-18 连杆的关系参数

每个连杆可以由 4 个参数来描述,其中两个是连杆尺寸,两个表示连杆与相邻连杆的连接关系。当连杆 n 旋转时,θ_n 随之改变,其他 3 个参数不变,当连杆进行平移运动时,d_n 随之改变,其他 3 个参数不变。确定连杆的运动类型,同时根据关节变量即可设计运动副,从而进行整个机器人的结构设计。已知各个关节变量的值,便可以从机座固定坐标系通过连杆坐标系的传递,推导出末端执行器坐标系的位姿。

建立连杆坐标系的规则如下:

(1)连杆 n 坐标系的坐标原点位于关节 $n+1$ 的轴线上,是关节 $n+1$ 的关节轴线与 n 和 $n+1$ 关节轴线公垂线的交点;

(2)Z 轴与关节 $n+1$ 的轴线重合;

(3)X 轴与公垂线重合,从关节 n 指向 $n+1$ 关节;

(4)Y 轴根据右手法则确定。

连杆参数与坐标系的建立如表 3.1 所示。

表 3.1 连杆参数

名称		含义	正负	性质
转角	θ_n	连杆 n 绕关节 n 的 Z_{n-1} 轴的转角	右手法则	关节转动时为变量
距离	d_n	连杆 n 沿着关节 n 的 Z_{n-1} 轴的位移	沿 Z_{n-1} 正向为正	关节移动时为变量
长度	a_n	沿 X_n 方向上连杆 n 的长度	与 X_n 正向一致	尺寸参数,常量
扭角	α_n	连杆 n 两个关节轴线之间的扭角	右手法则	尺寸参数,常量

建立连杆坐标系如表 3.2 所示。

表 3.2 连杆坐标系

原点 O_n	轴 X_n	轴 Y_n	轴 Z_n
位于关节 $n+1$ 轴线与连杆 n 两关节轴线的公垂线的交点处	沿连杆 n 两关节轴线的公垂线并指向 $n+1$ 关节	根据轴 X_n、轴 Z_n 按右手法则确定	与关节 $n+1$ 轴线重合

各连杆坐标系建立后，$n-1$ 与 n 坐标系之间的变换关系可以用平移和旋转来实现。从 $n-1$ 坐标系到 n 坐标系的变换步骤如下：

(1) 令 $n-1$ 坐标系绕 Z_{n-1} 轴旋转 θ_n 角，使 X_{n-1} 与 X_n 共面且平行，算子为 $\mathrm{Rot}(z,\theta_n)$；

(2) 沿着 Z_{n-1} 轴平移 d_n，使 X_{n-1} 与 X_n 重合，算子为 $\mathrm{Trans}(0,0,d_n)$；

(3) 沿着 X_n 轴平移 a_n，使两个坐标系原点重合，算子为 $\mathrm{Trans}(a_n,0,0)$；

(4) 绕 X_n 轴旋转 α_n 角，使得 $n-1$ 坐标系与 n 坐标系重合，算子为 $\mathrm{Rot}(x,\alpha_n)$。

因为这些变换过程是相对于动坐标系描述的，按照"从左到右"的原则，该变换过程用一个总的变换矩阵表示连杆 n 的齐次变换为：

$$^{n-1}_{n}T = A_n = \mathrm{Rot}(z_{n-1},\theta_n)\mathrm{Trans}(0,0,d_n)\mathrm{Trans}(a_n,0,0)\mathrm{Rot}(x_n,\alpha_n)$$

$$= \begin{bmatrix} \cos\theta_n & -\sin\theta_n & 0 & 0 \\ \sin\theta_n & \cos\theta_n & 0 & 0 \\ 0 & 0 & 1 & 0 \\ 0 & 0 & 0 & 1 \end{bmatrix} \begin{bmatrix} 1 & 0 & 0 & 0 \\ 0 & 1 & 0 & 0 \\ 0 & 0 & 1 & d_n \\ 0 & 0 & 0 & 1 \end{bmatrix} \begin{bmatrix} 1 & 0 & 0 & a_n \\ 0 & 1 & 0 & 0 \\ 0 & 0 & 1 & 0 \\ 0 & 0 & 0 & 1 \end{bmatrix} \begin{bmatrix} 1 & 0 & 0 & 0 \\ 0 & \cos\alpha_n & -\sin\alpha_n & 0 \\ 0 & \sin\alpha_n & \cos\alpha_n & 0 \\ 0 & 0 & 0 & 1 \end{bmatrix}$$

$$= \begin{bmatrix} \cos\theta_n & -\sin\theta_n\cos\alpha_n & \sin\theta_n\sin\alpha_n & a_n\cos\theta_n \\ \sin\theta_n & \cos\theta_n\cos\alpha_n & -\cos\theta_n\sin\alpha_n & a_n\sin\theta_n \\ 0 & \sin\alpha_n & \cos\alpha_n & d_n \\ 0 & 0 & 0 & 1 \end{bmatrix} \quad (3-34)$$

在机器人的基座上，可以从第一个关节开始变换到第二个关节，直到末端关节，则机器人的基座和末端关节之间的总变换为：

$$^{0}_{n}T = {^{0}_{1}T}\,{^{1}_{2}T}\cdots{^{n-1}_{n}T} = A_1 A_2 \cdots A_n \quad (3-35)$$

式中：n 代表关节数，$^{0}_{n}T$ 表示基坐标系所描述的末端关节坐标系，即：

$$^{0}_{n}T = \begin{bmatrix} n_x & o_x & a_x & p_x \\ n_y & o_y & a_y & p_y \\ n_z & o_z & a_z & p_z \\ 0 & 0 & 0 & 1 \end{bmatrix} \quad (3-36)$$

实际使用过程中，很多场合下机器人连杆参数取特殊值，可以简化计算。例如 $\alpha_n = 0, d_n = 0$ 等。

3.3.4 工业机器人运动学方程

1. 机器人运动学方程

为了更好地研究机器人,我们为机器人每一个关节轴建立了坐标系,并用齐次变换来描述这些坐标之间的关系。通常把描述一个连杆坐标系与下一个连杆坐标系间相对关系的齐次变换矩阵称为 A_i 变换矩阵(i 代表第 i 个连杆)。A_i 能描述连杆坐标系之间平移和旋转的齐次变换。

A_1 描述第一个连杆对于机身的位姿,A_2 描述的是第二个连杆坐标系相对于第一个连杆坐标系的位姿。如果已知一点在最末一个坐标系(如 n 坐标系)的坐标,要把它表示成前一个坐标系(如 $n-1$ 坐标系)的坐标,那么齐次变换矩阵为 A_n。以此类推,可以表示末端到基坐标系的齐次坐标变换矩阵为:

$$T_n = A_1 A_2 A_3 \cdots A_{n-1} A_n \tag{3-37}$$

六连杆机器人末端执行器坐标系相对于基坐标系的齐次变换矩阵为:

$$T_6 = A_1 A_2 \cdots A_6 \tag{3-38}$$

该矩阵的前 3 列表示末端执行器的姿态,第 4 列表示末端执行器中心点的位置。可以表示为:

$$T = [\boldsymbol{n} \quad \boldsymbol{o} \quad \boldsymbol{a} \quad \boldsymbol{p}] = \begin{bmatrix} n_x & o_x & a_x & x_0 \\ n_y & o_y & a_y & y_0 \\ n_z & o_z & a_z & z_0 \\ 0 & 0 & 0 & 1 \end{bmatrix} \tag{3-39}$$

2. 正向运动学及实例

正向运动是已知机器人各个关节的角度,确立手部位姿,也就是已知各个关节的角度变量值,求解手部位姿的解。

如图 3-19 所示,SCARA 机器人的三个关节轴线是平行的,{0}、{1}、{2}、{3}分别表示固定坐标系、连杆 1 的动坐标系、连杆 2 的动坐标系、连杆 3 的动坐标系,分别落在关节 1、关节 2、关节 3 和手部中心。连杆运动为旋转运动,连杆参数 θ_n 为变量,其余参数为常量。则机器人的连杆参数如表 3.3 所示:

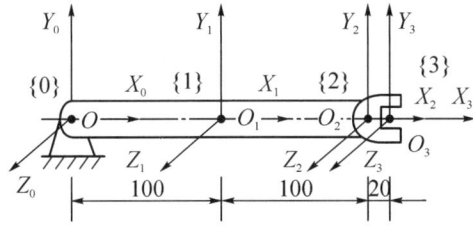

图 3-19 SCARA 装配机器人坐标系

表 3.3 连杆参数

连杆	连杆转角 θ_n（度）	连杆距离 d_n（mm）	连杆长度 a_n（mm）	连杆扭角 α_n
连杆 1	θ_1	$d_1=0$	$a_1=l_1=100$	$\alpha_1=0°$
连杆 2	θ_2	$d_2=0$	$a_2=l_2=100$	$\alpha_2=0°$
连杆 3	θ_3	$d_3=0$	$a_3=l_3=20$	$\alpha_3=0°$

该机器人的运动学方程为：

$$T_3 = A_1 A_2 A_3 \tag{3-40}$$

式中：A_1 表示连杆 1 坐标系相对于固定坐标系的齐次变换矩阵；

A_2 表示连杆 2 坐标系相对于连杆 1 坐标系的齐次变换矩阵；

A_3 表示连杆 3 坐标系相对于 A_2 坐标系的齐次变换矩阵。

$$A_1 = \mathrm{Rot}(z_0,\theta_1)\mathrm{Trans}(l_1,0,0) \tag{3-41}$$

$$A_2 = \mathrm{Rot}(z_1,\theta_2)\mathrm{Trans}(l_2,0,0) \tag{3-42}$$

$$A_3 = \mathrm{Rot}(z_2,\theta_3)\mathrm{Trans}(l_3,0,0) \tag{3-43}$$

T_3 是手部坐标系相对于固定坐标系的位姿，可以写成齐次矩阵的形式，即 4×4 的矩阵，就可以得到向量 n、o、a、p，然后把 θ_1、θ_2、θ_3 代入就可以得到齐次矩阵。当关节转角变量分别为 $\theta_1=30°$、$\theta_2=-60°$、$\theta_3=-30°$ 时，根据机器人运动学方程求出正运动学的解，即手部位姿的矩阵解：

$$T_3 = \begin{bmatrix} 0.5 & 0.866 & 0 & 183.2 \\ -0.866 & 0.5 & 0 & -17.32 \\ 0 & 0 & 1 & 0 \\ 0 & 0 & 0 & 1 \end{bmatrix} \tag{3-44}$$

3. 逆向运动学

机器人的逆解是已知机器人手部位姿，求各个关节的变量。在机器人控制的作业控制过程中，普遍的是已知手部需要到达的位姿，求解机器人各个关节变量，来驱动各个关节的电机运动，使手部的位姿达到要求，这就是运动学逆解问题。

目前，机器人运动学方程没有通用的求解算法，应该从计算方法的计算效率、计算精度等要求出发，选择较好的解法。

下面根据 DH 参数模型，说明机器人运动方程求解的基本思路，以六自由度的斯坦福机器人为例，其连杆坐标系如图 3-20 所示。

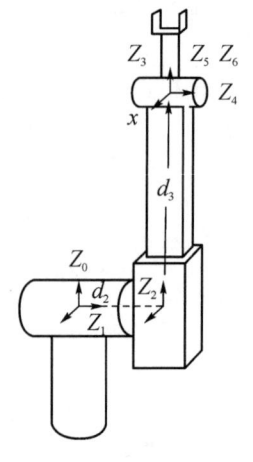

图 3-20 斯坦福机器人

设坐标系{5}和{6}坐标原点重合,那么:

$$T_6 = A_1 A_2 A_3 A_4 A_5 A_6 \tag{3-45}$$

现在已知 T_6 矩阵和机器人的连杆参数 a,α,d,求关节角度变量 $\theta_1 \sim \theta_6$,其中 $\theta_3 = d_3$。 A_1 为坐标系{1}相对于固定坐标系{0}的 Z_0 轴旋转 θ_1,然后绕自身坐标系 X_1 轴做 α_1 的旋转变换,$\alpha_1 = -90°$ 所以

$$A_1 = \mathrm{Rot}(z_0,\theta_1)\mathrm{Rot}(x_1,\alpha_1) = \begin{bmatrix} \cos\theta_1 & 0 & -\sin\theta_1 & 0 \\ \sin\theta_1 & 0 & \cos\theta_1 & 0 \\ 0 & -1 & 0 & 0 \\ 0 & 0 & 0 & 1 \end{bmatrix} \tag{3-46}$$

只要求出 A_1^{-1},在矩阵 T_6 两边分别左乘运动学方程就得到:

$$A_1^{-1} T_6 = A_2 A_3 A_4 A_5 A_6 \tag{3-47}$$

展开方程两边矩阵,对应项相等,就可以把 θ_1 求出,同理可以求得 $\theta_2 \sim \theta_6$。

已知斯坦福机器人的运动学方程:

$$T_6 = \begin{bmatrix} n_X & o_X & a_X & P_X \\ n_Y & o_Y & a_Y & P_Y \\ n_Z & o_Z & a_Z & P_Z \\ 0 & 0 & 0 & 1 \end{bmatrix} \tag{3-48}$$

$$T_6 = A_2 A_3 A_4 A_5 A_6 \tag{3-49}$$

(1) 求 θ_1,用 A_1^{-1} 左乘 T_6 得

$$A_1^{-1} T_6 = A_2 A_3 A_4 A_5 A_6 = \begin{bmatrix} \cos\theta_1 & \sin\theta_1 & 0 & 0 \\ 0 & 0 & -1 & 0 \\ -\sin\theta_1 & -\cos\theta_1 & 0 & 0 \\ 0 & 0 & 0 & -1 \end{bmatrix} \begin{bmatrix} n_X & o_X & a_X & P_X \\ n_Y & o_Y & a_Y & P_Y \\ n_Z & o_Z & a_Z & P_Z \\ 0 & 0 & 0 & 1 \end{bmatrix}$$

$$= \begin{bmatrix} f_{11}(n) & f_{11}(o) & f_{11}(a) & f_{11}(P) \\ f_{12}(n) & f_{12}(o) & f_{12}(a) & f_{12}(P) \\ f_{13}(n) & f_{13}(o) & f_{13}(a) & f_{13}(P) \\ 0 & 0 & 0 & 1 \end{bmatrix}$$

$$\tag{3-50}$$

式中:

$f_{11}(i) = \cos\theta_1 i_X + \sin\theta_1 i_Y \quad f_{12}(i) = -i_Z \quad f_{13}(i) = -\sin\theta_1 i_X + \cos\theta_1 i_Y, i = n,o,a,P$

$$T_6^1 = A_2 A_3 A_4 A_5 A_6 =$$

$$\begin{bmatrix} c\theta_2(c\theta_4 c\theta_5 c\theta_6 - s\theta_4 s\theta_6) - s\theta_2 s\theta_5 s\theta_6 & -c\theta_2(c\theta_4 c\theta_5 c\theta_6 + s\theta_4 s\theta_6) + s\theta_2 s\theta_5 s\theta_6 & c\theta_2 c\theta_4 s\theta_5 + s\theta_2 c\theta_5 & s\theta_2 d_3 \\ s\theta_2(c\theta_4 c\theta_5 c\theta_6 - s\theta_4 s\theta_6) + c\theta_2 s\theta_5 c\theta_6 & -s\theta_2(c\theta_4 c\theta_5 c\theta_6 + s\theta_4 s\theta_6) - c\theta_2 s\theta_5 s\theta_6 & s\theta_2 c\theta_4 s\theta_5 - c\theta_2 c\theta_5 & -c\theta_2 d_3 \\ s\theta_4 c\theta_5 c\theta_6 + c\theta_2 s\theta_6 & -s\theta_4 c\theta_5 s\theta_6 + c\theta_4 c\theta_6 & s\theta_4 s\theta_5 & d_2 \\ 0 & \mathbf{0} & \mathbf{0} & \mathbf{1} \end{bmatrix}$$

$$\tag{3-51}$$

式中：c 表示 $\cos$，s 表示 $\sin$。第 3 行、第 4 列的元素为常数，将对应得元素相等得到：

$$f_{13}(\boldsymbol{P})=d_2 \tag{3-52}$$

$$-s\theta_1 P_X+c\theta_1 P_Y=d_2 \tag{3-53}$$

于是

$$P_X=\rho\cos\varphi, P_Y=\rho\sin\varphi \tag{3-54}$$

式中：

$$\rho=\sqrt{P_X^2+P_Y^2}\varphi=\arctan(P_Y/P_X) \tag{3-55}$$

解得：

$$\sin(\varphi-\theta_1)=\frac{d_2}{\rho},\cos(\varphi-\theta_1)=\pm\sqrt{1-\left(\frac{d_2}{\rho}\right)^2} \tag{3-56}$$

$$\varphi-\theta_1=\arctan2\left[\frac{d_2}{\rho},\pm\sqrt{1-\left(\frac{d_2}{\rho}\right)^2}\,\right) \tag{3-57}$$

$$\theta_1=\arctan2(P_Y,P_X)-\arctan2\left[d_2,\pm\sqrt{P_X+P_Y-d_2^2}\,\right] \tag{3-58}$$

式中：正负号对应的两个解对应 θ_1 的两个可能解。

(2) 求 θ_2

根据前面求解 θ_1 的方法，用 A_2^{-1} 继续左乘得

$$\boldsymbol{A_2^{-1}A_1^{-1}T_6}=A_3A_4A_5A_6 \tag{3-59}$$

查找右边各个关节函数的元素，计算矩阵后可得，第 1 行、第 4 列和第 2 行、第 4 列是 θ_2、d_3 的函数。

因此可得：

$$s\theta_2 d_3=c\theta_1 P_X+s\theta_1 P_Y,-c\theta_2 d_3=-P_Z \tag{3-60}$$

由于 d_3 大于零（菱形导轨的伸展大于 0），所以 θ_2 有唯一解。

$$\theta_2=\arctan[(c\theta_1 P_X+s\theta_1 P_Y)/P_Z] \tag{3-61}$$

(3) 求 d_3

同理用 A_3^{-1} 继续左乘得：

$$\boldsymbol{A_3^{-1}A_2^{-1}A_1^{-1}T_6}=A_4A_5A_6 \tag{3-62}$$

因为已经求得 θ_1、θ_2，变为已知量。令第 3 行、第 4 列元素相等，可以求 d_3

$$d_3=s\theta_2(c\theta_1 P_X+s\theta_1 P_Y)+c\theta_2 P_Z \tag{3-63}$$

(4) 求 d_4

同理用 $\boldsymbol{A_4^{-1}}$ 继续左乘得：

$$\boldsymbol{A_4^{-1}A_3^{-1}A_2^{-1}A_1^{-1}T_6}=A_5A_6 \tag{3-64}$$

计算矩阵，用右端第 3 行、第 3 列元素为 0，令左右两边对应元素相等：

$$-s\theta_4[c\theta_2(c\theta_1 a_X+s\theta_1 a_Y)-s\theta_2 a_Y]+c\theta_4(-s\theta_1 a_X+c\theta_1 a_Y)=0 \quad (3-65)$$

解得：
$$\theta_4=\arctan2[-s\theta_1 a_X+c\theta_1 a_Y, c\theta_2(c\theta_1 a_X+s\theta_1 a_Y)-s\theta_2 a_Y] \quad (3-66)$$

(5) 求 θ_5

同理，用 $\pmb{A}_5^{-1}$ 继续左乘得：
$$\pmb{A}_5^{-1}\pmb{A}_4^{-1}\pmb{A}_3^{-1}\pmb{A}_2^{-1}\pmb{A}_1^{-1}\pmb{T}_6=\pmb{A}_6 \quad (3-67)$$

用左右两边对应元素相等，可得 $s\theta_5$、$c\theta_5$ 的方程
$$s\theta_5=c\theta_4[c\theta_2(c\theta_1 a_X+s\theta_1 a_Y)-s\theta_2 a_Y]+s\theta_4(-s\theta_1 a_X+c\theta_1 a_Y) \quad (3-68)$$

$$c\theta_5=s\theta_2(c\theta_1 a_X+s\theta_1 a_Y)+c\theta_2 a_Y \quad (3-69)$$

得：
$$\theta_5=\arctan2\{c\theta_4[c\theta_2(c\theta_1 a_X+s\theta_1 a_Y)-s\theta_2 a_Y]+s\theta_4(-s\theta_1 a_X+c\theta_1 a_Y), s\theta_2(c\theta_1 a_X+s\theta_1 a_Y)+c\theta_2 a_Y\} \quad (3-70)$$

(6) 求 θ_6

根据矩阵两边对等原则，可得 $s\theta_6 c\theta_6$ 的方程
$$s\theta_6=-c\theta_5\{c\theta_4[c\theta_2(c\theta_1 o_X+s\theta_1 o_Y)-s\theta_2 o_Y]+s\theta_4(-s\theta_1 o_X+c\theta_1 o_Y)\}+$$
$$s\theta_5[s\theta_2(c\theta_1 o_X+s\theta_1 o_Y)+c\theta_2 o_Y] \quad (3-71)$$

$$c\theta_6=-s\theta_4[c\theta_2(c\theta_1 o_X+s\theta_1 o_Y)-s\theta_2 o_Y]+c\theta_4(-s\theta_1 o_X+c\theta_1 o_Y) \quad (3-72)$$

得
$$\theta_6=\arctan(s\theta_6/c\theta_6) \quad (3-73)$$

上述求解过程称为分离变量法，将一个未知数由矩阵方程的右边移向左边，使它与其他未知数分开，解出这个未知数，再把下一个分离，如此重复，直到解出所有未知量。

在机器人运动学求逆解的过程中，可能会遇到两种问题，即解的存在性和多解性问题。

① 解的存在性。逆向解是否存在取决于期望位姿是否在机器人末端执行器能够达到的范围内，即机器人的工作空间。如果末端执行器上被指定的目标点位于机器人的作业空间内，那么至少存在一组逆向运动学解，如果末端执行器上被指定的目标点位于机器人的作业空间外，则逆解不存在。如图 3-21 所示。

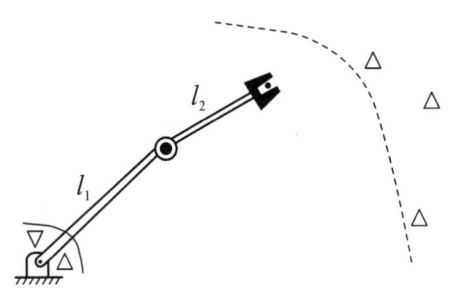

图 3-21 机器人逆解不存在

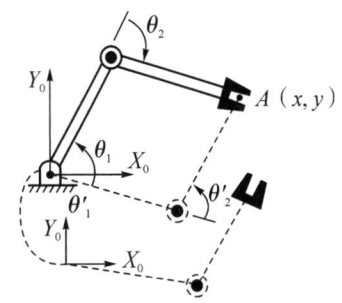

图 3-22 机器人多解

② 多解性问题。逆向解的个数取决于机器人的关节数量,也与连杆参数和关节运动范围有关,一般说来,机器人的关节数量越多,连杆的非零参数越多,达到某一特定位姿的方式也就越多,逆向运动学的解的数量就越多,如图3-22所示。所以,应该在避免碰撞的情况下,按"行程最短"的原则来选择最优解,即每个关节的移动量最小。又由于工业机器人连杆的尺寸大小不同,因此应遵循"多移动小关节,少移动大关节"的原则。

机器人逆向运动学求解通常是非线性方程组的求解,求解方法分为两类:封闭解和数值解,即代数法、几何法和数值解析法。前两类是基于给出封闭解,它们适合于存在封闭解的机器人。关于机器人是否存在封闭解,对一个具有3～6个关节的机器人,有以下充分条件:① 有三个相邻关节轴相互平行。② 有两三个相邻关节轴交于一点。只要满足上述一个条件,就存在封闭解。数值解析法由于只给出数值,无法满足上述条件,是一种通用的逆向问题求解方法,但计算工作量大,目前尚难满足实时控制的要求。

注意:求逆解时可能会出现解不存在或者解的多重性。由于旋转关节的活动范围很难达到360°。也就是说机器人的工作空间有一定的范围,当给定手部位置不在工作区域范围内时,有些解是不能实现的。实际上,当机器人有多组解时,也有可能某些解不能到达。一般来说,当机器人存在多解的情况下,应选取其最满意的一组解,以满足机器人的工作要求。

3.4 工业机器人动力学

稳态情况下研究的机器人只限于静态位姿的讨论。没有考虑机器人运动的力、速度、加速度等动态过程。机器人是一个复杂的动力学系统,机器人动力学主要研究机器人运动和受力之间的关系,主要解决动力学正解和逆解问题。动力学正解是已知关节的驱动力(或力矩)求机器人各个关节的位移、速度和加速度。动力学逆解是已知机器人各个关节的位移、速度和加速度,求解机器人的关节所需要的驱动力(或力矩)。

3.4.1 工业机器人速度分析

对于动力学来说,除了与连杆长度有关外,还与各个连杆的质量,绕质心的惯性矩,以及连杆的质量中心与关节轴的距离有关。

这节我们将研究刚体线速度和角速度的表示方法,并运用这些概念去分析操作臂的运动,关于速度和静力的研究将得到一个操作臂的雅可比的实矩阵。机器人的雅可比矩阵揭示了操作空间与关节空间的映射关系,力的传递,以及力和速度、加速度的关系。

1. 工业机器人的速度雅克比矩阵

数学上,雅可比矩阵是一个多元函数的偏导矩阵。假设有6个函数,每个函数有6个变量。即:

$$\begin{cases} Y_1 = f_1(X_1, X_2, X_3, X_4, X_5, X_6) \\ Y_2 = f_2(X_1, X_2, X_3, X_4, X_5, X_6) \\ \vdots \\ Y_6 = f_6(X_1, X_2, X_3, X_4, X_5, X_6) \end{cases} \quad (3-74)$$

可简写为:

$$Y = F(X) \tag{3-75}$$

将其微分可得：

$$\begin{cases} dY_1 = \dfrac{\partial F_1}{\partial X_1} dX_1 + \dfrac{\partial F_1}{\partial X_2} dX_2 + \cdots + \dfrac{\partial F_1}{\partial X_6} dX_6 \\ dY_2 = \dfrac{\partial F_2}{\partial X_1} dX_1 + \dfrac{\partial F_2}{\partial X_2} dX_2 + \cdots + \dfrac{\partial F_2}{\partial X_6} dX_6 \\ \vdots \\ dY_6 = \dfrac{\partial F_6}{\partial X_1} dX_1 + \dfrac{\partial F_6}{\partial X_2} dX_2 + \cdots + \dfrac{\partial F_6}{\partial X_6} dX_6 \end{cases} \tag{3-76}$$

可简写为：

$$d\boldsymbol{Y} = \frac{\partial F}{\partial X} dX \tag{3-77}$$

式中，(6×6) 矩阵 $\dfrac{\partial F}{\partial X}$ 称为雅可比矩阵。

对于工业机器人速度分析和静力分析中遇到类似的矩阵，称为机器人的雅可比矩阵，简称雅可比。对工业机器人来说，雅可比矩阵是一个把关节速度向量转换为手部相对于基坐标的广义速度向量的变换矩阵。

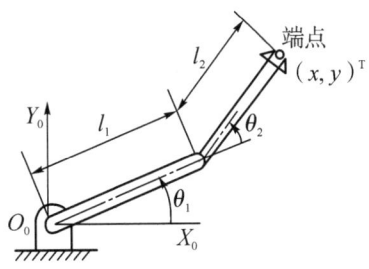

图 3-23 二自由度平面关节机器人

图 3-23 所示为二自由度平面关节机器人（2R 机器人），手部位置坐标 (x, y) 与关节变量 (θ_1, θ_2) 的关系为：

$$\begin{cases} \boldsymbol{X} = l_1 c\theta_1 + l_2 c(\theta_1 + \theta_2) \\ \boldsymbol{Y} = l_1 s\theta_1 + l_2 s(\theta_1 + \theta_2) \end{cases} \tag{3-78}$$

即

$$\begin{cases} \boldsymbol{X} = \boldsymbol{X}(\theta_1, \theta_2) \\ \boldsymbol{Y} = \boldsymbol{Y}(\theta_1, \theta_2) \end{cases} \tag{3-79}$$

求微分得：

$$\begin{cases} dX = \dfrac{\partial X}{\partial \theta_1} d\theta_1 + \dfrac{\partial X}{\partial \theta_2} d\theta_2 \\ dY = \dfrac{\partial Y}{\partial \theta_1} d\theta_1 + \dfrac{\partial Y}{\partial \theta_2} d\theta_2 \end{cases} \tag{3-80}$$

写成矩阵形式为：

$$\begin{bmatrix} dX \\ dY \end{bmatrix} = \begin{bmatrix} \dfrac{\partial X}{\partial \theta_1} & \dfrac{\partial X}{\partial \theta_2} \\ \dfrac{\partial Y}{\partial \theta_1} & \dfrac{\partial Y}{\partial \theta_2} \end{bmatrix} \cdot \begin{bmatrix} d\theta_1 \\ d\theta_2 \end{bmatrix} \qquad (3-81)$$

令

$$\boldsymbol{J} = \begin{bmatrix} \dfrac{\partial X}{\partial \theta_1} & \dfrac{\partial X}{\partial \theta_2} \\ \dfrac{\partial Y}{\partial \theta_1} & \dfrac{\partial Y}{\partial \theta_2} \end{bmatrix} \qquad (3-82)$$

可简写为：

$$\mathbf{d}\boldsymbol{X} = \boldsymbol{J} \mathbf{d}\boldsymbol{\theta} \qquad (3-83)$$

其中， $\mathbf{d}\boldsymbol{X} = \begin{bmatrix} dX \\ dY \end{bmatrix} \quad \mathbf{d}\boldsymbol{\theta} = \begin{bmatrix} d\theta_1 \\ d\theta_2 \end{bmatrix}$

$\boldsymbol{J}$ 为图 2-23 所示的两自由度机器人的速度雅可比，它反映了关节空间微小运动 $d\theta$ 与手部作业空间微小位移 dX 的关系。对运动方程进行计算可得：

$$\boldsymbol{J} = \begin{bmatrix} -l_1 s\theta_1 - l_2 s(\theta_1+\theta_2) & -l_2 s(\theta_1+\theta_2) \\ l_1 c\theta_1 + l_2 c(\theta_1+\theta_2) & l_2 c(\theta_1+\theta_2) \end{bmatrix} \qquad (3-84)$$

式中：s 代表 $\sin$，c 代表 $\cos$。对于 n 自由度机器人，关节变量 $q = [q_1 q_2 \cdots q_n]^T$，当关节为转动关节时，$q_i = \theta_i$；当关节为移动关节时，$q_i = d_i$，则 $dq = [dq_1 dq_2 \cdots dq_n]^T$ 表示关节空间得微小运动。机器人末端在操作空间的位姿可以用末端手爪的位姿 X 表示，$X = X(q)$，是一个 6 维列向量。于是可得：

$$\mathbf{d}\boldsymbol{X} = \boldsymbol{J}(\boldsymbol{q}) \mathbf{d}\boldsymbol{q} \qquad (3-85)$$

式中，$J(q)$ 是 $6 \times n$ 维偏导数矩阵，称为 n 自由度机器人的速度雅可比矩阵。

2. 工业机器人的速度分析

用机器人的速度雅可比矩阵左右两边都除以 dt

$$\dfrac{\mathrm{d}X}{\mathrm{d}t} = \boldsymbol{J}(\boldsymbol{q}) \dfrac{\mathrm{d}q}{\mathrm{d}t} \qquad (3-86)$$

$$\boldsymbol{J}(\boldsymbol{q}) = \dfrac{\partial X}{\partial q^T} = \begin{bmatrix} \dfrac{\partial X}{\partial q_1} & \dfrac{\partial X}{\partial q_2} & \cdots & \dfrac{\partial X}{\partial q_n} \\ \dfrac{\partial Y}{\partial q_1} & \dfrac{\partial Y}{\partial q_2} & \cdots & \dfrac{\partial Y}{\partial q_n} \\ \dfrac{\partial Z}{\partial q_1} & \dfrac{\partial Z}{\partial q_2} & \cdots & \dfrac{\partial Z}{\partial q_n} \\ \dfrac{\partial \varphi_X}{\partial q_1} & \dfrac{\partial \varphi_X}{\partial q_2} & \cdots & \dfrac{\partial \varphi_X}{\partial q_n} \\ \dfrac{\partial \varphi_Y}{\partial q_1} & \dfrac{\partial \varphi_Y}{\partial q_2} & \cdots & \dfrac{\partial \varphi_Y}{\partial q_n} \\ \dfrac{\partial \varphi_Z}{\partial q_1} & \dfrac{\partial \varphi_Z}{\partial q_2} & \cdots & \dfrac{\partial \varphi_Z}{\partial q_n} \end{bmatrix} \qquad (3-87)$$

或表示为：
$$V=\dot{X}=J(q)\dot{q} \tag{3-88}$$

式中：v 为机器人末端在操作空间中的速度；

$J(q)$ 为确定关节空间速度 q 与操作空间速度 v 之间的关系雅可比矩阵；

$\dot{q}$ 为机器人关节在关节空间中的关节速度。

若令 J_1、J_2 为速度雅可比矩阵的第 1 和第 2 列，则
$$V=J_1\theta_1+J_2\theta_2 \tag{3-89}$$

右边第一项表示只有第一个关节运动引起的端点速度；右边第二项表示只有第二个关节运动引起的端点速度；总的端点速度为这两个速度矢量的合成。因此，机器人的速度雅可比矩阵的每一列表示其他关节不动而只有某一个关节运动时产生的端点速度。

二自由度机器人手部速度为：
$$V=\begin{bmatrix}V_X\\v_Y\end{bmatrix}=\begin{bmatrix}-l_1s\theta_1-l_2s(\theta_1+\theta_2) & -l_2s(\theta_1+\theta_2)\\l_1c\theta_1+l_2c(\theta_1+\theta_2) & l_2c(\theta_1+\theta_2)\end{bmatrix}\cdot\begin{bmatrix}\dot{\theta}_1\\\dot{\theta}_2\end{bmatrix} \tag{3-90}$$

若已知的 θ_1、θ_2 是时间的函数，某一时刻的关节角速度即为手部瞬时速度。反之，已知机器人手部速度，可以解出关节速度：
$$\dot{q}=J^{-1}V \tag{3-91}$$

式中：J^{-1} 为机器人速度雅可比矩阵的逆。

通常情况下，人们希望机器人手部按照一定的速度进行作业，用速度雅可比矩阵的逆就可以得到相应的关节速度。但是，求解雅可比矩阵的逆解是比较困难的，并且还会出现奇异解的情况，就无法得到关节速度。

通常机器人雅可比矩阵的逆解出现奇异情况如下：

① 工作域边界上奇异。当机械臂全部伸展开或全部折回而使手部处于工作区域的边界时，出现雅可比矩阵的奇异情况。

② 工作区域内部奇异。当机器人两个或多个关节轴线重合引起的奇异，会产生退化现象，丧失一个或者多个自由度。那么就产生在工作空间的某个区域或者方向上，不管怎样选择机器人关节速度，手部也不可能实现移动。

3.4.2 工业机器人静力分析

工业机器人在进行作业时，与外界进行力和力矩的相互作用，机器人的各个关节的驱动力与末端执行器受到的力和力矩之间的关系是机器人机械臂力控制的基础。

假定各个关节"锁定"，机器人成为一个机构，锁定用的关节力与手部所支持的载荷或受到外部环境作用力取得静力平衡。求解这种锁定用的关节力或求解在已知驱动力矩作用下手部的输出力就是对机器人操作臂的静力。

1. 操作臂中的静力

如果已知外部环境对机器人末端连杆的作用力和力矩，则可以先分析最后一个连杆对前一个连杆的力和力矩，依次回推，直到分析完第一个连杆对基座的力和力矩，从而计算出每个连杆上的受力情况，操作臂中的单个杆件受力分析如图 3-24 所示。

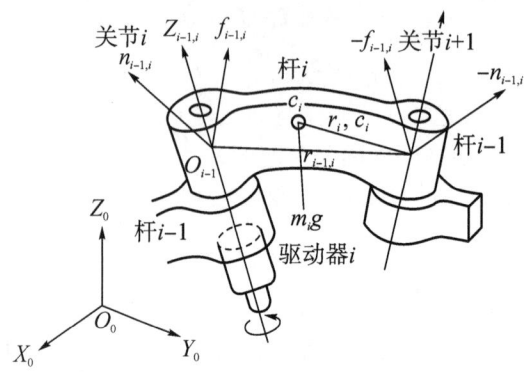

图 3-24 单个连杆受力分析

利用静力平衡条件，杆件上所受合力和力矩为零。为了方便表示手部端点的力和力矩，可以写成一个六维矢量：

$$F = \begin{bmatrix} f_{n,n+1} \\ n_{n,n+1} \end{bmatrix} \quad (3-92)$$

各个关节的驱动力或力矩写成一个 n 维矢量的形式，即：

$$\tau = \begin{bmatrix} \tau_1 \\ \tau_2 \\ \vdots \\ \tau_n \end{bmatrix} \quad (3-93)$$

其中：τ 为关节力矩（或关节力）矢量；

n 为关节个数。

对于转动关节 τ_i 表示关节驱动力矩，对于移动关节，τ_i 表示关节驱动力。

2. 工业机器人力雅可比矩阵

忽略各个关节的摩擦，忽略各个杆件的重力，假定末端执行器的虚位移为 δX，关节的虚位移为 $\delta\theta$，手爪力为 F，关节驱动力矩为 τ，则有：

$$\delta X = [\delta X_1, \delta X_2, \cdots, \delta X_m]^T, \in \mathbf{R}^{m\times 1} \quad (3-94)$$

$$\delta\theta = [\delta\theta_1, \delta\theta_2, \cdots, \delta\theta_n]^T, \in \mathbf{R}^{n\times 1} \quad (3-95)$$

$$F = [f_1, f_2, \cdots, f_m]^T, \in \mathbf{R}^{m\times 1} \quad (3-96)$$

$$\tau = [\tau_1, \tau_2, \cdots, \tau_n]^T, \in \mathbf{R}^{n\times 1} \quad (3-97)$$

如果施加在机械手上的力作为手爪力的反力（用"—F"表示）时，机械手的虚功可以表示为：

$$\delta W = \tau^T \delta\theta + (-F)^T \delta X \quad (3-98)$$

利用虚功原理，可以得到：

$$\tau^T \delta\theta + (-F)^T \delta X = 0 \quad (3-99)$$

这里手爪的虚位移和关节的虚位移之间的关系,用雅可比矩阵表示为:

$$\delta X = J \delta \theta \tag{3-100}$$

可得:

$$(\tau^T - F^T J)\delta \theta = 0 \tag{3-101}$$

由于此公式对于任意 $\delta \theta$ 都成立,所以 $\tau^T - F^T J = 0$ 成立。
于是得到:

$$\tau = J^T F \tag{3-102}$$

式中:τ 为广义关节力矩,F 为手部端点力。J^T 为手部端点力和广义力矩之间得关系,称为机器人的力雅可比。显然,机器人力雅可比 J^T 是速度雅可比 J 的转置矩阵。

显然,机器人力雅可比 J^T 是速度雅可比 J 的转置矩阵。

3. 机器人静力计算的两类问题

由机器人操作臂手部端点力 F 和广义力矩 τ 之间的关系可知,操作臂静力计算可以分为两类:

① 已知外部环境对手部端点作用力 F,求满足静力平衡条件关节驱动力矩 τ。

② 已知关节驱动力矩 τ,确定机器人手部对外部环境的作用力 F 或者负载的重量,是第一类问题的逆解。即 $F = (J^T)^{-1}\tau$。

当机器人自由度 $n > 6$ 时,力雅可比矩阵不是方阵,没有逆解。所以第二类计算问题求解比较困难。一般情况下不一定能得到唯一解。如果 F 维数比 τ 的维数低,且 J 满秩,则可以利用最小二乘法求得 F 的估计值。

3.4.3 工业机器人动力学分析

随着工业机器人向高精度、高速和重载以及智能化方向发展,对机器人要求动态实时控制的应用场景越来越多。机器人是一个非线性的复杂动力学系统。动力学问题的求解比较困难,而且需要很长时间,因此,简化计算,最大限度减少工业机器人在线计算的时间是一个值得关注的课题。

1. 动力学分析的两类问题

(1) 已知轨迹上的 $\theta, \dot{\theta}, \ddot{\theta}$,即机器人的关节位置、速度和加速度,求相应的关节力矩矢量 τ。这通常用来实现对机器人的动态控制。

(2) 已知关节的驱动力矩 τ,求解机器人系统相应的各个瞬时运动 $\theta, \dot{\theta}, \ddot{\theta}$,用于模拟机器人的瞬时运动。

机器人动力学的研究方法有牛顿-欧拉法、拉格朗日法、高斯法、凯恩法等,其中,拉格朗日方法比较简单、方便理解。本节就介绍拉格朗日法。

2. 拉格朗日方程

用拉格朗日方程建立的机器人动力学方程可以表示为系统控制输入的函数,结合齐次坐标比较方便地求解机器人的动力学方程。

拉格朗日函数 L 可以定义为系统总动能 E_k 与总势能 E_p 之差。即：

$$L = E_k - E_p \quad (3-103)$$

由于动能和势能是关节变量的函数，因此，拉格朗日函数也是关节变量的函数。

$$F_i = \frac{\mathrm{d}}{\mathrm{d}t}\frac{\partial L}{\partial(\dot{q}_i)} - \frac{\partial L}{\partial q_i} \quad i = 1, 2, \cdots, n \quad (3-104)$$

式中：F_i 是关节广义驱动力（对于移动关节为驱动力，对于转动关节为驱动力矩）。

那么，用拉格朗日法建立机器人动力学方程的步骤如下：

① 选取坐标系，确定独立的广义关节变量 $q_i, i=1,2,\cdots,n$。

② 选定相应关节上的广义力 F_i：当 q_i 是位移矢量时，F_i 为力；当 q_i 是关节角矢量时，F_i 为力矩。

③ 求出机器人各构件的动能和势能，构造拉格朗日函数。

④ 代入拉格朗日方程求得机器人系统的动力学方程。

3. 关节空间和操作空间动力学

关节空间 n 个自由度机器人末端位姿 X 由 n 个关节变量决定，这 n 个关节变量为 n 维关节矢量 $q, \dot{q}$ 所构成的空间称为关节空间。机器人末端位姿是在直角坐标系（又叫笛卡尔坐标系）空间进行的，称为操作空间。

关节空间动力学方程为：

$$\tau = D(q)\ddot{q} + H(q,\dot{q}) + G(q) \quad (3-105)$$

其中：$\tau = \begin{bmatrix} \tau_1 \\ \tau_2 \end{bmatrix}$；$q = \begin{bmatrix} \theta_1 \\ \theta_2 \end{bmatrix}$；$\dot{q} = \begin{bmatrix} \dot{\theta}_1 \\ \dot{\theta}_2 \end{bmatrix}$；$\ddot{q} = \begin{bmatrix} \ddot{\theta}_1 \\ \ddot{\theta}_2 \end{bmatrix}$。

此方程是机器人在关节空间动力学方程的一般结构形式，它反映了关节力矩与关节变量、关节速度和关节加速度之间的函数关系。所以，二自由度机器人有：

$$D(q) = \begin{bmatrix} m_1 p_1^2 + m_2(l_1^2 + p_2^2 + 2l_1 p_2 c\theta_2) & m_2(p_2^2 + l_1 p_2 c\theta_2) \\ m_2(p_2^2 + l_1 p_2 c\theta_2) & m_2 p_2^2 \end{bmatrix} \quad (3-106)$$

$H(q,\dot{q})$ 是 $n \times 1$ 的离心力和科氏力矢量。2 自由度平面关节机器人有：

$$H(q,\dot{q}) = \begin{bmatrix} -m_2 l_1 p_2 s\theta_2 \dot{\theta}_2^2 - 2m_2 l_1 p_2 s\theta_2 \dot{\theta}_1 \dot{\theta}_2 \\ m_2 l_1 p_2 s\theta_2 \dot{\theta}_1^2 \end{bmatrix} \quad (3-107)$$

$H(q,\dot{q})$ 是 $n \times 1$ 的离心力和科氏力矢量。

$$G(q) = \begin{bmatrix} (m_1 p_1 + m_2 l_1)gs\theta_1 + m_2 p_2 gs(\theta_1 + \theta_2) \\ m_2 p_2 gs(\theta_1 + \theta_2) \end{bmatrix} \quad (3-108)$$

$G(q)$ 是 $n \times 1$ 的重力矢量，与操作臂的形位 q 有关。

与关节空间对应，在直角坐标空间可以用直角坐标变量即机器人末端位姿矢量来表示机器人动力学方程。于是有：

$$F = M_x(q)\ddot{X} + U_x(q,\dot{q}) + G_x(q) \quad (3-109)$$

式中：$M_x(q)$ 为操作空间的惯性矩阵；

$U_x(q,\dot{q})$ 为离心力和科氏力矢量；

$G_x(q)$ 为重力矢量；

F 为广义操作力矢量。

关节空间动力学方程和操作空间动力学方程之间的对应关系可以描述为：

$$\tau = J^T(q)F \quad (3-110)$$

$$\dot{X} = J(q)\dot{q} \quad (3-111)$$

$$\ddot{X} = J(q)\ddot{q} + \dot{J}(q)\dot{q} \quad (3-112)$$

3.5 工业机器人的运动轨迹规划

通过前面的学习我们知道，可以通过机器人关节变量求机器人末端执行器的位姿，也可以通过末端执行器的位姿求解机器人各关节的速度和加速度。本节所要介绍的内容是路径和规划，既要用到机器人运动学内容也要用到机器人动力学的内容。机器人的轨迹是指操作臂在运动过程中的位移、速度和加速度。路径是机器人位姿的一定序列，而不考虑机器人位姿参数随时间变化的因素。

3.5.1 路径和轨迹

如图 3-25 所示，机器人从 A 点运动到 B 点，再到 C 点，那么中间为子序列就构成了一条路径。而轨迹与何时到达路径中的每个部分有关，强调的是时间。因此，图中不论机器人何时到达 B 点和 C 点，其路径是一样的，而轨迹则依赖于速度和加速度，如果机器人抵达 B 点和 C 点的时间不同，则相应的轨迹也不同。

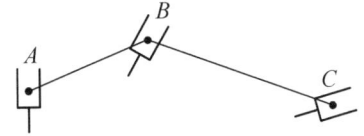

图 3-25 机器人在路径上的依次运动

3.5.2 轨迹规划

轨迹规划是指根据作业任务要求确定轨迹参数并实时计算和生成运动轨迹，轨迹规划的一般问题有三个：

① 对机器人的任务进行描述，即运动轨迹的描述；

② 根据已经确定的轨迹参数，在计算机上模拟所要求的轨迹；

③ 对轨迹进行实际计算，即在运行时间内按一定的速率计算出位置、速度和加速度，从而生成运动轨迹。

在此过程中,不仅要规定机器人的起始点和终止点,而且要给出中间点的位姿和中间点之间的运动时间。

轨迹规划可以在关节空间进行,即将所有的关节变量表示为时间的函数,用其一阶、二阶导数描述机器人的预期动作,也可以在直角坐标系空间进行,即将手部位姿参数表示为时间的函数,而相应的关节位置、速度和加速度由手部信息逆解求出。

以二自由度平面关节机器人为例解释轨迹规划的基本原理。如图 3-26 所示,要求机器人从 A 点运动到 B 点。机器人在 A 点时形位角为 $\alpha=20°,\beta=30°$;到达 B 点时的形位角是 $\alpha=40°,\beta=80°$。两关节运动的最大速率均为 $10°/s$。当机器人的所有关节均以最大速度运动时,下方的连杆将用 2 s 到达,而上方的连杆还需再运动 3 s,可见路径是不规则的,手部掠过的距离点也是不均匀的。

设机器人手臂两个关节的运动用有关公共因子做归一化处理,使手臂运动范围较小的关节运动成比例地减慢,这样,两个关节就能够同步开始和结束运动,即两个关节以不同速度一起连续运动,速率分别为 $4°/s$ 和 $10°/s$。如图 3-27 所示为该机器人两关节运动轨迹,与前面的不同,其运动更加均衡,且实现了关节速率归一化。

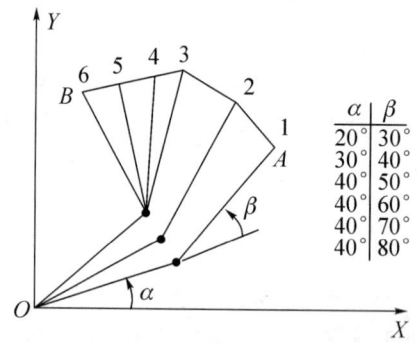

图 3-26　二自由度机器人关节非归一化运动

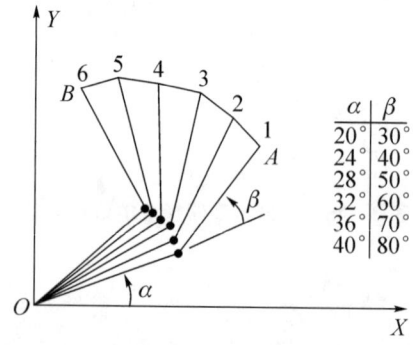

图 3-27　二自由度机器人关节归一化运动

如果希望机器人的手部可以沿 AB 这条直线运动,最简单的方法是将该直线等分为几部分(图 3-28 中分成 5 份),然后计算出各个点所需的形位角 α 和 β 的值,这一过程称为两点间的插值。可以看出,这时路径是一条直线,而形位角变化并不均匀。很显然,如果路径点过少,将不能保证机器人在每一小段内的严格直线轨迹,因此,为获得良好的沿循精度,应对路径进行更加细致的分割。由于对机器人轨迹的所有运动段的计算均基于直角坐标系,因此该法属直角坐标空间的轨迹规划。

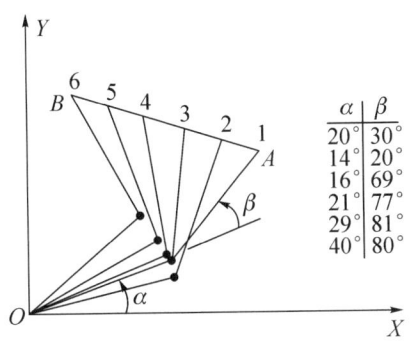

图 3-28 二自由度机器人直角坐标空间运动

1. 关节空间的轨迹规划

在关节空间进行轨迹规划,首先要运用机器人逆运动学把路径点转换为各个关节的角度值,形成多组关节路径点。然后为每个关节响应的关节路径点拟合光滑的函数,这些关节函数分别描述机器人各个关节的运动轨迹。

由于每个关节在各个路径段运行的时间相同,所有关节都同时到达路径点和目标点,但各个关节函数之间是相互独立的,实际的机器人在工作时为保证末端的位置精度,要对轨迹进行跟踪控制。

2. 关节空间轨迹规划方法

(1) 三次多项式轨迹规划

利用受控参数在关节空间中对机器人的运动进行轨迹规划有很多种方法,三次多项式是其中一种。若已知机器人的初始位姿,通过求逆运动学方程可以求得机器人期望的手部位姿对应的形位角。若考虑其中某一关节的运动开始时刻 t_i 的角度为 θ_i,希望该关节在时刻 t_f 运动到新的关节角度 θ_f。三次多项式轨迹规划是用三次多项式函数来匹配初始和末端的边界条件与已知条件相匹配,这些已知条件为 θ_i、θ_f 及机器人在运动开始和结束时的速度,这些速度通常为 0 或其他已知的常数。根据这四个已知信息可以求解三次多项式方程的四个未知量。

$$\theta_t = c_0 + c_1 t + c_2 t^2 + c_3 t^3 \tag{3-113}$$

初始和末端的条件是:

$$\begin{cases} \theta(t_i) = \theta_i \\ \theta(t_f) = \theta_f \\ \dot{\theta}(t_i) = 0 \\ \dot{\theta}(t_f) = 0 \end{cases} \tag{3-114}$$

对式(3-113)求一阶导数可得:

$$\dot{\theta}_t = c_1 + 2c_2 t + 3c_3 t^2 \tag{3-115}$$

将初始和末端条件代入得到：

$$\begin{cases} \theta(t_i)=\theta_i=c_0 \\ \theta(t_f)=c_0+c_1 t_f+c_2 t_f^2+c_3 t_f^3 \\ \dot{\theta}(t_i)=0=c_1 \\ \dot{\theta}(t_f)=0=c_1+2c_2 t+3c_3 t^2 \end{cases} \quad (3-116)$$

通过以上方程来求解四个未知变量，便可解出任意时刻的关节位置，控制器则据此驱动关节所需的位置。尽管每个关节都用同样的方法求解，但是所有关节从始至终都是同步驱动。如果机器人初始和末端的速度不为零，也可以通过给定数据进行求解。

如果要求机器人的中间点增多，每一段解出的边界速度和位置都可以作为下一段的初始条件，每一段均可以按三次多项式进行规划。尽管中间点的位置和速度都是连续的，有可能加速度不连续，也会产生问题。所以除了指定中间点的位置和速度外，还可以增加加速度的条件，这样边界条件就增加到了6个，与此对应的要采用五次多项式进行规划。方法类似。

(2) 抛物线过渡的线性运动轨迹

关节空间的另一种轨迹规划的方法是让机器人关节以恒定的速度在起点和终点位置之间运动。轨迹方程相当于一次多项式，其速度是常数，加速度为零。即在运动的起点和终点的加速度必须为无穷大，才能在边界点瞬间产生所需要的速度。为了避免这一现象，线性段在起点和终点处可用抛物线来进行过渡，从而产生连续的位置和速度。如图 3-29 所示。

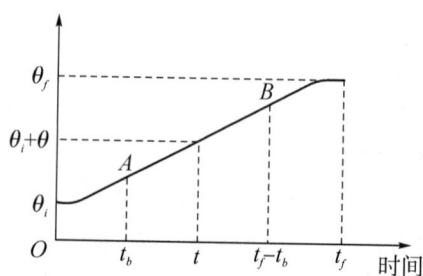

图 3-29 抛物线过渡的线性段规划方法

假设 $t_i=0$ 和 t_f 时刻对应的起点和终点位置为 θ_i 和 θ_f，抛物线与直线部分的过渡段在时间 t_b 和 t_f-t_b 处是对称的，得：

$$\begin{cases} \theta(t)=c_0+c_1 t+c_2 t^2 \\ \dot{\theta}(t)=c_1+2c_2 t \\ \ddot{\theta}(t)=c_2 \end{cases} \quad (3-117)$$

这时，抛物线运动段的加速度是一个常数，并在公共点 A 和 B 上产生连续的速度。

将边界条件代入抛物线段的方程，得：

$$\begin{cases} \theta(0)=\theta_i=c_0 \\ \dot{\theta}(0)=0+c_1 \\ \ddot{\theta}(0)=c_2 \end{cases} \quad (3-118)$$

整理得：

$$\begin{cases} c_0 = \theta_i \\ c_1 = 0 \\ c_2 = \dfrac{3(\theta_f - \theta_i)}{t_f^2} \end{cases} \qquad (3-119)$$

从而简化抛物线段的方程为：

$$\begin{cases} \theta(t) = \theta_i + \dfrac{1}{2} c_2 t^2 \\ \dot{\theta}(t) = c_2 t \\ \ddot{\theta}(t) = c_2 \end{cases} \qquad (3-120)$$

显然，对于直线段，速度将保持为常数，可根据驱动器的物理性能来选择，将零初速度、线性段常量速度 ω 以及零末端速度代入上式的 A、B 点以及终点得关节位置和速度。

$$\begin{cases} \theta_A = \theta_i + \dfrac{1}{2} c_2 t_b^2 \\ \dot{\theta}_A = c_2 t_b = \omega \\ \theta_B = \theta_A + \omega[(t_f - t_b) - t_b] = \theta_A + \omega(t_f - 2t_b) \\ \dot{\theta}_B = \dot{\theta}_A = \omega \\ \theta_f = \theta_B + (\theta_A - \theta_i) \\ \dot{\theta}_f = 0 \end{cases} \qquad (3-121)$$

由上式可以求得：

$$\begin{cases} c_2 = \dfrac{\omega}{t_b} \\ \theta_f = \theta_i + c_2 t_b^2 + \omega(t_f - 2t_b) \end{cases} \qquad (3-122)$$

将 c_2 代入得：

$$\theta_f = \theta_i + \dfrac{\omega}{t_b} t_b^2 + \omega(t_f - 2t_b) \qquad (3-123)$$

进而求解过渡时间 t_b：

$$t_b = \dfrac{\theta_i - \theta_f + \omega t_f}{\omega} \qquad (3-124)$$

t_b 不能总大于总时间 t_f 的一半，否则，整个过程中将没有直线运动段，而只有抛物线运动段。由 t_b 表达式可得出相应的最大速度为：

$$\omega_{\max} = \dfrac{2(\theta_i - \theta_f)}{t_f} \qquad (3-125)$$

如果初始时间不是零，可采用平移时间轴的方法使初始时间为零，终点的抛物线段和起始点的抛物线段是对称的，只不过加速度为负，可表示为：

$$\theta(t) = \theta_f - \dfrac{1}{2} c_2 (t_f - t)^2 \qquad (3-126)$$

其中：$c_2 = \dfrac{\omega}{t_b}$。于是有：

$$\begin{cases} \theta(t) = \theta_f - \dfrac{\omega}{2t_b}(t_f - t)^2 \\ \dot{\theta}(t) = \dfrac{\omega}{t_b}(t_f - t) \\ \ddot{\theta}(t) = -\dfrac{\omega}{t_b} \end{cases} \qquad (3-127)$$

3. 笛卡尔空间规划方法

机器人在进行作业任务时，作业空间通常都是直角坐标系（笛卡尔坐标系），所有用于关节空间的规范方法都可以用于作业空间（直角坐标空间）轨迹规划。直角坐标轨迹规划必须不断进行逆运动学运算，以便及时得到关节角。

① 将时间增加一个增量 $t = t + \Delta t$。
② 利用所选择的轨迹函数计算出手部位姿。
③ 利用逆运动学方程计算相应的关节变量。
④ 将关节变量信息送给控制器。
⑤ 返回到循环的开始。

例 3-6 一个二自由度平面机器人要求从起点 (3,10) 沿着直线运动到终点 (8,14)。假设路径分为 10 段，求出机器人的关节变量。每一根连杆的长度为 9 英寸。

解 直角坐标空间中起点和终点间的直线可以描述为：

$$\dfrac{y - 14}{x - 8} = \dfrac{14 - 10}{8 - 3} = 0.8$$

或者

$$y = 0.8x + 7.6$$

中间点的坐标可以通过将起点和终点的 x、y 坐标之间简单地加以分割得到，然后通过求解逆运动学方程得到对应每个中间点的两个关节角，如表 3.4 和图 3-30 所示。

表 3.4 坐标和关节角

	x	y	θ_1	θ_2
1	3	10	18.8	109
2	3.5	10.4	19	104
3	4	10.8	19.5	100.4
4	4.5	11.2	20.2	95.8
5	5	11.6	21.3	90.9
6	5.5	12	22.5	85.7
7	6	12.4	24.1	80.1
8	6.5	12.8	26	74.2

续表

	x	y	θ_1	θ_2
9	7	13.2	28.2	67.8
10	7.5	13.6	30.8	60.7
11	8	14	33.9	52.8

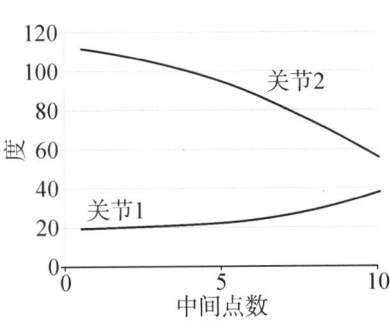

图 3-30 机器人的坐标和关节角位置图

直角坐标空间轨迹规划必须反复求解逆运动方程来计算关节角,也就是说,对于关节空间轨迹规划,轨迹生成的值就是关节值,而直角坐标空间轨迹规划函数生成的值是机器人末端手部位姿,它们需要通过求解逆运动方程才能转换为关节量。

习 题

3-1 什么是齐次坐标?

3-2 齐次变换矩阵的意义是什么?

3-3 已知齐次变换矩阵,如何计算逆变矩阵?

3-4 什么是运动学正问题和逆问题?

3-5 机器人建立连杆坐标系的规则是什么?

3-6 什么是动力学正问题和逆问题?

3-7 建立机器人运动学方程需要确定哪些参数?

3-8 点矢量为 $v[10.00\ 20.00\ 30.00]^T$,相对参考系做如下齐次变换:

$$A = \begin{bmatrix} 0.866 & 0.500 & 0.000 & 11.0 \\ 0.500 & 0.866 & 0.000 & -3.0 \\ 0.000 & 0.000 & 1.000 & 9.0 \\ 0 & 0 & 0 & 1 \end{bmatrix}$$

写出变换后矢量 v 的表达式,并说明是什么性质的变换。写出 Rot(?,?),Trans(?,?,?),并说明什么是机器人运动学逆解的多重性。

3-9 有一旋转变换,先绕固定坐标系 Z_0 轴转 45°,再绕其 X_0 轴转 30°,最后绕其 Y_0 轴转 60°。试求该齐次变换矩阵。

3-10 坐标系 $\{B\}$ 起初与固定坐标系 $\{O\}$ 相重合,现坐标系 $\{B\}$ 绕 Z_B 旋转 30°,然后绕旋转后的动坐标系的 X_B 轴旋转 45°。试写出该坐标系 $\{B\}$ 的起始矩阵表达式和最后矩阵表达式。

3-11 如图3-31所示为二自由度平面机械手,关节1为转动关节,关节变量为 θ_1;关节2为移动关节,关节变量为 d_2。

(1) 建立关节坐标系,并写出该机械手的运动方程式。

(2) 按下列关节变量参数,求出手部中心的位置值。

θ_1	0	30	60	90
d_2/m	0.50	0.80	1.00	0.7

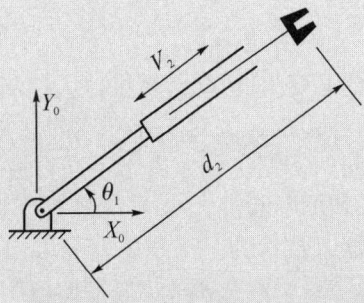

图3-31 二自由度平面机械手

3-12 轨迹规划的一般问题有哪几个?

3-13 如何用三次多项式来规划机器人的运动轨迹?

第4章 工业机器人的传感器系统

传感器是负责信息交互的必要组成部分,在机器人控制中起到关键作用。工业机器人工作的稳定性与可靠性,依赖于机器人对工作环境的感觉和自主适应能力,因此需要高性能传感器及各传感器之间的协调工作。由于不同行业工作环境具有特殊性和不确定性,随着工业机器人应用领域的不断扩大,对传感器系统的要求也不断提高,机器人传感器系统的设计由此成为机器人技术的一个重要发展方向。机器人传感器系统的设计是实现机器人智能化的基础,主要表现在新型传感器的应用及多传感器信息技术的融合上。本章主要对工业机器人常用传感器的工作原理、特点及应用进行介绍。

4.1 工业机器人常用传感器概述

4.1.1 传感器概述

人类智能主要表现在感知、记忆、思维、表达、动作、学习等方面。人类可以依靠视觉对自身周围的情况进行了解,对对象物的形状、性质、相互关系及放置场所等进行认识。根据需要,还可以借助触觉、听觉、嗅觉、味觉等感觉对周围事物进行感知。在此基础上经过大脑的思维判断,自律地做出适当的反应。人体有两种感觉系统能与外部物体接触而产生反应:内体感觉系统和外体感觉系统。其中内体感觉系统检测诸如手足关节角、肌肉扩张和肌肉拉紧等内部参量;外体感觉系统由于皮肤表面温度和形状的改变而产生反应,这些参量是直接接触外部物体的结果。

许多机器人的应用也需要感知,根据感知的信息改进计算机控制,利用这种感知的信息可做到智能化。智能机器人感知环境的能力取决于传感器的数量、性能以及对多传感器信息的综合能力。传感器可以使机器人具有某种程度的感觉机能,并教给机器人针对所感知的情况采取相应措施的方法,例如,可以随机安置物体的位置,从而降低购置固定夹具和夹紧装置所需的高额费用;改变物体的形状,一个物体只需要制成预定用途要求的精度,而不必制成符合自动化装配需求的高精度,例如,橘子和蛋等食品,其形状和尺寸是变化的,通过触觉传感器感知的信息,机器人可抓住它;防止发生意外事故,例如,自动导向的车辆式机器人,在道路上不能撞到人;在错误条件下有智能功能,例如,某螺母不能跟螺丝啮合,在装配前设法更换其他的螺母;控制质量,机器人传感器能监控所操纵工件的质量,例如,可以检查出有毛病的工件。所以,机器人感觉器官的作用有:增加机器人功能,有效完成任务;适应复杂情况(对象/环境),扩大应用范围;降低对机器人工作精度的要求;人机交互的需要,接受指令,表达感情等。

传感器是一种能将具有某种物理表现形式的信息转换成某种"可用信号"输出的器件或装置,以满足信息传输、处理、记录、显示和控制的要求。总而言之,一切获取信息的仪表器件都可称为传感器。一般地,传感器主要由敏感元件、转换元件和基本转换电路三部分组成,有时还需要加辅助电源,如图 4-1 所示。其中:敏感元件的基本功能是将某种不易测量的物理量转换为易于测量的物理量,如传感器中各种类型的弹性元件;转换元件的功能是将敏感元件输出的物理量转换为电量,如压电晶体、热敏电阻、光电晶体管等,它与敏感元件一起构成传感器的主要部分;基本转换电路的功能是将敏感元件产生的不易测量的小信号进行变换,使传感器的信号输出符合具体工业系统的要求(如 4~20 mA、−5~5 V)。

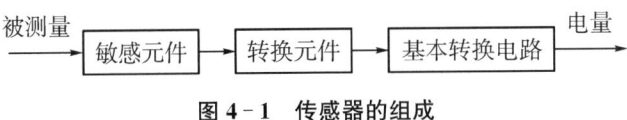

图 4-1 传感器的组成

4.1.2 工业机器人传感器分类

传感器是工业机器人完成感觉的必要手段,这种感觉作用能够把机器人自身的相关特性或相关物体特性转换为执行某一机器人功能所需要的信息。通常,根据传感器在工业机器人上的应用目的和使用范围不同,将其分为两大类:内部传感器和外部传感器,如表 4.1 所示。

表 4.1 工业机器人传感器的分类与用途

	感觉	用途
外部传感器	视觉	有无对象,对象形状、大小、种类的识别; 对象的位置、姿态的识别; 对象的灼伤痕、缺陷、好坏的识别; 对象上的图样、文字的识别; 指令的识别
	触觉	对象重量、硬度、表面状态的识别; 位置偏差的控制,握力的控制
	听觉	指令的识别,异常状态的检测,障碍物的检测
	其他(接近觉、味觉、嗅觉、湿度、振动等)	各种检查,自我保护等
内部传感器	平衡感觉	机器人自身的平衡
	其他(位置、速度、加速度、压力、转矩)	运动器官的控制,自我保护等

4.1.3 传感器的性能指标

为评价或选择传感器,通常需要确定传感器的性能指标。传感器的特性,主要是指输出与输入的关系。当输入为常量或者变化极为缓慢时,此关系被称为静态特性,当输入随时间变化时,称为动态参数。传感器的静态参数主要有:线性度、灵敏度、迟滞、重复性、最小检测量和分辨率、零点漂移、温漂等。传感器的动态性能指标有时域指标和频域指标两种。对于线性系统的动态响应,常用的模型是常系数线性微分方程。

1. 灵敏度

灵敏度是指传感器的输出信号达到稳定时,输出信号变化与输入信号变化的比值。假如传感器的输出和输入呈线性关系,其灵敏度可表示为:

$$s = \frac{\Delta y}{\Delta x} \quad (4-1)$$

式中:s 为传感器的灵敏度;

Δy 为传感器输出信号的增量;

Δx 为传感器输入信号增量。

假设传感器的输出与输入呈非线性关系,其灵敏度就是该曲线的导数。传感器输出量的量纲和输入量的量纲不一定相同。若输出和输入具有相同的量纲,则传感器的灵敏度也称为放大倍数。一般来说,传感器的灵敏度越大越好,这样可以使传感器的输出信号精确度更高、线性程度更好。但是过高的灵敏度有时会导致传感器的输出稳定性下降,所以应该根据机器人的要求选择大小适中的传感器灵敏度。

2. 线性度

线性度反映传感器输出信号与输入信号之间的线性程度。假设传感器的输出信号为 y,输入信号为 x,则 y 与 x 的关系可表示为:

$$y = bx \quad (4-2)$$

若 b 为常数,或者近似为常数,则传感器的线性度较高;如果 b 是一个变化较大的量,则传感器的线性度较差。机器人控制系统应该选用线性度较高的传感器。实际上,只有在少数情况下,传感器的输出和输入才呈线性关系。在大多数情况下,b 都是 x 的函数,即:

$$b = f(x) = a_0 + a_1 x_1 + a_2 x_2 + \cdots + a_n x_n \quad (4-3)$$

如果传感器的输入量变化不太大,且 $a_1, a_2, \cdots, a_n$ 都远小于 a_0,那么可以取 $b = a_0$,近似地把传感器的输出和输入看成是线性关系。常用的线性化方法有割线法、最小二乘法、最小误差法等。

3. 测量范围

测量范围是指被测量的最大允许值和最小允许值之差。一般要求传感器的测量范围必须覆盖机器人有关被测量的作业范围。如果无法达到这一要求,可以设法选用某种转换装置,但这样会引入某种误差,使传感器的测量精度受到一定的影响。

4. 精度

精度是指传感器的测量输出值与实际被测量值之间的误差。在机器人系统设计中,该根据系统的工作精度要求选择合适的传感器精度。应该注意传感器精度的使用条件和测量方法。使用条件应包括机器人所有可能的工作条件,如不同的温度、湿度、运动速度和加速度,以及在可能范围内的各种负载作用等。用于检测传感器精度的测量仪器必须具有比传感器高一级的精度,进行精度测试时也需要考虑最坏的工作条件。

5. 重复性

重复性是指传感器在对输入信号按同一方式进行全量程连续多次测量时,相应测试结果的变化程度,测试结果的变化越小,传感器的测量误差就越小,重复性越好。多数传感器的重复性指标都优于精度指标,这些传感器的精度不一定很高,但只要温度、湿度、受力条件和其他参数不变,其测量结果就不会有较大变化。同样,对于传感器的重复性,也应考虑使用条件和测试方法的问题。对于示教-再现型机器人,传感器的重复性至关重要,它直接关系到机器人能否准确地再现示教轨迹。

6. 分辨率

分辨率是指传感器在整个测量范围内所能辨别的被测量的最小变化量,或者所能辨别的不同被测量的个数。它辨别的被测量的最小变化量越小,或被测量个数越多,则分辨率越高;反之,则分辨率越低。无论是示教-再现型机器人,还是可编程型机器人,都对传感器的分辨率有一定的要求。传感器的分辨率直接影响机器人的可控程度和控制品质。一般需要根据机器人的工作任务规定传感器分辨率的最低限度要求。

7. 响应时间

响应时间是传感器的动态特性指标,是指传感器的输入信号变化后,其输出信号随之变化并达到一个稳定值所需要的时间。在某些传感器中,输出信号在达到某一稳定值以前会发生短时间的振荡。传感器输出信号的振荡对机器人控制系统来说非常不利,它有时可能会造成一个虚设位置,影响机器人的控制精度和工作精度,所以传感器的响应时间越短越好。响应时间的计算,应当以输入信号起始变化的时刻为始点,以输出信号达到稳定值的时刻为终点。实际上,还需要规定一个稳定值范围,只要输出信号的变化不再超出此范围,即可认为它已经达到了稳定值。在具体系统的设计中,还应规定响应时间容许上限。

8. 抗干扰能力

机器人的工作环境是多种多样的,在有些情况下可能相当恶劣,因此对于机器人用传感器必须考虑其抗干扰能力。由于传感器输出信号的稳定是控制系统稳定工作的前提,为防止机器人做出意外动作或发生故障,设计传感器系统时必须采用可靠性设计技术。通常抗干扰能力是通过单位时间内发生故障的概率来定义的,因此它是一个统计指标。

在选择工业机器人传感器时,需要根据实际工况、检测精度、控制精度等具体的要求来确定所用传感器的各项性能指标,同时还需要考虑机器人工作的一些特殊要求,比如重复性、稳定性、可靠性、抗干扰性要求等,最终选择出性价比较高的传感器。

4.1.4 机器人对传感器的要求

1. 基本性能要求

工业机器人的应用主要有搬运、焊接、喷涂、装配等作业,不同的作业任务对机器人的要求也不同。搬运和装配对传感器的要求是力、触觉和视觉等,焊接和喷涂对传感器的任务要求主要是接近觉和视觉。机器人高质量完成作业任务离不开传感器的配合。在机器人作业上对传感器的性能要求有以下几方面。

(1) 精度高、重复性好

机器人传感器精度直接影响机器人的工作质量。用于检测和控制机器人运动的传感器是控制机器人定位精度的基础。机器人是否能够达到工作要求，往往取决于传感器的测量精度。

(2) 稳定性好、可靠性高

机器人经常在无人条件下代替人来操作，如果出现故障，轻则影响生产，重则造成严重事故。机器人传感器的稳定性和可靠性是保证机器人能够长期稳定可靠工作的必要条件。

(3) 抗干扰能力强

机器人传感器的工作环境比较恶劣，它应当能够承受强电磁干扰、强振动，并能够在一定的高温、高压、高污染环境下正常工作。

(4) 质量小、体积小、安装方便可靠

对于安装在机器人操作臂等运动部件上的传感器，质量要小，否则会加大运动部件的惯性，影响机器人的运动性能。对于作业空间受到某种限制的机器人，对体积和安装方向也有要求。

(5) 价格便宜、安全性能好

传感器的价格直接影响机器人的生产成本，传感器的价格便宜可以降低生产成本。此外，传感器在满足工业机器人控制要求外，应保证机器人的安全工作而不损坏等要求以及其他辅助性要求。

2. 工作任务对传感器的选择

工业机器人传感器的选择往往根据不同的工作性质，对传感器的选择也不同。

(1) 根据加工任务的要求选择传感器

现代工业中，机器人被用于各种加工任务，搬运码垛、喷涂、焊接和装配等对工业机器人传感器的选择提出不同的要求。搬运需要准确定位工件的位置和方向，触觉用于感知零件的存在，力觉用于控制搬运的夹持力。装配对定位要求比较高，弧焊需要速度传感器。

(2) 根据机器人控制要求选择传感器

机器人控制需要用传感器检测机器人运动过程中的位置、速度和加速度等，多数机器人采用位置传感器作为闭环控制的反馈元件，根据反馈的位置信息对机器人的运动误差进行补偿，提高机器人的加工精度。速度检测用于预测机器人的运动时间，计算和控制由离心力引起的变形误差。加速度传感器检测机器人构件受到的惯性力，使控制能够补偿惯性力引起的变形误差。

(3) 根据辅助工作的要求选择传感器

机器人在作业过程中，辅助工作也需要传感器协助，比如装配需要视觉配合定位，机器人作业是否完成也需要借助传感器信息做出决策。

4.2 工业机器人内部传感器

内部传感器主要是用来检测机器人自身状态的传感器，一般安装在机器人自身中（如机械手上），用以调整和控制机器人的行动，实现运动部件的控制与自我保护。内部传感器通常由位置、速度、姿态及加速度传感器等组成。例如,使用在驱动手、脚运动的伺服系统中的电阻电位计、自整角机、旋转变压器、编码器等,检测关节角度、位移、速度、加速度等。采用开关控制,即当到达预先规定的位置时,使输入信息改变状态。这类传感器有机械式限位开关、接近开关、光电继电器等。

4.2.1 位置和位移传感器

位置感觉和位移感觉是工业机器人最基本的控制要求,它可以通过多种传感器来实现。机器人的位置传感器,主要用于测量机器人自身位置,常用的有电位计式位置传感器、电容式位置传感器、电感式位置传感器、光电式位置传感器、霍尔元件位置传感器、磁栅式位移传感器以及机械式位移传感器等。

1. 电位计式位置传感器

电位计式位置传感器是典型的位置传感器,又称为电位差计,它由一个线绕电阻(或薄膜电阻)和一个滑动触点组成。其中,滑动触点通过机械装置受被检测量的控制。当位置发生变化时,滑动触点也发生位移,改变了滑动触点与电位计各端之间的电阻值和输出电压值,根据这种输出电压值的变化,可以检测出机器人各关节的位置和位移量。

按照传感器结构的不同,电位计式位置传感器可分为直线型电位计传感器和旋转型电位计传感器两大类。直线型电位计主要用于检测直线位移,工作范围和分辨力受到电阻器长度的限制,如图 4-2(a)所示为实物图,4-2(b)所示为工作原理图,在载有物体的工作台下面有一个与电阻接触的触头,当工作台左右移动时,触头随之移动,从而改变与电阻接触的位置,其检测的是以电阻中心为基准位置的移动距离。

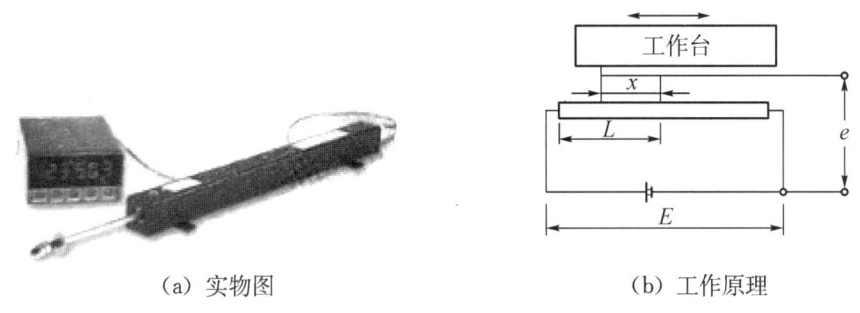

(a) 实物图　　　　　　　　(b) 工作原理

图 4-2　线性电位计

将电位计式位移传感器的电阻元件弯成圆弧形,可动触头的另一端固定在圆心处,电阻值随着转角而变化,就构成一个角度传感器。旋转型电位计有单绕组电位计和多绕组电位计两种。由于滑动触点等限制,单绕组电位计的工作范围只能小于 360°,分辨率也有一定的限制。假如需要更高的分辨率和更大的工作范围,可以选用多绕组电位计。采用旋转型电位计也可以测量直线运动,但是需要通过齿轮齿条等运动转换装置,把直线运动转换成旋转运动。

电位计式位置传感器具有一系列优点。它的输入输出特性(插入位移量与输出电压量之间的关系)可以是线性的,也可以根据需要选择其他任意函数关系的输入输出特性。它的输出信号选择范围大,只需改变电阻器两端的基准电压,就可以得到比较小或比较大的输出电压信号。这种位置传感器不会因为失电而破坏其已感觉到的信息。当电源因故障断开时,电位计的滑动触点将保持原来的位置不变,只需电源重新接通,原有的位置信息就会重新出现。另外,它还具有性能稳定、结构简单、尺寸小、质量轻、精度高等优点。

电位计式传感器的主要缺点是易于磨损。由于滑动触点和电阻器表面的磨损,使电位计的可靠性和寿命受到一定的影响。首先,游标跟绕组电阻元件物理接触,这种结构由于接点磨损和聚集灰尘或腐蚀造成变质(机器人的工厂环境)导致测量的输出电压偏离真实值。另外,由于接触不良引起的电噪声也造成明显的位置误差,这种误差对要求高精度位置的测量系统是不容许的。正因如此,电位计式位移传感器在机器人上的应用受到了一定的局限,近年来随着光电编码器价格的降低而逐渐被取代。

2. 角度传感器

应用最多的旋转角传感器是旋转编码器,一般安装在机器人各个关节的转轴上,用来测量各个关节转过的角度。旋转编码器把作为连续输入轴的旋转角度同时进行离散化和量化处理后提供给机器人处理器。光学旋转编码器是应用最广泛的角度传感器,由于光电码盘与电机同轴,电机旋转时,光栅盘与电机同速旋转。经发光二极管等电子元件组成的检测装置检测输出若干脉冲信号。通过计算每秒光电编码器输出脉冲的个数就能反映当前电机的转速。这种非接触型旋转传感器分为绝对型和增量型两种。

(1) 光学式绝对型旋转编码器

绝对型旋转编码器是一种直接编码式的测量元件,它可以把被测转角转化成相应的代码,指示的是绝对位置。

绝对型编码器通常由3个主要元件构成:多路光源、光敏元件和光电码盘。编码盘处在光源与光敏元件之间,其轴与电机轴相连,随着电机旋转而转动。绝对式编码器的码盘上有若干同心码道,每条码道由透光和不透光的扇形区间交叉构成,码道数就是其所在码盘的二进制数码位数,码盘的两侧分别是光源和光敏元件,码盘位置的不同会导致光敏元件受光情况不同,进而输出的二进制数不同,因此可通过输出二进制数来判断码盘位置。

图4-3所示为光学式绝对型旋转编码器的实物和工作原理,码盘上有5条码道,码道就是码盘上的同心圆。按照二进制的分布规律,把每条码道加工成透明和不透明的区域相间的形式。码盘的一侧安装光源,另一次安装一排径向的光电管,每个光电管对准一条码道。当光源照射码盘时,如果是透明区,则光线被光电管吸收,转换成电信号,输出信号为"1";如果是不透明区,则光电管接收不到光线,输出信号为"0"。被测工作轴带动码盘旋转时,光电管输出的信息就代表了轴的对应位置,即绝对位置。

光电编码盘大多采用格雷码码盘,格雷码的特点是每一相邻数码之间仅改变一位二进制,这样,即使制作和安装不十分准确,产生的误差最多也只是最低一位数。在图4-3中,五位二进制码盘的最小分辨率为:

$$\alpha = \frac{360°}{2^5} = 11.25°$$

码道越多,分辨率越高,价格也越昂贵。目前,码盘码道可以做到18条,能分辨的最小角度为 $\frac{360°}{2^{18}} \approx 0.0014°$。

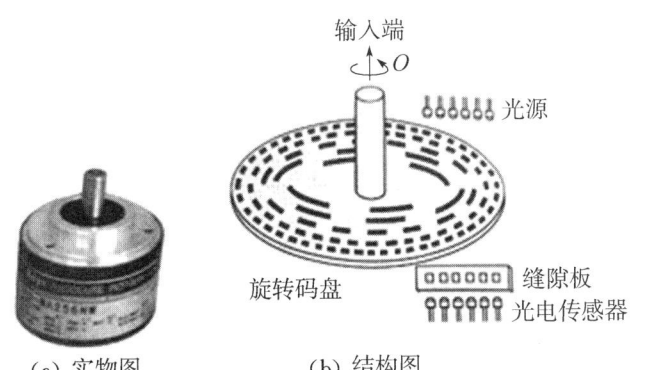

图 4-3　光学式绝对型旋转编码器实物及结构图

绝对型编码器的特点是可以直接读出角度坐标的绝对值，没有累积误差，电源切除后位置信息不会丢失，但是分辨率是由二进制的位数来决定的，也就是说精度取决于位数。绝对编码器结构复杂，价格昂贵，且不易做到高精度和高分辨率。

光学绝对型旋转编码器在使用时，可以用一个编码器检测角度和角速度。由于输出的是角度的实时值，如果记录单位时间前的值和当前实时值进行求解差值，则可以得到轴的角速度。

(2) 光学式增量型旋转编码器

光学式增量型编码器是光电编码器的一种，其主要工作原理也是光电转换，将位移转换成周期性的电信号，再把这个电信号转变成计数脉冲，用脉冲的个数表示位移的大小。

与绝对型光电编码器结构一样，也是由前述 3 个主要元件构成的，工作原理基本相同，不同的是增量型光源只有一路或者两路。光电码盘上设置一条环带，将环带沿着圆周方向分割成均匀等分，并用不透明的条纹印制到上面，把圆盘置于光源下面，当光透过码盘时，光敏元件导通，产生低电平信号，遇到不透明的区域则产生高电平信号，圆盘转过一定角度，就会产生高低电平，所以，这种编码器只能计算脉冲个数来得到输入轴转过的相对角度。如图 4-4 所示。

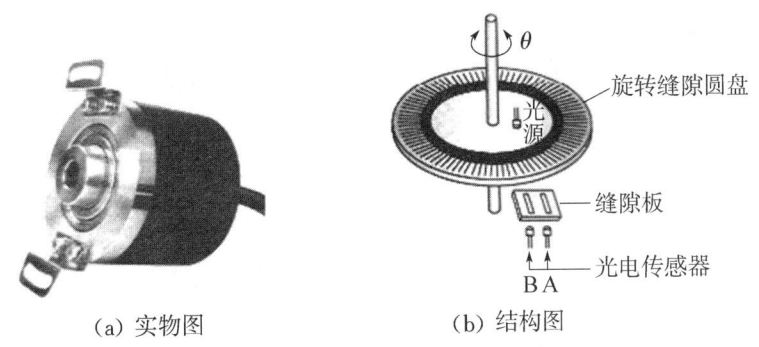

图 4-4　光学式增量型旋转编码器实物及结构图

增量型旋转编码器的分辨率是指编码器以每旋转 360°提供多少条通或暗刻线来定义，也称解析分度或直接称多少线，如一圈 360°内能形成 600 个缝隙条纹，就称其为 600 P/r(脉冲/转)。

光学式增量型编码器工作时，有相应的脉冲输出，其旋转方向的判别需要借助判相电路。其计数点可以任意设定，并可以实现多圈无限累加和测量。

增量型编码器的特点是构造简单，成本比绝对型编码器低，分辨率高，抗干扰能力强，可靠性高，信号传输距离较长。但无法直接读出转动轴的绝对位置信息，操作过程中电源意外消失，需要再次校准。

4.2.2 速度传感器

速度传感器是机器人中较重要的内部传感器之一，主要用来确定机器人关节的运动速度。目前广泛使用的角速度传感器有测速发电机和旋转编码器等。测速发电机可以将机械转速变换成电压信号，而且输出电压与输入转速成正比。增量型编码器既可以测量瞬时角度又可以测量瞬时角速度。角速度传感器的输出信号一般有模拟信号和数字信号两种。

1. 测速发电机

测速发电机是应用最广泛，能直接得到代表转速的电压且具有良好实时性的一种速度测量传感器。它主要用于检测机械转速，能把机械转速变换成电压信号，其输出电压与输入的转速成正比，是伺服系统中的基本元件之一。按输出信号的形式，可分为交流测速发电机和直流测速发电机两大类。在机器人中，交流测速发电机用的不多，多数情况下用的是直流测速发电机，它是一种小型永磁式直流发电机。直流测速发电机的工作原理基于法拉第电磁感应定律，当通过线圈的磁通量恒定时，位于磁场中的线圈旋转，使线圈两端产生的电压(感应电动势)与线圈(转子)的转速成正比，即

$$U = kn \tag{4-4}$$

式中：U 为测速发电机的输出电压(V)；n 为测速发电机的转速(r/min)；k 为比例系数。改变旋转方向时，输出电动势的极性即相应改变。在被测机构与测速发电机同轴连接时，只要检测出直流测速发电机的输出电动势和极性，就能获得被测机构的转速和旋转方向。

直流测速发电机在控制系统中的应用如图4-5所示。测速发电机具有线性度好、灵敏度高、输出信号强等特点，目前检测范围一般为20～40 r/min，精度为0.2%～0.5%。将测速发电机的转子与机器人关节伺服驱动电动机轴相连，就能测出机器人运动过程中的关节转动速度，而且测速发电机能用在机器人速度闭环系统中作为速度反馈元件，所以其在机器人控制系统中得到了广泛的应用。

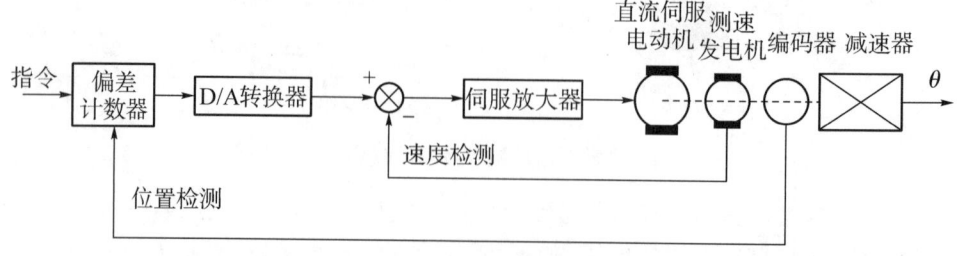

图4-5 直流测速发电机在控制系统中的应用

2. 增量型旋转编码器

增量型旋转编码器在工业机器人中既可以作为角度传感器测量关节的相对角度,又可以作为速度传感器测量关节速度。作为角速度传感器时,既可以在数字方式下使用,也可以在模拟方式下使用。

模拟方式下,必须用一个频率-电压变换器($F-V$ 变换器),用来把编码器测量得到的脉冲频率转换为与速度成正比的模拟信号。频率-电压变换器必须有良好的零输入、零输出特性和较小的温度漂移才能满足要求。

数字方式下,由于角速度是角度对时间的一阶导数,如果能测得单位时间 Δt 内编码器转过的角度 $\Delta \theta$,则编码器在该时间内的平均转速为:

$$\omega = \frac{\Delta \theta}{\Delta t} \tag{4-5}$$

单位时间取得越小,求得的转速越接近瞬时速度。但是,单位时间太短时,编码器通过的脉冲数太少,导致得到的速度分辨率下降,在实际中通常采用时间增量测量电路来解决这个问题。

4.2.3 加速度传感器

机器人在作业过程中,有机械运动刚性不足引起的振动问题,需要在机器人上安装加速度传感器,把检测到的加速度通过反馈环节抑制振动,改善机器人的性能。

虽然机器人的振动频率仅有数十赫兹,但由于共振特性容易改变,要求传感器具有低频高灵敏度的特性。根据振动检测方式的不同,加速度传感器有应变片加速度传感器和压电加速度传感器。

(1) Ni-Cu 或 Ni-Cr 金属电阻应变片加速度传感器是由板簧支撑的振动系统,板簧上下两面分别贴有两个应变片,应变片受到振动阻值发生改变,将四个应变片连接成电桥,应变片阻值的变化可以被电桥检测出来。也有用半导体压阻元件做加速度传感器的,半导体应变片的应变系数比金属电阻应变片高 50~100 倍,灵敏度很高,但温度特性比较差,需要增加补偿电路。

(2) 压电式加速度传感器是一种常用的加速度计。它利用的是压电效应,当压电晶体发生变形时,其表面将聚集电荷产生电压;反之,当外加电压时,也能产生机械变形。加在元件上的力 F 和产生的电荷 Q 之间的关系为:

$$Q = dF \tag{4-6}$$

其中,d 为压电系数。

设压电元件的电容为 C,输出电压为 U,则 $U=Q/C=dF/C$,其中 U 和 F 在很大动态范围内保持线性关系。

压电加速度传感器具有结构简单、体积小、重量轻、使用寿命长等优异的特点,其缺点是不能检测低频振动信号。图 4-6 所示为压电式加速度传感器,图 4-6(a)为剪切型,图 4-6(b)为压缩型。

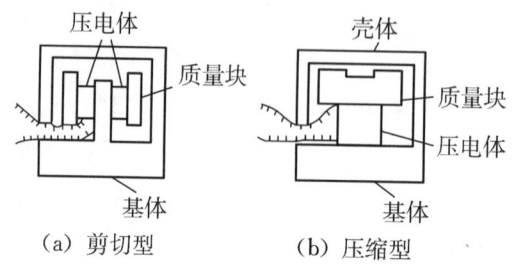

(a) 剪切型　　(b) 压缩型

图 4-6　压电式加速度传感器

以上各种传感器中,只要能检测出与加速度有关的电信号,振子的加速度便可求得。通过对加速度信号的积分还可以得到振动速度和振动位移。在测量精度不高的场合,已知加速度传感器中振子的质量,由传感器的输出与振子质量的乘积可求出振动力。

加速度传感器可以帮助机器人了解它现在身处的环境,或者对于飞行类的机器人来说,加速度传感器的应用可以帮助更好地控制姿态。加速度传感器甚至可以用来分析发动机的振动。

4.2.4　姿态传感器

姿态传感器是用来检测机器人与地面相对关系的传感器,当机器人被限制在工厂的地面时,没有必要安装这种传感器,如大部分工业机器人。但当机器人脱离了这个限制,并且能进行自由移动时,安装这种传感器就成为必要了。陀螺仪是典型的姿态传感器,它是一种即使无外界参考信号,也能探测出载体本身姿态和状态变化的内部传感器。它可检测运动体的角速度,还可以通过对测得的角速度一阶微分,获得角加速度,并且可以通过对测得的角速度积分获得姿态角或倾角值。

陀螺仪利用高速旋转物体(转子)经常保持其一定姿态的性质,转子通过一个支撑它的被称为万向接头的自由支持机构,安装在机器人上。如图 4-7 所示为一个速率陀螺仪。

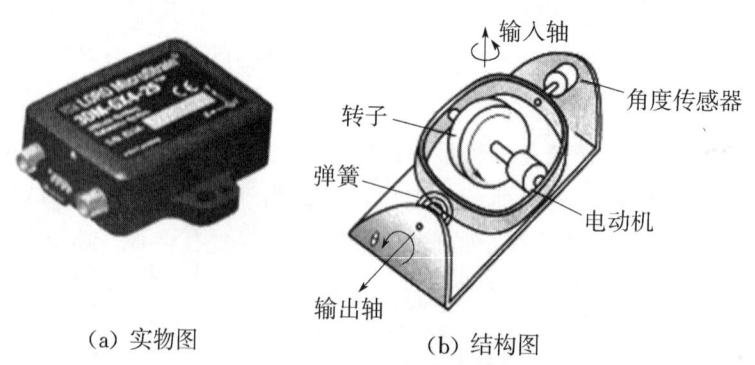

(a) 实物图　　(b) 结构图

图 4-7　速率陀螺仪的实物图及结构图

当机器人围绕输入轴以某一角速度转动时,与输入轴正交的输出轴仅转过一定角度,由于速率陀螺仪中加装一个弹簧,将卸掉弹簧的陀螺仪称为积分陀螺仪。此时,输出轴以角速度旋转,而且此角速度与围绕输入轴的旋转角速度成正比。

4.3　常用的工业机器人外部传感器

外部传感器用于测量与机器人作业有关的外部信息。这些外部信息通常与机器人的目标识别、作业安全等有关。检测机器人所处环境（如距离物体有多远等）及状况（抓取物体是否滑落等）都要使用外部传感器。外部传感器可获取机器人周围环境、目标物的状态特征等相关信息，使机器人和环境发生交互作用，从而使机器人对环境有自校正和自适应能力。外部传感器进一步可分为末端操作器传感器和环境传感器。末端操作器传感器主要安装在末端操作器上，用来检测并处理微小而精密作业的感觉信息，如触觉传感器。工业机器人的触觉功能是感受接触、冲击、压迫等机械刺激，可以用在抓取时感知物体的形状、软硬等物理性质。触觉传感器是用于机器人中模仿触觉功能的传感器，按功能可分为接触觉传感器、接近觉传感器、力觉传感器、滑觉传感器、压觉传感器等，通过触觉传感器与被识别物体相接触，来完成对物体表面特征和物理性能的感知。环境传感器用于识别环境状态，帮助机器人完成操作作业中的各种决策。环境传感器主要为视觉传感器。

4.3.1　视觉传感器

为了使机器人能够胜任更复杂的工作，机器人不但要有更好的控制系统，还需要更多地感知环境的变化。其中机器人视觉以其可获取的信息量大、信息完整而成为机器人最重要的感知功能。

1. 视觉传感器介绍

人类从外界获得的信息大多数是由眼睛获得的。人类视觉细胞的数量是听觉细胞的 3 000 多倍，是皮肤感觉细胞的 100 多倍，如果要赋予机器人较高级的智能，机器人必须通过视觉系统更多地获取周围环境信息。视觉传感器是固态图像传感器（如 CCD、CMOS）成像技术和 Framework 软件结合的产物，它可以识别条形码和任意 OCR 字符。

与传统的光电传感器相比，光电传感器包含一个光传感元件，而视觉传感器具有从一整幅图像捕获光线的数百万个像素的能力。以往需要多个光电传感器来完成多项特征的检验，现在可以用一个视觉传感器来检验多项特征，且具有检验面积大、目标位置准确、方向灵敏等特点，因此，视觉传感器在工业机器人中应用更为广泛。表 4.2 为工业机器人视觉系统的应用领域。

表 4.2　工业机人视觉系统的应用领域

应用领域	功能	图例
识别	检测一维码、二维码，对光学字符进行识别和确认	

续表

应用领域	功能	图例
检测	色彩和瑕疵检测,部件有无的检测,以及目标位置和方向的检测	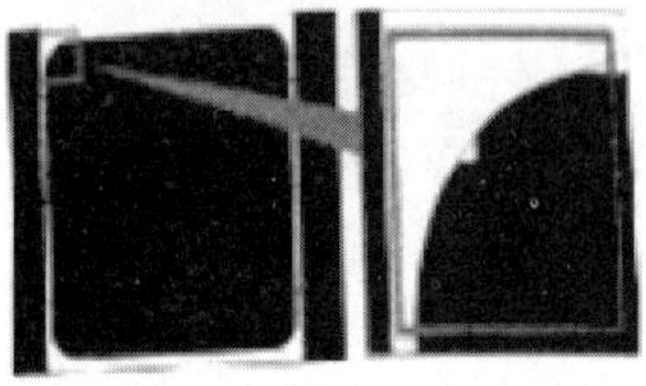
测量	尺寸和容量检测,预设标记的测量,如孔位到孔位的距离	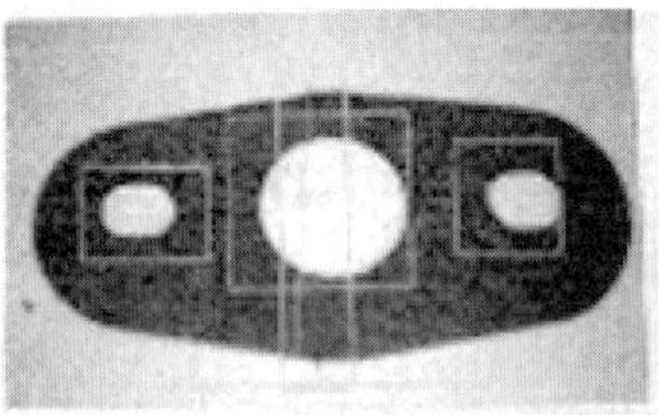
引导	弧焊跟踪	
三维扫描	3D成型	

目前,将近80%的工业视觉系统主要用在检测方面,包括用于提高生产效率、控制生产过程中的产品质量、采集产品数据等。工业机器人视觉自动化设备可以代替人工进行重复性工作,而且在一些不适合于人工作业的危险工作环境或人工视觉难以满足要求的场合,机器视觉系统都可以替代人工视觉。

2. 工业机器人视觉系统

工业机器人视觉系统是使机器人具有视觉感知功能的系统。机器人视觉系统通过图像和距离等传感器来获取环境对象的图像、颜色和距离等信息,然后传递给图像处理器,利用计算机从二维图像中理解和构造出三维模型。它可以通过视觉传感器获取环境的二维图像,并通过视觉处理器进行分析和解释,进而转换为符号,让机器人能够辨识物体,并确定位置。工业机器人的视觉处理过程包括图像输入(获取),图像处理和图像输出等几个阶段,图4-8所示为视觉系统的主要硬件组成。

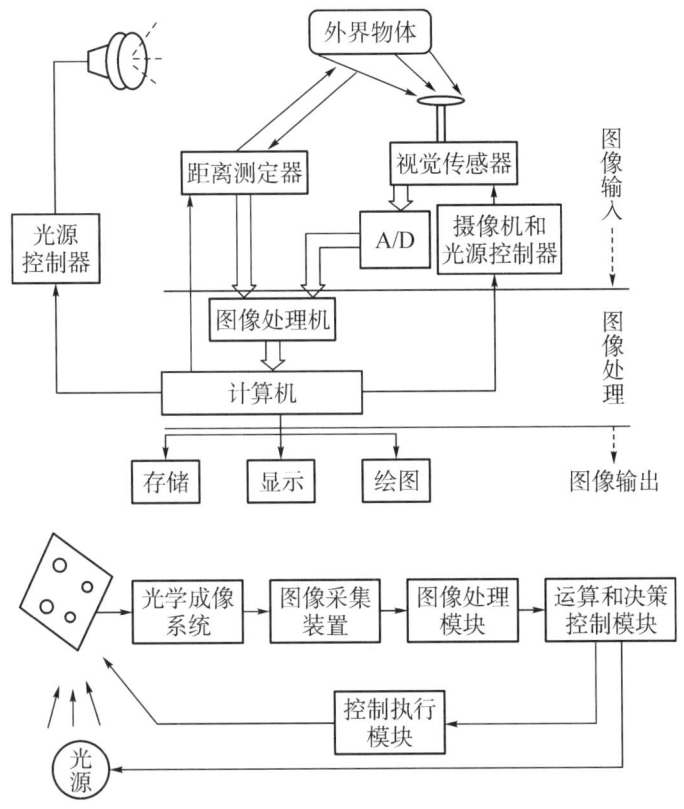

图 4-8 机器人视觉系统的主要硬件组成

工业机器人的视觉系统包括视觉传感器、图像采集/处理卡、光源控制、图像处理单元、通信接口单元等部分。

(1) 视觉传感器

视觉传感器是将景物的光信号转换成电信号的器件,主更利用照相机对目标图像信息进行收集与处理,然后计算出目标图像的特征,如位置、数量、形状等,并将数据和判断结果输出到传感器中。

视觉传感器主要包括 CCD 图像传感器和 CMOS 图像传感器等固体视觉传感器。固体视觉传感器又可以分为一维线性传感器和二维线性传感器,目前二维线性传感器所捕获图像的分辨率已可达 6 000 个像素以上。由于固体视觉传感器具有体积小、质量小等优点,因此应用日趋广泛。

CCD 传感器是目前机器视觉系统最为常用的图像传感器。它集光电转换及电荷存储、电荷转移、信号读取功能于一体,是典型的固体成像器件。它存储由光或电激励产生的信号电荷,当对它施加特定时序的脉冲时,其存储的信号电荷便能在 CCD 内定向传输。CCD 内部 P 型硅衬底上有一层 SiO_2 绝缘层,其上排列着多个金属电极。在金属电极上加正电压,电极下面产生势阱,势阱的深度随电压变化。如果依次改变在电极上的电压,则势阱随着电压的变化而移动,于是注入势阱中的电荷发生转移。通过电荷的依次转移,将多个像素的信息分时顺序地取出来。在 CCD 中,电荷全部被转移到输出端,由一个放大器进行电压转变,形成电信号,然后被读取。当传输电荷的时候,电荷是从不同的垂直寄存器中被传到水平寄存器中的,会有不同电压的电荷,这会产生更大的功耗。

由于信号通过一个放大器进行放大,产生的噪点较少。同摄像管相比,CCD 具有尺寸小、工作电压低(直流电 7~9 V)、寿命长、坚固、耐冲击、信息处理容易和在弱光下灵敏度高等特点,广泛应用于工业检测和机器人视觉系统。CCD 主要有线型 CCD 和面型 CCD 两种类型。

典型的 CCD 摄像机由光学镜头、时序及同步信号发生器、垂直驱动器、模拟/数字信号处理电路组成。被摄物体反射光线,传播到镜头,经镜头聚焦到 CCD 芯片上,CCD 根据光的强弱聚集相应的电荷,经周期放电,产生表示一幅幅画面的电信号,经过滤波、放大处理,通过摄像头的输出端输出一个标准的复合视频信号。

CMOS 是互补性氧化金属半导体。CMOS 传感器由集成在一块芯片上的光敏元阵列、图像信号放大器、信号读取电路、模/数(A/D)转换电路、图像信号处理器及控制器构成,它具有局部像素的编程随机访问功能。目前,CMOS 图像传感器以其良好的集成性、低功耗、宽动态范围和输出图像几乎无拖影等特点而得到广泛应用。CMOS 的每个像素点有一个放大器,而且信号是直接在最原始的时候转换,读取更加方便。其传输的是已经经过转换的电压,所以所需的电压和功耗更低。但是由于每个信号都有一个放大器,产生的噪点较大。由视觉传感器得到的电信号,经 A/D 转换器转换成数字信号,称为数字图像。一个画面一般可分为 256×256 像素、512×512 像素或 1 024×1 024 像素,像素的灰度可用 4 位或 8 位二进制数来表示。

(2) 图像采集/处理卡

图像采集/处理卡是机器视觉系统的重要组成部分,其主要功能是对摄像机输出的视频数据进行实时采集,并提供与 PC 的高速接口。图像采集卡主要完成对模拟视频信号的数字化过程。视频信号首先经低通滤波器滤波,转换为在时间上连续的模拟信号;按照应用系统对图像分辨率的要求,使用采样/保持电路对视频信号在时间上进行间隔采样,把视频信号转换为离散的模拟信号;然后再由 AD 转换器转变为数字信号输出。图像采集/处理卡在具有模/数转换功能的同时,还具有对视频图像进行分析的功能,它可以提供控制摄像头参数(如触发、曝光时间、快门速度等)的信号。图像采集/处理卡形式很多,支持不同类型的摄像头和不同的计算机总线。

图像采集/处理卡包括视频输入模块、模/数转换模块、时序及采集控制模块、图像处理模块、总线接口及控制模块、输出及控制模块。基本技术参数包括输入接口(数字和模拟)、灰度等级、分辨率、带宽、传输速率。

(3) 光源控制

光源是影响机器视觉系统输入的重要因素,因为它直接影响输入数据的质量和应用效果。由于没有通用的机器视觉照明设备,所以针对每个特定的应用实例,要选择相应的照明装置,以达到最佳效果。许多工业用的机器视觉系统用可见光作为光源,这主要是因为可见光容易获得,价格低,并且便于操作。常用的几种可见光源是白炽灯、日光灯、水银灯和钠光灯。但是,这些光源的一个最大问题是光能不能保持稳定。以日光灯为例,在使用的第一个 100 h 内,光能将下降 15%,随着使用时间的增加,光能将不断下降。因此,如何使光能在一定程度上保持稳定,是在机器视觉系统实用化过程中急需解决的问题。另外,环境光会改变这些光源照射到物体上的总光能,使输出的图像数据存在噪声。一般采用加防护屏的方法来减少环境光的影响。由于存在上述问题,在现今的工业应用中,对某些要求高的检测任务,常采用 X 射线、超声波等不可见光作为光源。

由光源构成的照明系统的照射方法可分为背向照明、前向照明、结构光照明和频闪光照明等。其中,背向照明是指将被测物放在光源和摄像机之间,它的优点是能获得高对比度的图像;前向照明是指光源和摄像机位于被测物的同侧,这种方式便于安装;结构光照明是指将光栅或线光源等投射到被测物上,根据它们产生的畸变,解调出被测物的三维信息;频闪光照明是将高频率的光脉冲照射到物体上,要求摄像机的扫描速度与光源的频闪速度同步。

(4) 图像处理单元(含图像处理软件)

图像处理单元的功能主要是对采集到的图像/视频数据进行预处理、压缩和有选择地存储,并结合图像处理软件对图像进行处理和分析。由视觉传感器得到的图像信息主要依赖于计算机的存储和处理,根据各种目的输出处理后的结果。

计算机是机器视觉的关键组成部分。20 世纪 80 年代以前,由于微型计算机的内存量小、内存条的价格高,因此往往需另加一个图像存储器来存储图像数据。现在,除了某些大规模视觉系统之外,一般使用微型计算机或小型机就行了,不需另加图像存储器。计算机的速度越快,视觉系统处理图像的时间就越短。由于在制造现场中,经常有振动、灰尘、热辐射等等,所以一般需要工业级的计算机。除了通过显示器显示图像之外,还可以用打印机或绘图仪输出图像。

图像处理软件一般包括底层的图像处理函数库和上层针对具体应用的图像处理及分析程序。利用图像处理技术,可以方便快捷地开发针对具体任务的机器视觉应用程序。

(5) 通信接口单元

通信接口单元主要完成相机和计算机或其他计算控制设备之间的图像数据传递及控制信息交流任务。用户可以通过通信接口对智能相机进行参数设置,完成数据和程序的上传;相机则通过通信接口向其他设备传送图像或分析图像的结果。有的智能相机还提供数字 I/O 接口。I/O 接口主要用作控制信号的输入/输出,方便相机和其他自动化设备的连接。

3. 图像处理技术

图像处理技术又称为计算机图像处理技术,是指将图像信号转换成数字信号并利用计算机对其进行处理的技术。常用的图像处理方法包括图像增强、图像平滑、边缘锐化、图像分割、图像识别、图像编码与压缩等。在图像处理中,输入的是质量低的图像,输出的是改善质量后的图像。对图像进行处理,既可改善图像的视觉效果,又便于计算机对图像进行分析、处理和识别。

(1) 图像增强

图像增强用于调整图像的对比度,突出图像中的重要细节,改善视觉质量。通常采用灰度直方图修改技术进行图像增强。图像的灰度直方图是表示一幅图像灰度分布情况的统计特性图表,与对比度联系紧密。如果获得一幅图像的直方图效果不理想,可以通过直方图均衡化处理技术作适当修改,即把一幅已知灰度概率分布图像中的像素灰度作某种映射变换,使它变成一幅具有均匀灰度概率分布的新图像,达到使图像清晰的目的。

(2) 图像平滑

图像平滑处理技术即图像的去噪声处理技术,噪声恶化了图像质量,使图像变得模糊、特征不清晰。实际获得的图像在形成、传输、接收和处理的过程中,不可避免地存在着外部干扰和内部干扰,如光电转换过程中敏感元件灵敏度的不均匀性、数字化过程的量化噪声、传输过程中的误差及人为因素等,均会使图像失真。去除噪声,主要是为了去除实际成像过程中,因成像设备和环境所造成的图像失真,提取有用信息,恢复原始图像,这是图像处理中的一个重要内容。可通过邻域平均法、中值滤波法、空间域低通滤波等算法实现。

（3）边缘锐化

边缘锐化处理主要是指加强图像中的轮廓边缘和细节,形成完整的物体边界,达到将物体从图像中分离出来或将表示同一物体表面的区域检测出来的目的。锐化的作用是要使灰度反差增大,因为边缘和轮廓都位于灰度突变的地方。锐化算法的实现基于微分作用。边缘锐化是早期视觉理论和算法中的基本问题。

（4）图像分割

图像分割是将图像分成若干部分,每一部分对应于某一物体表面,在进行分割时,每一部分的灰度或纹理符合某一种均匀测度度量标准。其本质是将像素进行分类,把人们对图像中感兴趣的部分或目标从图像中提取出来,以进行进一步的分析和应用。图像分割通常有以下两种方法:

① 阈值处理法:以区域为对象进行分割,根据图像的灰度、色彩和图像的灰度值或色彩变化得到的特征的相似性来划分图像空间,通过把同一灰度级或相同组织结构的像素聚集起来而形成区域,这一方法依赖于相似性准则的选取。

② 边缘检测法:以物体边界为对象进行分割,首先通过检测图像中的局部不连续性得到图像的边缘(通常将画面上灰度突变部分当作边缘),把边界分解成一系列的局部边缘,再按照一些策略把这些边缘确定为一定的分割区域。

（5）图像识别

图像识别过程实际上可以看作一个标记过程,即利用识别算法来辨别景物中已分割好的各个物体,给这些物体赋予特定的标记,它是机器视觉系统必须完成的一个任务。按照图像识别的难易程度,图像识别问题可分为以下三类:

① 图像中的像素表达了某一物体的某种特定信息,如遥感图像中的某一像素代表地面某一位置地物的一定光谱波段的反射特性,通过它即可判别出该地物的种类。

② 待识别物是有形的整体,通过二维图像信息已经足够识别该物体,如文字识别、具有稳定可视表面的三维体识别等。但这类问题不像第一类问题容易表示成特征矢量,在识别过程中,应先将待识别物体正确地从图像的背景中分割出来,再设法将建立起图像中物体的属性图与假定模型库的属性图匹配。

③ 由输入的二维图、要素图等,得出被测物体的三维表示。如何将隐含的三维信息提取出来是当今研究的热点问题。

（6）图像编码与压缩

图像编码与压缩是图像数据存储与传输中的一项重要技术。数字图像要占用大量的内存,一幅 512×512 个像素的数字图像的数据量为 256 kB,若假设每秒传输 25 帧图像,则传输的信道速率为 52.4 Mb/s。高信道速率意味着高投资。因此,在传输过程中,对图像数据进行压缩显得非常重要。数据压缩主要对通过图像数据的编码和变换压缩实现。常用的编码方法有轮廓编码和扫描编码。轮廓编码是在图像灰度变化较小的情况下,用轮廓线来描述图像的特征。扫描编码是将一张图像按一定的间距进行扫描,在每条扫描线上找出浓度相同区域的起点和长度,将编号的扫描线段的起点、长度连同号码按先后顺序存储起来。扫描线没有碰到图像时,不记录数据,如图 4-9 所示。

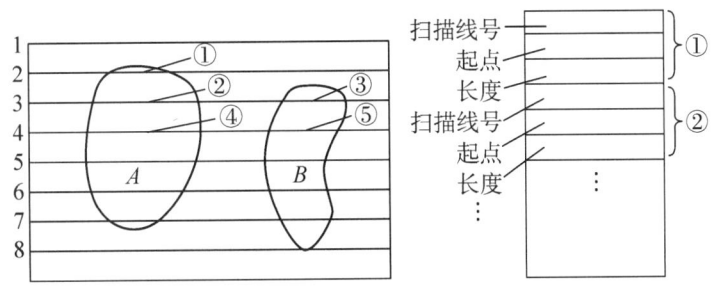

图 4-9 扫描编码方式和数据存储

4. 工业机器人视觉伺服系统

工业机器人视觉伺服系统是机器视觉和机器人控制的有机结合,是一个非线性强耦合的复杂系统,其内容涉及图像处理、机器人运动学和动力学、控制理论等研究领域。随着摄像设备性能价格比和计算机信息处理速度的提高,以及有关理论的日益完善,机器人视觉伺服系统已具备实际应用的技术条件,相关的技术问题也成为当前研究的热点。

机器人视觉伺服系统是指利用视觉传感器得到的图像作为反馈信息,构造机器的位置闭环反馈系统。它和一般意义上的机器视觉有所不同。机器视觉强调的是自动地获取分析图像,以得到描述一个景物或控制某种动作的数据;视觉伺服则是以实现对机器人的控制为目的而进行图像的自动获取与分析,它是根据机器视觉的原理,利用直接得到的图像反馈信息快速进行图像处理,并在尽量短的时间内给出反馈信息,以便控制决策的产生,从而构成机器人位置闭环控制系统。

目前,机器人视觉伺服控制系统有以下几种分类方式:

① 按摄像机的数目,可以分为单目视觉伺服系统、双目视觉伺服系统及多目视觉伺服系统。单目视觉伺服系统只能得到二维平面图像,无法直接得到目标的深度信息;多目视觉伺服系统可以获取目标多方向的图像,得到的信息丰富,但图像信息的处理量大,且因摄像机较多,难以保证系统的稳定性,当前主要采用双目视觉伺服系统。

② 按摄像机放置的位置,可以分为手眼系统和固定摄像机系统。在理论上手眼系统能够实现精确控制,但对系统的标定误差和机器人运动误差敏感;固定摄像机系统对机器人的运动误差不敏感,但同等情况下得到的目标位姿信息的精度不如手眼系统,所以控制精度相对也较低。

③ 按机器人的空间位置或图像特征,可以分为基于位置的视觉伺服系统和基于图像的视觉伺服系统。

图 4-10 所示为基于位置控制的动态观察-移动视觉伺服系统,其可通过从图像中得到的目标物体的特征信息,基于物体的几何模型与摄像机模型,估计出目标物体相对于摄像机的位姿,然后利用与期望位姿的偏差进行反馈控制。

这种控制系统的优点是可以直接在机器人的关节空间里进行控制,并可以运用已经成熟的相关的控制方法。其缺点是摄像机的校准精度及目标物体三维模型的精度,都会

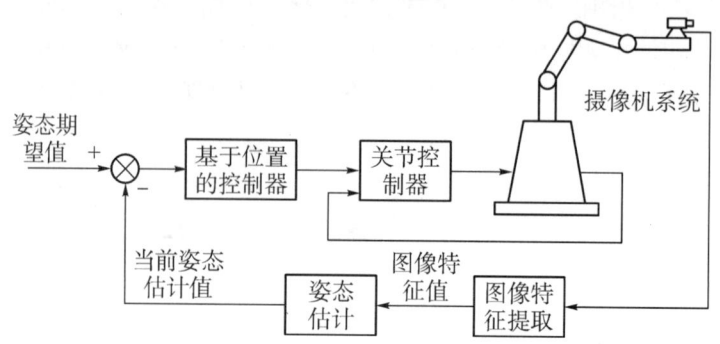

图 4-10 基于位置控制的动态观察移动视觉伺服系统

影响到对目标物体相对摄像机的期望位姿,以及当前目标物体相对摄像机位姿的估计。另外,由于其对图像没有任何控制,目标可能越过视野范围,导致跟踪控制失败。

基于图像控制的直接视觉伺服系统如图 4-11 所示,控制误差信息直接取自平面图像的特征值,系统利用期望特征与实时观测到的相应特征的差值进行控制。对于这种控制系统,需要解决的关键问题是如何得到反映图像特征与机器人末端操作器位姿和速度之间关系的图像雅可比矩阵。

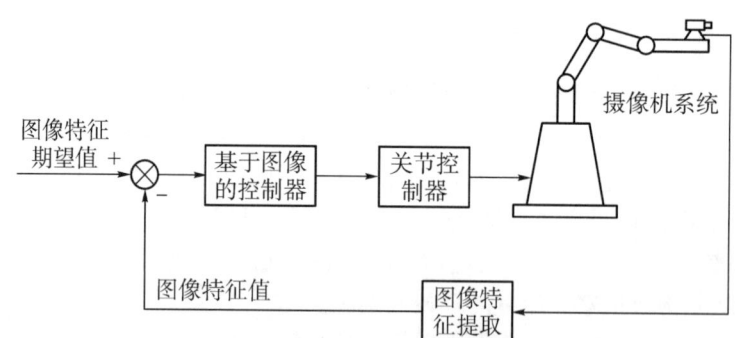

图 4-11 基于图像控制的直接视觉伺服系统

雅可比矩阵的计算方法有公式推导法、标定法、估计法及学习法等。雅可比矩阵推导和标定分别可以根据模型推导或标定进行,采用估计法时可以在线估计,而学习法主要为神经网络法。这种控制系统的优点是如果可消除图像差,那么相应地摄像机也将达到期望的位姿,对摄像机的标定精度有鲁棒性。同时,它的实时计算量相对于基于位置的视觉伺服系统要小得多。但是,它有一个极大的缺点,那就是雅可比矩阵奇异点的存在,会使逆雅可比矩阵控制率存在不稳定点,而这种情况在基于位置控制的视觉伺服系统中是不会发生的。另外一个问题是,计算图像雅可比矩阵需要估计目标深度(三维信息),而深度估计一直是计算机视觉技术中的难点。

4.3.2 触觉传感器

触觉传感器主要用以判断机器人(主要指四肢)是否接触到外界物体或测量被接触物体的特征。把感知与外部直接接触而产生的接触觉、压觉、滑觉及力觉等传感器统称为触觉传感器。下面介绍几种常用的触觉传感器。

1. 接触觉传感器

传感器可装于机器人的运动部件或未端执行器(如手爪)上,用以判断机器人部件是否和对象物体发生了接触,以确定机器人的运动正确性,实现合理把握运动方向或防止碰撞。

接触觉传感器的输出信号通常是"0"或"1",最经济实用的形式是各种微动开关。常用的微动开关是一种最简单的接触觉传感器,它主要由滑柱、弹簧、基板和引线构成,触头接触外界物体后离开基板,造成信号通路断开或闭合,从而检测到与外界物体的接触。微动开关的触点间距小、动作行程短、按动力小、通断迅速,具有使用方便、结构简单的优点。图 4-12 所示为一种机械式接触觉传感器示例。

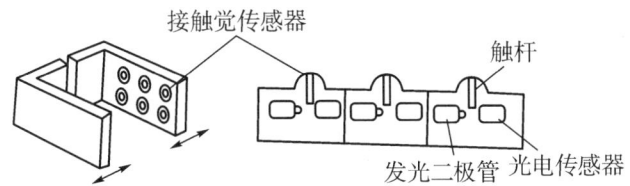

图 4-12 机械式接触觉传感器示例

接触觉传感器可以提供物体信息,如图 4-13 所示,当接触觉传感器与物体接触时,依据物体的形状和尺寸,不同的接触觉传感器将以不同的次序对接触做出不同的反应。控制器利用这些信息来确定物体的大小和形状。图 4-13 中给出了三个分别接触立方体、圆柱体和不规则形状的物体的简单例子。每个物体都会使接触觉传感器产生一组唯一的特征信号,由此可以确定接触的物体。

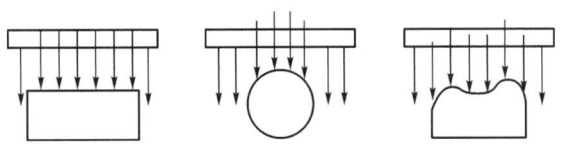

图 4-13 接触觉传感器提供的物体信息

2. 压觉传感器

压觉是指把持物体时感受到压力感觉,压觉传感器是接触觉传感器的延伸,机器人的压觉传感器安装在手爪上面,可以在把持物体时检测到物体与手爪间产生的压力及其分布情况。压觉传感器的原始输出信号是模拟量。压觉传感器类型很多,如压阻型、光电型、压电型、压敏型和压磁型等,其中常见的有压电传感器。压电元件是指某种物质上如施加压力就会产生电信号,即产生压电现象的元件。

压电现象的工作原理是在显示压电效果的物质上施加压力的时候,由于物质被压缩而产生极化作用(与压缩量成比例),如在两端接上外部电路,电流就会流过,所以通过检测这个电流就可以构成压力传感器。压电元件可用在检测力和加速度的检测仪器上,把加速度输出通过电阻和电容构成积分电路可求出速度,再进一步把速度输出积分,就可以求得移动距离,因此能够比较容易构成振动传感器。

如果把多个压电元件和弹簧排列成平面状,就可以识别各处压力的大小以及压力的分布,由于压力分布可以表示物体的形状,所以也可以用作识别物体。

图4-14所示为阵列式压觉传感器,其中图(a)由条状的导电橡胶排成网状,每个棒上附上一层导体引出,送给扫描电路;图(b)则由单向导电橡胶和印制电路板组成,电路板上附有条状金属箔,两块板上的金属条方向互相垂直;图(c)为与阵列式传感器相配的阵列式扫描电路。比较高级的压觉传感器是在阵列式触点上附一层导电橡胶,并在基板上装有集成电路,压力的变化使各接点间的电阻发生变化,信号经过集成电路处理后送出。

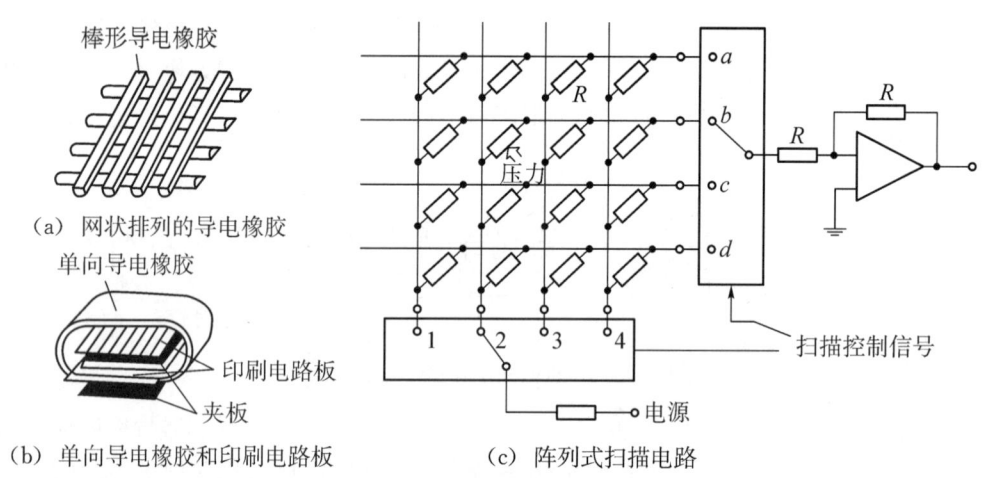

图4-14 阵列式压觉传感器

如图4-15是用半导体技术制成的高密度智能压觉传感器,它是一种很有发展前途的压觉传感器。其中压阻式和电容式使用最多。虽然,压阻式器件比电容式器件的线性好,封装简单,但是压阻器件的压力灵敏度要比电容器件小一个数量级,温度灵敏度比电容器件大一个数量级。因此,电容式压觉传感器,特别是硅电容压觉传感器得到广泛应用。机器人的压觉传感器一般安装在手爪上面,可以在把持物体时检测到物体与手爪间产生的压力及其分布情况。

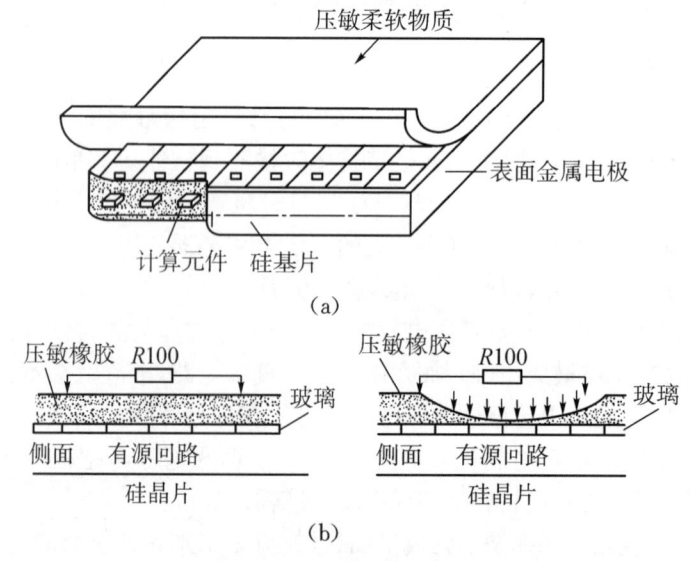

图4-15 半导体高密度智能压觉传感器

3. 滑觉传感器

机器人在抓取不知属性的物体时，其自身应能确定最佳握紧力的给定值。当握紧力不够时，要能检测被握紧物体的滑动，利用该检测信号，在不损害物体的前提下，考虑最可靠的夹持方法，实现此功能的传感器称为滑觉传感器。滑觉传感器主要用于检测物体接触面之间的相对运动的大小和方向，判断是否握住物体及应该用多大的夹紧力等。机器人的握力应满足物体既不产生滑动而握力又为最小临界握力，如果能在刚开始滑动之后便立即检测出物体和手指间产生的相对位移，随即增加握力就能使滑动迅速停止，那么就可以用最小的临界握力抓住该物体。滑觉传感器有滚动式和球式两种，还有一种通过振动检测滑觉的传感器。

图 4-16 所示为球形滑觉传感器，它由一个金属球和触针组成，金属球表面有许多间隔排列的导电和绝缘小格；触针头很细，每次只能触及一个格。当工件滑动时，金属球也随之转动，在触针上输出脉冲信号。脉冲信号的频率反映了滑移速度，脉冲信号的个数对应滑移的距离。触头面积小于球面上露出的导体面积，它不仅可做得很小，而且检测灵敏。球与物体相接触，无论滑动方向如何，只要球一转动，传感器就会产生脉冲输出。该球体在击力作用下不转动，因此抗干扰能力强。

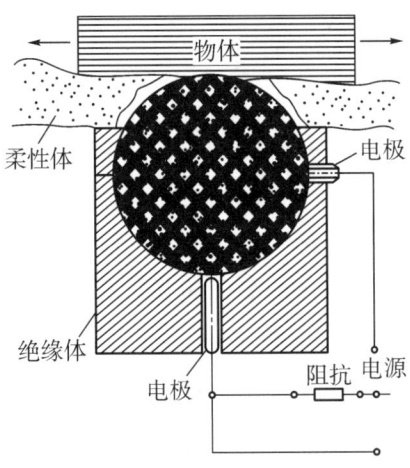

图 4-16 球形滑觉传感器

4. 力觉传感器

力觉是指对机器人的指、肢和关节等运动中所受力的感知，用于感知夹持物体的状态，校正由于手臂变形引起的运动误差，保护机器人及零件不会损害。通常将用来检测机器人自身与外部环境力之间相互作用力的传感器称为机器人的力觉传感器，力觉传感器又称力或力矩传感器。工业机器人在进行装配、搬运、研磨等作业时需要对机器人的"力"进行检测。通常将机器人的力觉传感器分为腕力传感器、关节力传感器、指力传感器三类。

(1) 关节力传感器

安装在机器人关节处，测量驱动器本身的输出力和力矩，用于控制中的力反馈。机器人必须能够灵敏地感知每个关节受力的变化才能为整个系统提供感知信息，而传感器的分辨率等因素影响着整个系统的精度。这类传感器信息量单一，结构比较简单。

(2) 腕力传感器

安装在机器人末端,机器人在进行装配作业时需要遵循一定的装配要求,如工序、力量等。为满足装配要求,需要对腕力进行检测,即需要在机器人系统中安装腕力传感器,以实现机器人对作用在末端执行器上的各方向的力的测量。腕力传感器比较复杂,能够获得手爪三个方向的受力,信息量比较多,由于其安装在机器人末端执行器和机器人手臂之间,比较容易形成通用化的产品系列。

(3) 指力传感器

安装在机器人手指上用来测量手爪夹持物体时的受力情况。在机械手抓取物体的操作中,除了采用腕力传感器测量机械手末端执行器与环境之间的作用力之外,还需要知道夹持器手指与物体之间的作用力,通过对指力的分析可以判断抓取操作是否稳定。

工业机器人进行装配搬运、研磨等作业时需要对工作力或力矩进行控制。例如装配时需要将轴类零件插入孔里、调准零件的位置、拧动螺钉等一系列步骤,在拧动螺钉过程中需要有确定的拧紧力;搬运时机器人手爪对工件要有合理的握力,握力太小不足以搬动工件,太大则会损坏工件;研磨时需要有合适的砂轮进给力以保证研磨质量。另外,机器人在自我保护时也需要检测关节和连杆之间的内力,防止机器人手臂因承载过大或与周围障碍物碰撞而引起损坏。所以力和力矩传感器在机器人中的应用较广泛。

典型的力和力矩传感器可分为以下几类:

(1) 应变式力觉传感器

应变式力觉传感器通过测量由于转矩作用在转轴上产生的应变来测量转矩。图 4-17 为应变式力觉传感器,在沿轴向±45°方向上分别粘贴有 4 个应变片,感受轴的最大正、负应变,将其组成全桥电路,则可输出与转矩成正比的电压信号。应变式力觉传感器具有结构简单、精度较高的优点。贴在转轴上的电阻应变片与测量电路一般通过集流环连接。因为集流环存在触点磨损和信号不稳定等问题,应变式力觉传感器不适于测量高速转轴的转矩。

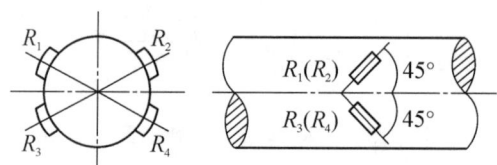

图 4-17 应变式力觉传感器

(2) 压磁式力觉传感器

当铁和镍等强磁体在外磁场作用下被磁化时,磁偶极矩变化使磁畴之间的界限发生变化,晶界发生位移,从而产生机械形变,其长度发生变化,或者产生扭曲现象;反之,强磁体在外力作用下,应力引起应变,铁磁材料使磁畴之间的界限发生变化,晶界发生位移,导致磁偶极矩变化,从而使材料的磁化强度发生变化。前者为磁致伸缩效应,后者为压磁效应。利用后一种现象,便可以测量力和力矩。应用这种原理制成的应变计有纵向磁致伸缩管等。

铁磁材料制成的转轴,具有压磁效应,受转矩作用后,沿拉应力方向磁阻减小,沿压应力方向磁阻增大。如图 4-18 所示,转轴未受转矩作用时,铁芯 B 上的绕组不会产生感应电势。当转轴受转矩作用时,其表面上出现各向异性磁阻特性,磁力线将重新分布,而不再对称,因此在铁芯 B 的线圈上产生感应电势。转矩越大,感应电势越大,在一定范围内,感应电势与转矩成线性关系。这样就可通过测量感应电势 e 来测定轴上转矩的大小。压磁式力觉传感器是非接触测量,使用方便,结构简单可靠,基本上不受温度影响和转轴转速限制,而且输出电压很高,可达 10 V。

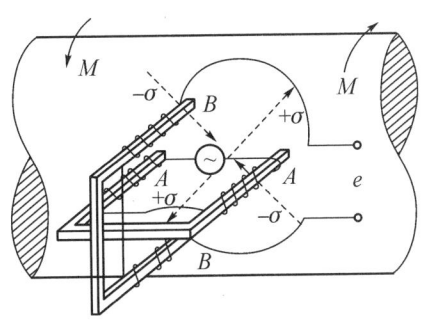

图 4‑18　压磁式力觉传感器

(3) 光电式力觉传感器

如图 4‑19 所示,在转轴上安装两个光栅圆盘,两个光栅盘外侧设有光源和光敏元件。无转矩作用时,两光栅的明暗条纹相互错开,完全遮挡住光路,无电信号输出。当有转矩作用于转轴上时,由于轴的扭转变形,安装光栅处的两截面产生相对转角,两片光栅的暗条纹逐渐重合,部分光线透过两光栅而照射到光敏元件上,从而输出电信号。转矩越大,扭转角越大,照射到光敏元件上的光越多,因而输出电信号也越大。

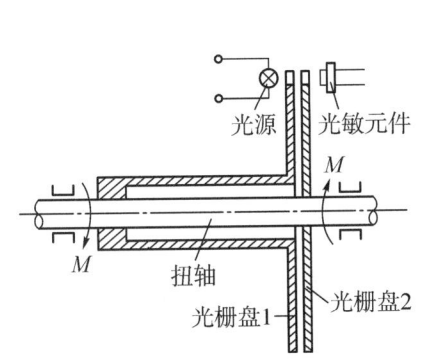

图 4‑19　光电式力觉传感器

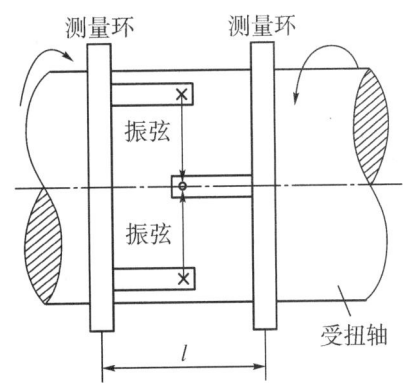

图 4‑20　振弦式力觉传感器

(4) 振弦式力觉传感器

如果将弦的一端固定,而在另一端上加上张力,那么在此张力的作用下,弦的振动频率发生变化。利用这个变化能够测量力的大小,利用这种弦振动原理也可以制作力觉传感器。图 4‑20 是振弦式力觉传感器。在被测轴上相隔一定距离的两个面上固定安装着两个测量环,两根振弦分别被夹紧在测量环的支架上。当轴受转矩作用时,两个测量环之间产生一个相对转角,并使两根振弦中的一根张力增大,另一根张力减小,张力的改变将引起振弦自振频率的变化。自振频率与所受外力的平方根成正比,因此测出两振弦的振动频率差,就可知转矩大小。

4.3.3 接近觉传感器

通过接近觉传感器，机器人能够感觉到距离几毫米到十几厘米远的对象物或障碍物，能够检测出物体的距离、方位或对象表面的性质，这是一种非接触式传感器。通常安装在机器人末端执行器上，用来判断在规定距离范围内是否有物体存在，因此，接近觉传感器通常又称为接近开关，主要用于物体抓取或避障类近距离工作的场合。其有两方面的作用：一是在接触到对象物体之前事先获得位置、形状信息，为后续操作做好准备。二是提前发现障碍物，对机器人运动路径提前规划，以免发生碰撞。常用的接近觉传感器主要有：电磁式（感应电流式）、光电式（反射或透射式）、霍尔效应式、超声波式、气压式和电容式等。如图4-21所示为各种接近觉传感器的感知物理量。

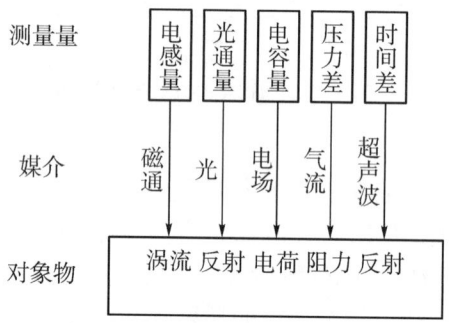

图4-21 各种接近觉传感器的感知物理量

1. 电磁式接近觉传感器

电磁式接近觉传感器在一个线圈中通入高频电流，就会产生磁场，这个磁场接近金属物时，会在金属物中产生感应电流，也就是涡流，涡流大小随着对象物体表面和线圈距离的大小而变化，这个变化反过来又影响线圈内磁场强度。磁场强度可用另一组线圈检测出来，也可以根据激磁线圈本身电感的变化或激励电流的变化来检测距离。图4-22是它的结构，这种传感器的精度比较高，而且可以在高温下使用。由于工业机器人的工作对象大多是金属部件，因此电磁式接近觉传感器应用较广，在焊接机器人中可用它来探测焊缝。

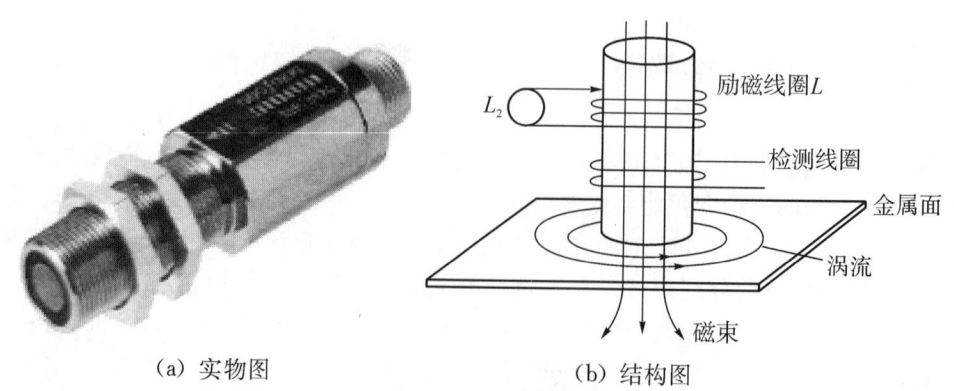

(a) 实物图　　　　　　(b) 结构图

图4-22 电磁式传感器

2. 光电式接近觉传感器

光电式接近觉传感器是把光信号(红外、可见及紫外镭射光)转变成为电信号的器件,它可用于检测直接引起光亮变化的非电量,如光强、光照度、辐射测温、气体成分分析等;也可用来检测能转换成光量变化的其他非电量,如零件的直径、表面粗糙度、应变、位移、振动、速度、加速度,以及物体的形状、工作状态的识别等。光电式接近觉传感器由光源和接收器两部分组成,光源可设置在内部,也可设置在外部,接收器能够感知光线的有无。发射器及接收器的配置准则是:发射器发出的光只有在物体接近时才能被接收器接收,除非能反射光的物体处在传感器作用范围内,否则接收器就接收不到光线,也就不能产生信号。图 4-23 所示为光电式接近觉传感器。这种传感器具有非接触性、响应速度快、维修方便、测量精度高等特点,目前应用比较多,但其信号处理较复杂,使用环境也收到一定限制。

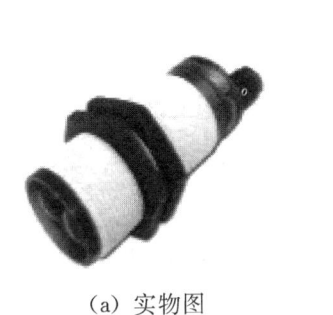

(a) 实物图　　　　　　(b) 结构图

图 4-23　光电式接近觉传感器

3. 霍尔接近觉传感器

霍尔接近觉传感器是利用霍尔效应制作的。将一块通有电流的导体或半导体薄片垂直地放在磁场中时,薄片的两端会产生电位差,这种现象就称为霍尔效应。

薄片导体两端具有的电位差值称为霍尔电势 U,其表达式为:

$$U = kiB/d \tag{4-7}$$

式中:k 为霍尔系数;

i 为薄片中通过的电流;

B 为外加磁场的磁感应强度;

d 为薄片的厚度。

霍尔传感器的输入端是以磁感应强度 B 来表征的,当 B 值达到一定的程度时,霍尔传感器内部的触发器翻转,霍尔传感器的输出电平状态也随之翻转。

当霍尔传感器单独使用时,只能检测有磁性的物体。然而,当它与永久磁体以图 4-23 所示的结构形式联合使用,可以用来检测所有的铁磁体。在这种情况下,当传感器附近没有铁磁体时(见图 4-24(a)),霍尔元件会感受到一个强磁场;当有铁磁体靠近传感器时,由于铁磁体将磁力线旁路(见图 4-24(b)),霍尔元件感受到的磁场强度就会减弱,从而引起输出的霍尔电动势的变化。

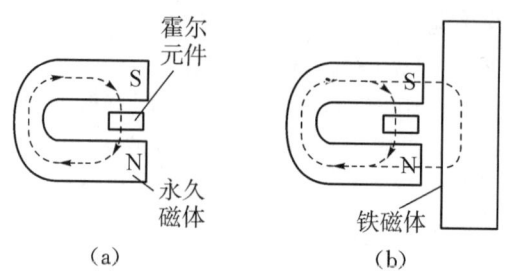

图 4-24　霍尔接近觉传感器与永久磁体组合使用的工作原理

4. 超声波接近觉传感器

人们能听到的声音是物体振动时产生的,它的频率在 20 Hz～20 kHz 之间,超过 20 kHz 的称为超声波,低于 20 Hz 的称为次声波。超声波的方向性比较好,可定向传播。超声波式接近觉传感器适用于较远距离和较大物体的测量,与感应式和光电式接近觉传感器不同,这种传感器对物体材料和表面的依赖性较低,在机器人导航和避障中应用十分广泛。

超声波接近觉传感器是由发射器和接收器构成的,几乎所有超声波接近觉传感器的发射器和接收器都是利用压电效应制成的。其中,发射器是利用给压电晶体加一个外加电场时,晶片将产生应变(压电逆效应)这一原理制成的;接收器的工作原理是,当给晶片加一个外力使其变形时,在晶体的两面会产生与应变量相当的电荷(压电正效应),若应变方向相反则产生电荷的极性相反。图 4-25(b)所示为超声波发射接收器的结构。

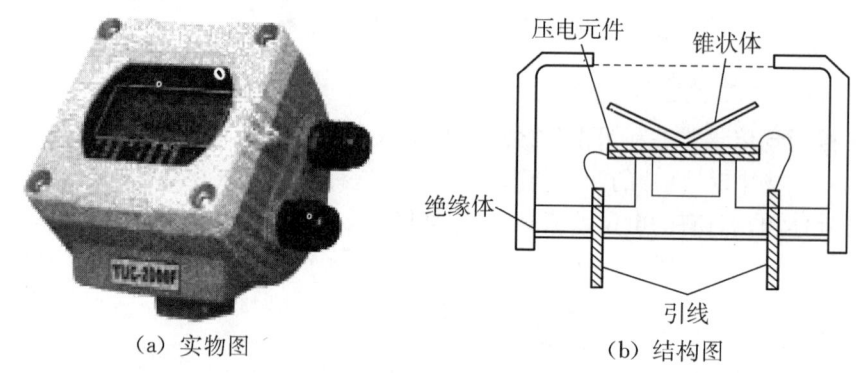

图 4-25　超声波接近觉传感器

5. 气压接近觉传感器

气压式接近觉传感器由一根细的喷嘴喷出气流,如果喷嘴靠近物体,则内部压力发生变化,这一变化可用压力计测量出来。只要物体存在,通过检测反作用力的方法可以检测气体喷流时的压力大小。如图 4-26 所示,在该机构中,气源送出一定压力 p 的气流,离物体的距离 x 越小,气流喷出的面积越窄小,气缸内的压力 p 则增大。如果事先求出距离和压力的关系,即可根据压力 p 测定距离。它可用于检测非金属物体,适用于测量微小间隙。

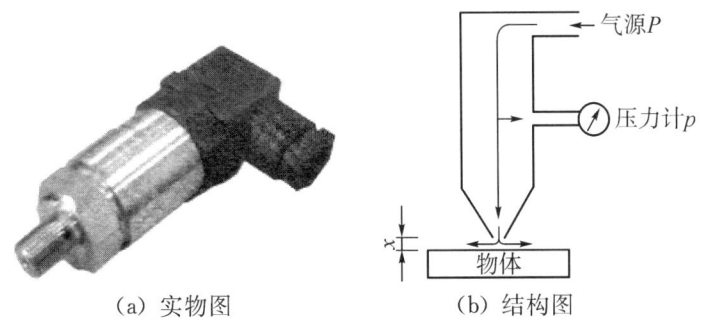

图 4-26 气压接近觉传感器

6. 电容式接近觉传感器

电容式接近觉传感器可以检测任何固体和液体材料,外界物体靠近时这种传感器会引起电容量的变化,由此反映距离信息。如图 4-27 所示,电容式接近觉传感器本身作为一个极板,被接近物作为另一个极板,将该电容接入电桥电路或 RC 振荡电路,利用电容极板距离的变化产生电容的变化,可检测出与被接近物的距离。电容式接近觉传感器具有对物体的颜色、构造和表面都不敏感且实时性好等优点。

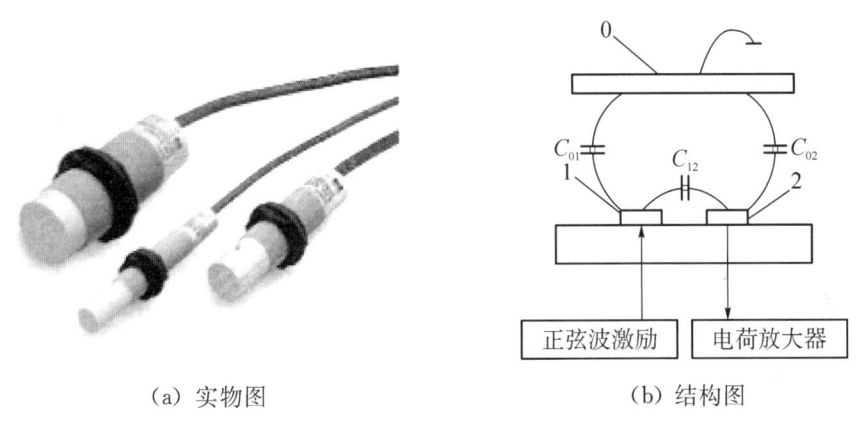

图 4-27 电容式接近觉传感器

4.3.4 其他外部传感器

除了以上介绍的机器人外部传感器外,机器人还可根据其用途安装听觉、嗅觉、味觉传感器等。

1. 听觉传感器

许多有经验的维修工人,只需要凭借发动机旋转的声音,即可正确辨别问题所在,听觉传感器也是机器人的重要感觉器官之一。由于计算机技术及语音学的发展,现在已经实现用听觉传感器代替人耳,通过语音处理及识别技术识别讲话人,还能正确理解一些简单的语句。人用语言指挥机器人,比用键盘指挥机器人更方便。机器人对人发出的各种声音进行检测,执行向其发出的指令,如果是在危险时发出的声音,机器人还必须对此产生回避的行为。听觉传感器实际上是传声器。过去使用的基于各种各样原理的传声器,现在则已经变成了小型、廉价且具有高性能的驻极体电容传声器。

在听觉系统中,最重要的是语音识别。在识别输入语音时,可以分为特定人的语音识别及非特定人的语音识别,而特定人的说话方式的识别率比较高。为了便于存储标准语音波及选配语音波形,需要对输入的语音波形频带进行适当的分割,将每个采样周期内各频带的语音特征能量抽取出来。

2. 嗅觉传感器

嗅觉传感器的主要功能是检测空气中的化学成分、浓度等,一般用于与原子能等相关联的需要在高温并存在放射线、可燃性气体和其他有毒气体的恶劣环境下工作的工业机器人中。

3. 味觉传感器

味觉传感器则用于对液体进行化学成分的分析。实用的味觉传感器有 pH 值计、化学分析器等。通常味觉传感器可探测溶于水中的物质。一般情况下,探测化学物质时,嗅觉比味觉更敏感。

4. 安全传感器

安全传感器是指能感受(或响应)规定的被测量并按照一定规律转换成可用信号输出的器件或装置,它由直接响应于被测量的敏感元件和产生可用信号输出的转换元件以及响应电子电路组成,这种符合安全标准的传感器称为安全传感器。图 4-28 为安全传感器的应用示意图,安全传感器产品分为安全开关、安全光栅、安全门系统等。工业机器人与人协作,首先要保证作业人员的安全,使用摄像头、激光等,目的是告诉机器人周围的状况,最简单的例子就是电梯门上的激光安全传感器,当激光测到障碍物时,会立即停止关门并倒回,以避免碰撞。

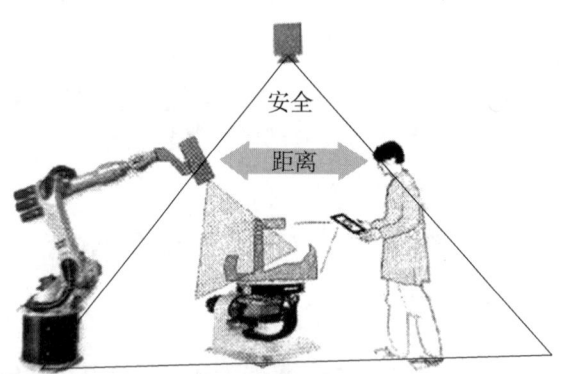

图 4-28 安全传感器的应用示意图

此外,还有纯工程学的传感器,如检测磁场的磁传感器,检测各种异常情况(如异常电油压、发热、噪声等)的安全用传感器和电波传感器等。配备这些传感器的机器人主要用于科学研究、海洋资源探测、食品分析、救火等特殊场合。

4.4 多传感器的信息融合技术

机器人要实现智能化以针对环境的变化做出正确的反应,首先需要感知内外部的各种信息,即具有感知信息的能力。传感器是机器人感知环境信息的工具,能够将感知到的信息进行处理和分析,使得机器人体现出智能化的特点。因此,智能机器人与传统机器人的主要区别为传感器和信息融合技术的应用。

与单一的传感器的能力相比,多传感器信息融合技术能够整合不同传感器输出的信息,极大提升机器人的反应速度和工作效率,应该成为工业机器人领域研究的关键技术之一。

多传感器的信息融合技术包括系统构建和技术路径,此外,信息融合过程中的数据缺陷和数据关联等也非常重要。

习 题

4-1 工业机器人常用的传感器有哪些?

4-2 传感器的性能指标有哪些?

4-3 工业机器人的内部传感器和外部传感器有哪些?

4-4 试举例说明工业机器人的位置及位移传感器有哪些,并说明各自的特点。

4-5　工业机器人的接触觉传感器有哪些？试举例说明接触觉传感器的应用。

4-6　工业机器人的视觉系统由哪些部分组成？各部分有什么作用？

第5章 工业机器人的控制系统

控制系统是机器人系统的重要组成部分,是决定机器人功能及性能的主要因素。控制系统可看作机器人的大脑,工作中向机器人驱动器发送指令,包括脉冲信号、电压和电流,使驱动器带动机器人各关节的执行机构,从而完成机器人的运动控制。同时,控制器承担着机器人系统的控制算法、逻辑控制、运动规划、信号采集和处理等功能,是实现机器人功能的核心部分。工业机器人要与外围设备协调动作,共同完成作业任务,就必须具备一个功能完善、灵敏可靠的控制系统。工业机器人控制系统的主要任务是控制工业机器人在工作空间中的运动位置、姿态和轨迹、操作顺序以及动作的时间等。本章将对工业机器人的控制系统进行介绍,包括常见的控制系统理论及其工程实现。

5.1 工业机器人控制系统的特点、功能和组成

5.1.1 工业机器人控制系统的特点

机器人结构多为空间开链机构,其各个关节的运动是独立的,为了实现末端点的运动轨迹,需要多关节的运动协调,因此,其控制系统与普通的控制系统相比要复杂。

① 机器人的控制与机构运动学及动力学密切相关。机器人手足的状态可以在各种坐标系下进行描述,应当根据需要选择不同的参考坐标系,并作适当的坐标变换。经常要求正向运动学和反向运动学的解,此外还要考虑惯性力、外力(包括重力)、哥氏力及向心力的影响。

② 一个简单的机器人至少要有3~5个自由度,比较复杂的机器人有十几个甚至几十个自由度,每个自由度一般包含一个伺服机构,它们必须协调起来,组成一个多变量控制系统。

③ 把多个独立的伺服系统有机地协调起来,使其按照人的意志行动,甚至赋予机器人一定的"智能",这个任务只能由计算机来完成。因此,机器人控制系统必须是一个计算机控制系统。同时,计算机软件担负着艰巨的任务。

④ 描述机器人状态和运动的数学模型是一个非线性模型,随着状态的不同和外力的变化,其参数也在变化,各个变量之间还存在耦合。因此,仅仅利用位置闭环是不够的,还要利用速度甚至加速度闭环。系统中经常使用重力补偿、前馈、解耦或者自适应控制方法。

⑤ 机器人的动作往往可以通过不同的方式和路径来完成,因此存在一个"最优"的问题,较高级的机器人可以用人工智能的方法,用计算机建立起庞大的信息库,借助信息库进行控制、决策、管理和操作。根据传感器和模式识别的方法获得对象及环境的工况,按照给定的指标要求,自动地选择最佳的控制规律。

总之,机器人控制系统是一个与运动学和动力学原理密切相关的、有耦合的、非线性的多变量控制系统,由于它的特殊性,经典控制理论和现代控制理论都不能照搬使用。到目前为止,机器人控制理论还不完整、不系统。相信随着机器人技术的发展,机器人控制理论必将日趋成熟。

5.1.2 工业机器人控制系统的功能

控制系统是实现机器人功能的核心部分,典型的工业机器人控制系统应具备如下功能:

① 记忆功能:存储作业顺序、运动路径、运动方式、运动速度以及与生产工艺有关的信息。

② 示教功能:离线编程、在线示教、间接示教。示教方式包括示教盒和导引示教两种。

③ 与外围设备联系功能:数字和模拟量输入和输出接口、通信接口、网络接口、同步接口。

④ 坐标设置功能:有关节、基础、工具、用户自定义4种坐标系。

⑤ 人机接口:示教盒、操作面板、显示屏。

⑥ 传感器接口:位置检测、视觉、触觉、力觉等。

⑦ 位置伺服功能:机器人多轴联动、运动控制、速度和加速度控制、动态补偿。

⑧ 故障诊断安全保护功能:运行时系统状态监视、故障状态下的安全保护和故障自诊断。

5.1.3 工业机器人控制系统的组成

为了满足上述的各类功能,控制系统需要有相应的硬件和软件。工业机器人控制系统的基本组成示意图如图 5-1 所示,一般包括控制计算机、示教器和操作面板等。

① 控制计算机:这是控制系统的核心机构,一般为微处理器,有 32 位、64 位等,但也有机器人使用可编程控制器 PLC。

② 示教盒:用来示教机器人的工作轨迹和参数设定,以及一些人机交互操作,拥有自己独立的 CPU 和存储单元,与控制计算机之间通过串行通信或并行通信方式实现信息交互。

③ 操作面板:由各种操作按键、状态指示灯构成,只完成基本操作功能。

④ 磁盘存储器:各种硬盘存储器,存储机器人工作程序的外部存储器。

⑤ 数字和模拟量输入输出接口:控制各种数字量和模拟量的输入输出,以及各种状态和控制命令的输入输出。

⑥ 打印机接口:记录需要输出的各种信息。

⑦ 传感器接口:用于信息的自动检测,实现机器人柔顺控制,一般具有力觉、触觉和

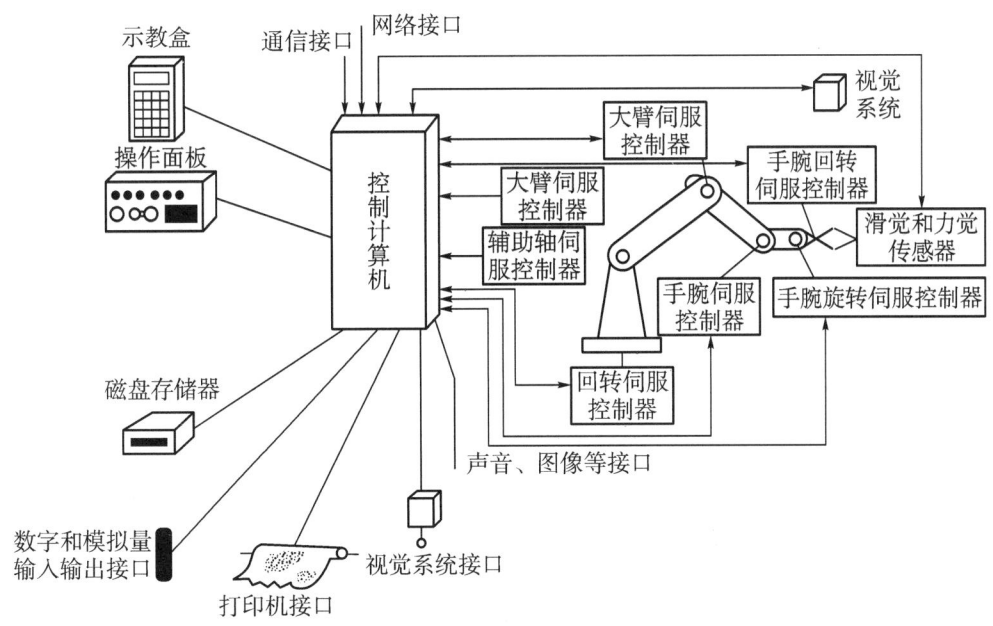

图 5-1 工业机器人控制系统的组成示意图

视觉传感器。

⑧ 轴控制器：包括各关节的伺服控制器，完成机器人各关节位置、速度和加速度的控制。

⑨ 辅助设备控制：控制和机器人配合工作的辅助设备，如手爪变位器、焊接工作台等。

⑩ 通信接口：实现机器人与其他外围设备的信息交换，一般有串行接口和并行接口等。

⑪ 伺服控制器也称为伺服驱动器 伺服驱动器和伺服电动机构成伺服控制系统，将伺服电动机编码器的反馈连接到伺服驱动器，形成半闭环控制系统。

⑫ 网络接口

a. Ethernet 接口：可通过以太网实现数台或单台机器人的直接计算机通信，数据传输速率高达 10 Mbit/s；可直接在计算机上用 Windows 库函数进行应用程序编程；支持 TCP/IP 通信协议，通过 Ethernet 接口将数据及程序装入各个机器人控制器中。

b. Fieldbus 接口：支持多种流行的现场总线规格，如 Device net、AB Remote I/O、lnter-bus-s、profibus-DP、M-NET 等。

机器人控制的工作流程如图 5-2 所示。

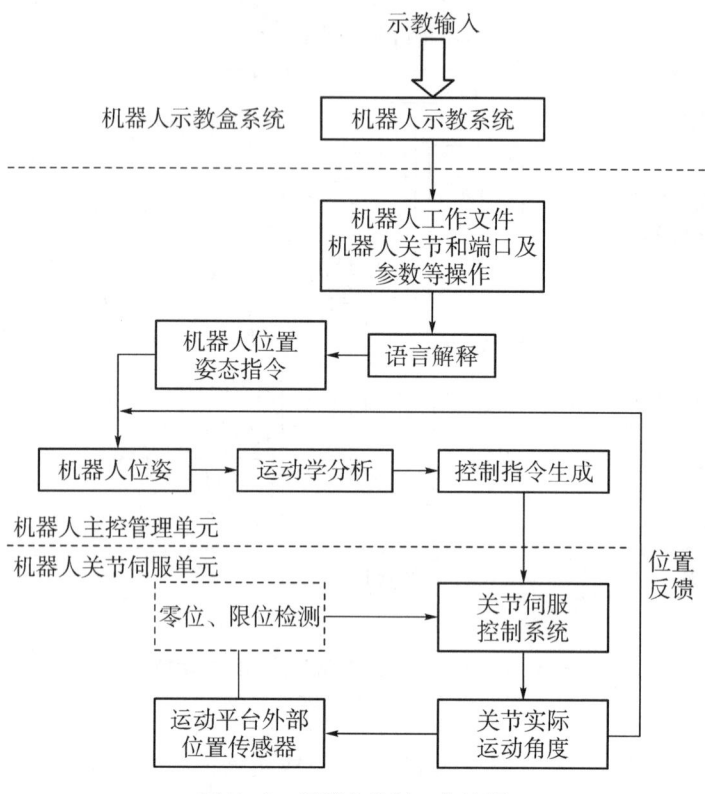

图 5-2 机器人控制工作流程

5.1.4 工业机器人控制系统的分类

工业机器人控制系统按其控制方式的不同来划分,主要有三类:集中控制系统、主从控制系统、分布式控制系统。

1. 集中控制系统

集中控制系统用一台 CPU 实现全部控制功能,结构简单,成本低,但实时性差,难以扩展,在早期的机器人中常采用这种结构,其构成框图如图 5-3 所示。基于计算机的集中控制系统里,充分利用了计算机资源开放性的特点,可以实现很好的开放性,多种控制卡、传感器设备等都可以通过标准 PCI 插槽或通过标准串口、并口集成到控制系统中。集中式控制系统的优点是结构简单,硬件成本较低,便于信息的采集和分析,易于实现系统的最优控制,整体性与协调性较好,基于计算机的系统硬件扩展较为方便。其缺点也显而易见:系统控制缺乏灵活性,控制危险容易集中,一旦出现故障,其影响面广,后果严重;由于工业机器人控制涉及位置控制、速度控制、加速度控制、轨迹规划等各种数据,对实时性要求较高。当系统进行大量数据计算时,会降低系统实时性,系统对多任务的响应能力也会与系统的实时性相冲突。在早期的机器人中,如 Hero-Ⅰ、Robot-Ⅰ等就采用这种单 CPU 结构、集中控制结构,但控制过程中需要许多计算,因此这种控制系统速度较慢。

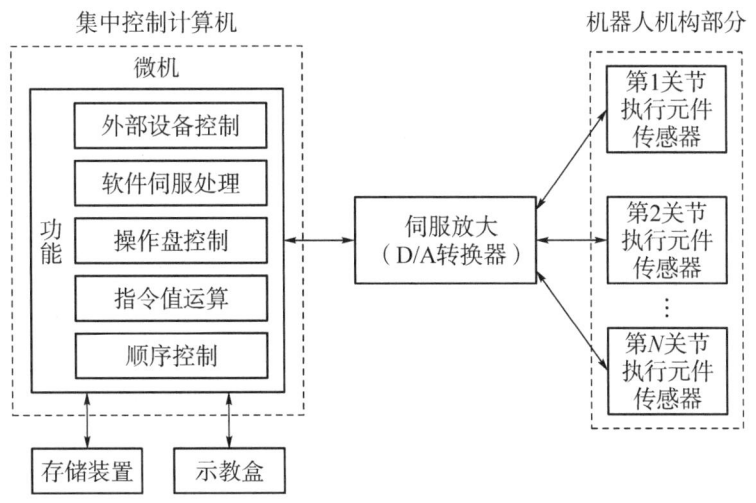

图 5-3 集中控制系统构成框图

2. 主从控制系统

采用主、从两级 CPU 结构实现系统的全部控制功能。主计算机与生产设备、示教器、CRT、操作台、感觉系统接口等互通，实现管理、坐标变换、轨迹生成和系统自诊断等。主计算机通过公共内存将信息传递给从计算机，从计算机通过高速脉冲发生器，将信号传递到伺服单元。伺服单元包括偏差计数器、D/A 转换模块、速度控制、电流控制、功率放大、伺服电动机、码盘和测速装置等，实现管理、坐标变换、轨迹生成和系统自诊断等。其构成框图如图 5-4 所示。主从控制方式系统实时性较好，适于高精度、高速度控制，但其系统扩展性较差，维修困难。这类系统的两个 CPU 总线之间基本没有联系，仅通过公用内存交换数据，是一个松耦合的关系，对采用更多的 CPU 进一步分散功能是很困难的。日本于 20 世纪 70 年代生产的 Motoman 机器人（5 关节，直流电机驱动）的控制系统就属于这种主从式结构。

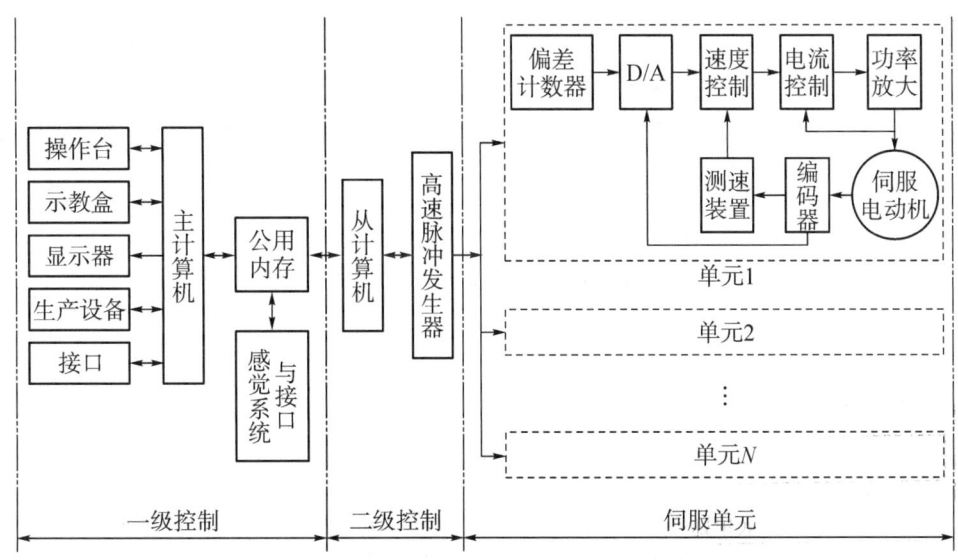

图 5-4 主从控制系统框图

3. 分布式控制系统

按系统的性质和方式将系统控制分成几个模块,每一个模块各有不同的控制任务和控制策略,各模块之间可以是主从关系,也可以是平等关系。这种方式实时性好,易于实现高速、高精度控制,易于扩展,可实现智能控制,是目前流行的方式,其构成框图如图 5-5 所示。主计算机与操作台、示教盒、显示器、生产设备、感觉系统接口等互通,主计算机通过公共内存将信息分别传给多个单片机,最后单片机控制伺服单元。其中伺服单元包括 D/A 转换模块、速度控制、脉冲调制放大器、伺服电动机和码盘等。其主要思想是"分散控制,集中管理",即系统对其总体目标和任务可以进行综合协调和分配,并通过子系统的协调工作来完成控制任务,整个系统在功能、逻辑和物理等方面都是分散的,所以分布式控制系统又称为集散控制系统或分散控制系统。这种结构中,子系统是由控制器和不同被控对象或设备构成的,各个子系统之间通过网络等相互通信。分布式控制结构提供了一个开放、实时、精确的机器人控制系统。

分布式系统中常采用两级控制方式。两级分布式控制系统通常由上位机、下位机和网络组成。上位机负责整个系统管理以及运动学计算、轨迹规划等。下位机由一个或多个 CPU 组成,这些 CPU 实现关节运动的伺服控制,上位机和下位机通过通信总线相互协调工作,这里的通信总线可以是 RS-232、RS-485、IEEE-488 以及 USB 总线等形式。以太网和现场总线技术的发展为机器人提供了更快速、稳定、有效的通信服务。尤其是现场总线,它应用于生产现场,在微机化测量控制设备之间实现双向多结点数字通信,从而形成了新型的网络集成式全分布控制系统——现场总线控制系统。在工厂生产网络中,将可以通过现场总线连接的设备统称为"现场设备/仪表"。从系统论的角度来说,工业机器人作为工厂的生产设备之一,也可以归纳为现场设备。在机器人系统中引入现场总线技术后,更有利于机器人在工业生产环境中的集成。

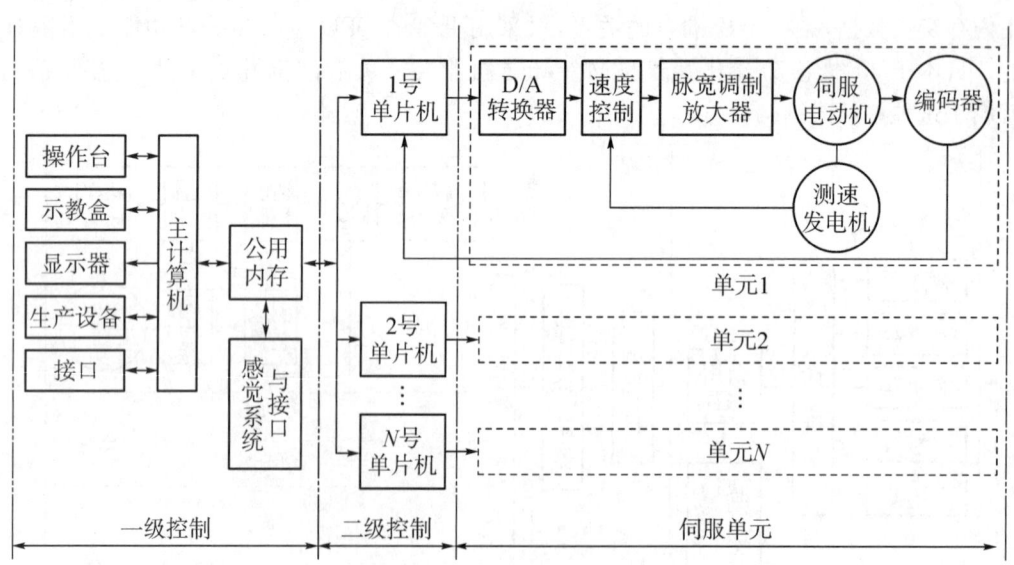

图 5-5 分布式控制系统组成框图

分布式控制系统的优点:系统灵活性好,控制系统的危险性降低;采用多处理器的分散控制,有利于系统功能的并行执行,提高系统的处理效率,缩短响应时间。

对于具有多自由度的工业机器人而言,分布式结构的每一个运动轴都由一个控制器处理,集中控制对各个控制轴之间的耦合关系处理得很好,可以很简单地进行补偿。但是,当轴的数量增加到使控制算法变得很复杂时,其控制性能会产生变化。而且,当系统中轴的数量或控制算法变得很复杂时,可能会导致系统的重新设计。目前世界上大多数商品化机器人控制器都是这种结构,称为IPC+专用运动控制卡系统的控制器,它有以下几种实现方法:

① 基于专用运动控制芯片(ASIC)或专用处理器(ASIP)的运动控制卡。这类运动控制器结构比较简单,但大多只能输出脉冲信号,工作于开环控制方式,对单轴的点位控制场合是基本满足要求的,但对于要求多轴协调运动和高速轨迹插补控制的设备,这类运动控制器往往不能满足要求。由于这类控制器不能提供连续插补功能,也没有前瞻功能,特别是对于大量的小线段连续运动的场合如模具雕刻,不能使用这类控制器。常用的运动控制芯片有美国PMD公司的Magellan系列、Navigator系列、Pilot系列、MC100系列,日本NOVA公司运动控制芯片MCX314AS、MCX314、MCX312、MCX304、MCX302以及日本SEEK公司单轴电机运动控制芯片AS49F等。

② 基于通用芯片的运动控制卡。此类是基于PC总线的以DSP、FPGA或其他处理器如ARM等作为核心处理器的板卡式控制器,这类开放式运动控制器以PC机作为信息处理平台,运动控制器以插卡形式嵌入PC机,即"PC+运动控制器"的模式,这样将PC机的信息处理能力和开放式的特点与运动控制器的运动轨迹控制能力有机地结合在一起,具有信息处理能力强、开放程度高、运动轨迹控制准确、通用性好的特点。这类运动控制器通常都能提供多轴协调运动控制与复杂的运动轨迹规划,实时的插补运算、误差补偿、伺服滤波算法,能够实现闭环控制。这种结构的缺点是:上位机的操作系统往往不是专为运动控制量身定做(如Windows等主流操作系统),系统实时性差,有时与运动控制不相关的任务和进程会占用CPU的大量资源,甚至可能会出现死机现象。这种结构体系的运动控制器典型案例有美国Delta Tau公司的PMAC控制器(图5-6),该产品使用Motorola的DSP56002为核心CPU,伺服周期快达55 μs。每块卡可以控制的轴数多达32轴,并且可以通过多块控制器链接的方式控制更多的轴。控制功能除了直线、圆弧、空间曲线插补、加减速曲线、三次样条插补、PID前馈滤波器等控制算法外,还提供了电子齿轮、电子凸轮等特殊的运动控制功能,可以分别模拟齿轮的定比例变速功能和凸轮的变速功能。

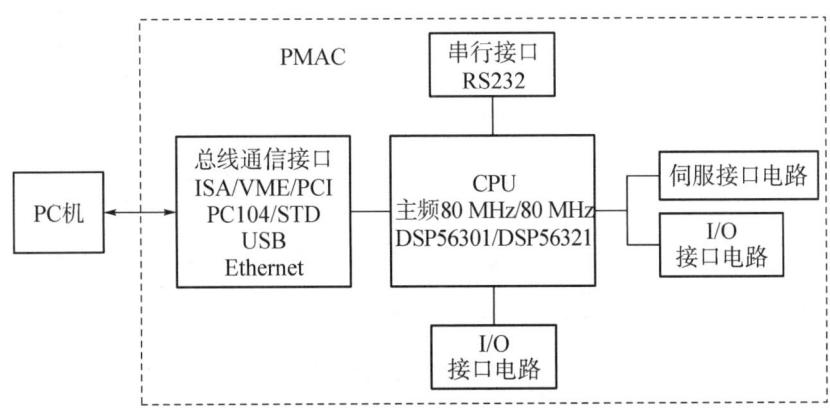

图5-6 基于PC的板卡式控制器

③ 基于PC+实时系统+高速总线板卡或IO板卡的集中式运动控制器。这种是基于"PC+实时操作系统+高速总线接口"的结构。这是一种纯软件实现方案,是开放体系结构的运动控制系统,这种CNC装置的主体是PC机,充分利用PC机不断提高的计算速度、不断扩大的存储量和具有硬实时性能的操作系统,实现运动轨迹控制和开关量的逻辑控制。纯软件开放式数控将运动控制器以应用软件的形式实现。除了支持上层软件(程序编辑、人机界面等)的用户定制外,其更深入的开放性还体现在支持运动控制策略(算法)的用户定制。用户可以在任何运行于PC的操作系统平台上利用开放的CNC内核开发各种功能,构成各种类型的高性能运动控制系统。

目前其典型的产品有:德国Beckhoff公司设计的TwinCAT系统,通过在Windows系统上改造添加实时处理功能,搭建了一套软PC系统,充分发挥了Windows系统原有的强大人机交互功能和PC机的超强处理能力;德国KUKA机器人公司将VxWorks和Windows集成为一个操作系统(图5-7),称为VxWin,运行在PC机上,实现了系统的实时性和强大的交互性能;另外还有西门子公司利用Venturcom公司在Windows系统下RTX实时模块开发的WinAC系统、美国MDSI公司的QPencNc、德国PowerAutomation公司的PA800ONT、英国的Trio控制器、奥地利的贝加莱控制器、国内的固高等。这种体系结构非常适合于大型的、有高性能要求的机器人及其他自动化设备运动控制场合。

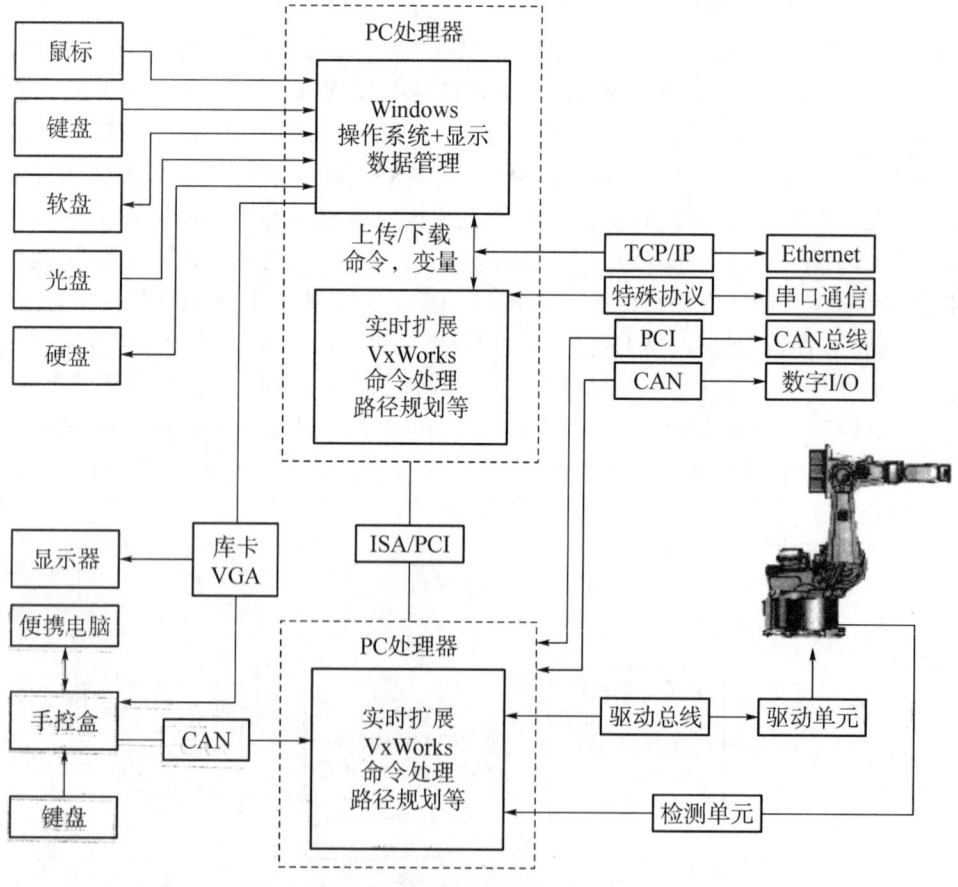

图5-7 KUKA机器人控制器框图

5.1.5 工业机器人驱动系统

工业机器人常用的驱动方式有液压驱动、气动驱动和电动驱动三种基本类型。早期的机械手和机器人中，其操作机多应用连杆机构中的导杆、滑块、曲柄，多采用液压(气压)活塞缸(或回转缸)来实现其直线和旋转运动。随着控制技术的不断发展，以及对机器人操作机各部分动作要求的不断提高，电动驱动在工业机器人中的应用日益广泛。目前，除个别运动精度不高、重负荷或有防爆要求的机器人采用液压、气动驱动外，工业机器人大多数采用电动驱动，而其中属交流伺服电动机应用最广，且驱动器布置大多采用一个关节一个驱动器。

1. 液压驱动

机器人的液压驱动是以有压力的油液作为传递的工作介质，实现机器人的动力传递和控制。电动机带动液压泵输出液压油，将电动机供给的机械能转换成油液的压力能，液压油经过管道及一些控制调节装置等进入液压缸，推动活塞杆，从而使手臂产生收缩、升降等运动，将油液的压力能又转换成机械能。

2. 气动驱动

气动驱动机器人是指以压缩空气为动力源驱动的机器人。气动执行机构包括气缸、气动马达。

气缸：将压缩空气的压力能转换为机械能的一种能量转换装置。它可以输出力，驱动工作部分做直线往复运动或往复摆动。

气动马达：将压缩空气的压力能转变为机械能的能量转换装置。它输出力矩，驱动机构做回转运动。

气动马达和液压马达相比，具有长时间工作温升很小、输送系统安全便宜、可以瞬间升到全速等优点。

3. 电动驱动

机器人电动伺服驱动系统是利用各种电动机产生的力矩和力，直接或间接地驱动机器人本体以获得机器人的各种运动的执行机构。

伺服电机是自动控制装置中被用作执行元件的微特电机，其功能是将电信号转换成转轴的角位移或角速度。当控制信号发出时，转子立即转动，当控制信号消失时，转子能即时停止。

交流伺服电机由于采用电子换向，无换向火花，在易燃易爆环境中得到了广泛使用。步进电动机主要适用于开环控制系统，一般用于位置和速度精度要求不高的环境。机器人关节驱动电动机的功率范围一般为 0.1～10 kW。

5.2 工业机器人的控制方式

工业机器人的控制方式多种多样，根据作业任务的不同，主要分为点位控制方式(PTP)、连续控制方式(CP)、力(力矩)控制方式和智能控制方式。

1. 点位控制方式(PTP)

这种控制方式的特点是指控制工业机器人末端操作器在作业空间中某些规定的离

散点上的位姿。控制时只要求工业机器人快速、准确地实现相邻各点之间的运动,而对达到目标点的运动轨迹不作规定。这种控制方式的主要技术指标是定位精度和运动所需的时间。由于其控制方式易于实现、定位精度要求不高的特点,因而常被应用在上下料、搬运、点焊和在电路板上安插元件等只要求目标点保持末端操作器位姿准确的作业中。一般来说,这种方式比较简单,但是,要达到 $2\sim3~\mu m$ 的定位精度是相当困难的。

2. 连续控制方式(CP)

这种控制方式的特点是连续地控制工业机器人末端操作器在作业空间中的位姿,要求其严格按照预定的轨迹和速度在一定的精度范围内运动,而且速度可控,轨迹光滑,运动平稳,以完成作业任务。工业机器人各关节连续、同步地进行响应的运动,其末端操作器即可形成连续的轨迹。这种控制方式的主要技术指标是工业机器人末端操作器位姿的轨迹跟踪精度和平稳性。通常弧焊、喷涂、去毛边和检测作业机器人都采用这种控制方式。

图 5-8(a)、(b)分别为点位控制和连续轨迹控制。

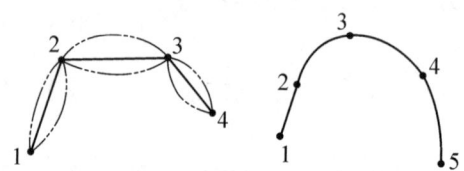

图 5-8 点位控制与连续轨迹控制
(a) 点位控制;(b) 连续轨迹控制

3. 力(力矩)控制方式

在完成装配、抓放等工作时,除了需要准确定位之外,还要求使用适度的力或力矩进行工作。这时就要利用力(力矩)伺服方式。这种方式的控制原理与位置伺服控制原理基本相同,只不过输入量和反馈量不是位置信号,而是力(力矩)信号,因此系统中必须有力(力矩)传感器,有时也利用接近、滑动等传感器功能进行自适应式控制。

4. 智能控制方式

机器人的智能控制是通过传感器获得周围环境的知识,并根据自身内部的知识库作出相应的决策。采用智能控制技术,使机器人具有较强的环境适应性及自学习能力。智能控制技术的发展有赖于近年来人工神经网络、基因算法、遗传算法、专家系统等人工智能的迅速发展。

5.3 工业机器人示教再现控制

工业机器人的控制系统的主要任务是控制工业机器人在工作空间中的运动位置、姿态和轨迹、操作顺序及动作的时间等项目,其中有些项目的控制是非常复杂的。示教再现控制是指控制系统可以通过示教器或手把手进行示教,将动作顺序、运动速度、位置等信息用一定的方法预先教给工业机器人,由工业机器人的记忆装置将所示教的操作过程自动地记录在存储器中,当需要再现操作时,重放存储器中的内容即可。如果需要更改操作内容时,只需要重新示教一遍。

示教再现控制的内容主要有示教方式和示教编程方式。

1. 示教方式

示教的方式种类繁多,总的可以分为集中示教方式和分离示教方式。

集中示教方式就是指同时对位置、姿态、速度、操作顺序等进行的示教方式。分离示教方式是指在示教位置后,再一边动作,一边分别示教位置、速度、操作顺序等的示教方式。

当对 PTP(点位控制方式)控制的工业机器人示教时,可以分步编制程序,且能进行编辑、修改等工作。但是在做曲线运动而且位置精度要求较高时,示教点数一多,示教时间就会变长,而且在每一个示教点都要停止和启动,因此很难进行速度的控制。

对需要控制连续轨迹的喷涂、电弧焊等工业机器人进行连续轨迹控制示教时,示教操作一旦开始,就不能中途停止,必须不中断地进行完为止,且在示教过程中很难进行局部修正。

示教方式中经常会遇到一些数据的编辑问题,其编辑机能有如图 5-9 所示的几种方法。

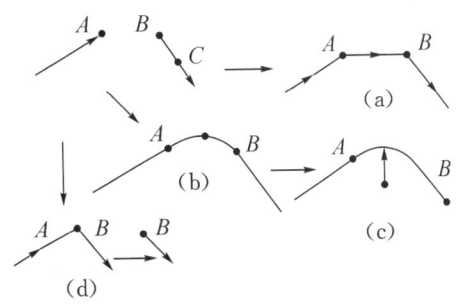

图 5-9 示教数据的编辑机能
(a) 直接连接;(b) 先指定一点,然后用圆弧连接;(c) 用指定半径的圆弧连接;
(d) 用平移方式连接

在图 5-9 中,要连接 A 与 B 两点时,可以这样来做:(a) 直接连接;(b) 先在 A 与 B 之间指定一点 x,然后用圆弧连接;(c) 用指定半径的圆弧连接;(d) 用平行移动的方式连接。在 CP(连续轨迹控制方式)控制的示教中,由于 CP 控制的示教是多轴同时动作,因此与 PTP 控制不同,它几乎必须在点与点之间的连线上移动,故有如图 5-10 所示的两种方法。

在图 5-10 中,(a) 是在指定的点之间用直线连接进行示教;(b) 是按指定的时间对每一个间隔点的位置进行示教。

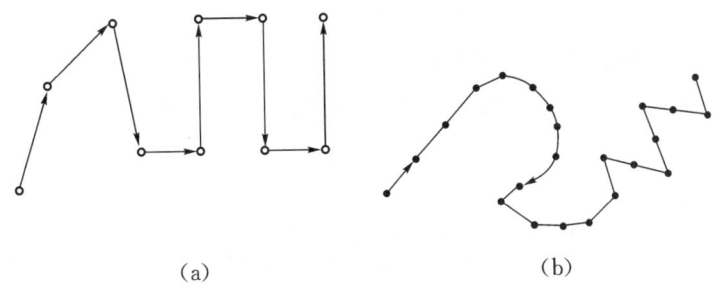

图 5-10 CP 控制示教举例
(a) 两点间用直线示教;(b) 按指定时间示教

2. 示教编程方式

目前,大多数工业机器人都具有采用示教方式来编程的功能。示教编程一般可以分为手把手示教编程和示教盒示教编程两种方式。

(1) 手把手示教编程

手把手示教编程方式主要用于喷涂、弧焊等要求实现连续轨迹控制的工业机器人的示教编程。具体方法是人工利用示教手柄引导末端操作器经过所要求的位置，同时由传感器检测出工业机器人各关节处的坐标值，并由控制系统记录、存储这些数据信息。实际工作当中，工业机器人的控制系统重复再现示教过的轨迹和操作技能。

手把手示教编程也能实现点位控制，与CP控制不同的是，它只记录各轨迹程序移动的量端点位置，轨迹的运动速度则按轨迹程序段对应的功能数据输入。

(2) 示教盒示教编程

示教盒示教编程方式是人工利用示教盒上所具有的各种功能按钮来驱动工业机器人的各关节轴，按作业所需要的顺序单轴运动或多关节协调运动，从而完成位置和功能的示教编程。

示教盒通常是一个带有微处理器的、可随意移动的小键盘，内部ROM中固化有键盘扫描和分析程序，其功能键一般具有回零、示教方式、自动方式和参数方式等。

示教编程控制由于其编程方便、装置简单等优点，在工业机器人的初期得到较多应用。同时，又由于其编程精度不高、程序修改困难、示教人员需要熟练操作等缺点的限制，促使人们又开发了许多新的控制方式和装置，以使工业机器人能更好更快地完成作业任务。

5.4 工业机器人的运动控制

工业机器人的运动控制是指工业机器人的末端操作器从一点移动到另一点的过程中，对其位置、速度和加速度的控制。由于工业机器人的末端操作器的位置和姿态是由各关节的运动引起的，因此，对其运动控制实际上是通过控制关节运动实现的。

5.4.1 工业机器人伺服控制

伺服控制作为机器人的底层控制器，主要用来控制机器人电机转动，从而实现机器人的关节运动。工业机器人伺服系统包括伺服驱动器和伺服电机，伺服驱动器接受上位机控制器指令后进行处理后发送并驱动伺服电机，伺服电机自带的编码器反馈给伺服驱动器，形成相应的控制系统。伺服系统组成框图如图5-11所示。

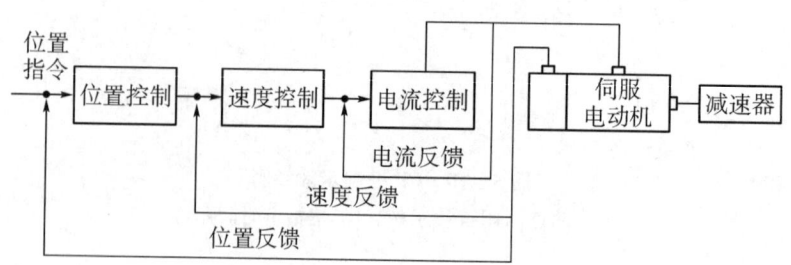

图5-11 伺服系统组成框图

工业机器人伺服驱动器是指控制机器人伺服电机的专用控制器，可通过位置、速度和转矩三种方式对工业机器人伺服电机进行闭环控制。上位控制器和伺服驱动器采用脉冲指令和总线通信的方式进行通信。传统的模式由于空间相对分散,上层控制器和底层执行机构的相对物理空间比较远,近年来出现了将伺服驱动器和伺服电机做成一体化集成和驱控一体化(即把控制器和驱动器集成在一起)已经成为工业机器人等装备的发展趋势。

5.4.2 工业机器人关节位置控制

工业机器人位置控制的目的,就是要使机器人各关节实现预先所规划的运动,最终保证工业机器人末端执行器沿预定的轨迹运行。对于关节空间位置控制,如图5-12所示,将关节位置给定值与当前值相比较得到的误差作为位置控制器的输入量,经过位置控制器的运算后,将输出作为关节速度控制的给定值。因此,工业机器人每个关节的控制系统都是闭环控制系统。此外,对于工业机器人的位置控制,位置检测元件是必不可少的。关节位置控制器常采用PID算法,也可采用模糊控制算法等智能方法。位置控制分为点位控制和连续轨迹控制两类。

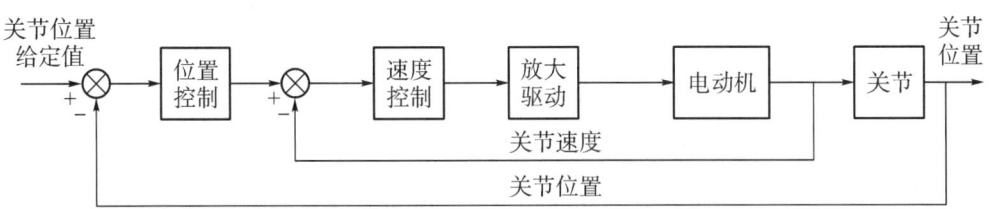

图 5-12 机器人关节位置控制示意图

5.4.3 工业机器人关节速度控制

对于工业机器人的运动控制来说,在位置控制的同时,还需要进行速度控制。例如,在连续轨迹控制方式的情况下,机器人按照预定的指令,控制运动部件的速度和实行加减速,以满足运动平稳、定位准确的要求。由于工业机器人是一种工作情况多变、惯性负载大的运动机械,要处理好快速与平稳的矛盾,必须控制启动加速和停止前的减速这两个过渡运动区段。

速度控制通常用于对目标跟踪的任务中。机器人的关节速度控制框图如图5-13所示。对于机器人末端笛卡尔空间的位置、速度控制,其基本原理与关节空间的位置和速度控制类似。

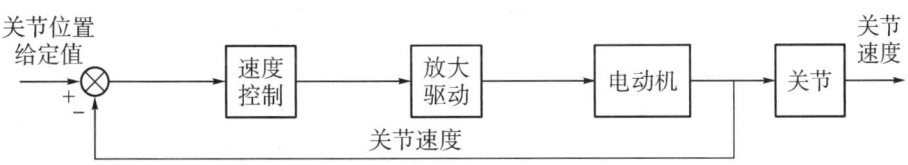

图 5-13 机器人的关节速度控制框图

工业机器人的结构多采用串接的连杆形式,其动态特性具有高度的非线性。但在其控制系统设计中,通常把机器人的每个关节当作一个独立的伺服机构来考虑。这是因为工业机器人运动速度不高(通常小于1.5 m/s),由速度变化引起的非线性作用可以忽略。另外,由于交流伺服电动机都安装有减速器,其减速比往往接近100,那么当负载变化(例如,由于机器人关节角的变化使得转动惯量发生变化时),折算到电动机轴上的负载变化值则很小(除以速度比的平方),所以可以忽略负载变化的影响。而且各关节之间的耦合作用,也因减速器的存在而极大地削弱了,因此,工业机器人系统就变成了一个由多关节组成的各自独立的线性系统。应用中的工业机器人几乎都是采用反馈控制,利用各关节传感器得到的反馈信息,计算所需的力矩,发出相应的力矩指令,以实现所要求的运动。

5.5　工业机器人的力控制

在进行装配、抓取物体、抛光、打毛刺等一类机器人作业时,工业机器人末端执行器(各种工具,如喷枪、焊枪或手爪等)与环境或作业对象的表面接触,不但需要对末端执行器施加运动命令,而且还要保持一定的接触力。除了要求准确定位之外,还要求使用适度的力或力矩进行工作,这时就要采取力(力矩)控制方式。力(力矩)控制是对位置控制的补充,这种方式的控制原理与位置伺服控制原理基本相同,只不过输入量和反馈源不是位置信号,而是力(力矩)信号。因此,系统中有力(力矩)传感器,有时也利用接近觉、滑觉等功能进行适应式控制。

由于力是在两物体相互作用后才产生,因此,力控制是将环境考虑在内的控制问题。为了对机器人实施力控制,需要分析机器人末端执行器与环境的约束状态,并根据约束条件制订控制策略。此外,还需要在机器人末端安装力传感器,用来检测机器人与环境的接触力。控制系统根据预先制订的控制策略对这些力信息做出处理后,控制机器人在不确定环境下进行与该环境相适应的操作,从而使机器人完成复杂的作业任务。

机器人的力控制最终通过位置控制来实现,所以位置控制是机器人实施力控制的基础。力控制的应用是实现精密装配,在装配过程中,机器人与环境从非接触到接触的自然转换,理想状态下是机器人接触到环境后立即停止运动,避免碰撞发生,但由于惯性大且实时性差,很难达到很好的控制效果,可以考虑柔顺控制。

所谓柔顺,是指机器人的末端能够对外力的变化做出相应的响应,表现为低刚度。如果末端装置、工具或周围环境的刚性很高,那么机械手要执行与某个表面有接触的操作将会变得相当困难。这时,只用位置控制往往不能满足要求。例如,机械手夹起鸡蛋,机械手用海绵擦洗玻璃。如果海绵的柔顺性很好,这一作业任务就可以成功进行。在机器人刚度很高的情况下,机器人对外力的变化响应很弱,缺乏柔顺性。为了使机器人在工作中能较好地适应工作任务的要求,常常希望机器人具有柔顺性。这样就需要使机器人成为柔性机器人系统。根据柔顺是否通过控制方法获得,可以将柔顺分为主动柔顺和被动柔顺,如图 5-14 所示。

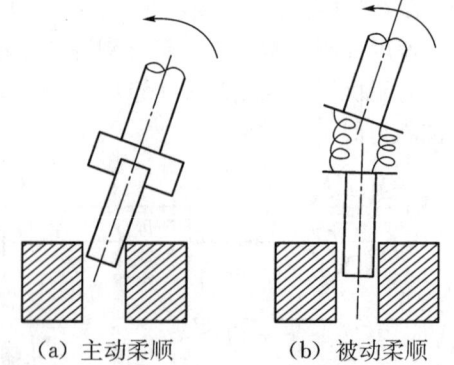

图 5-14　主动柔顺与被动柔顺示意图

1. 主动柔顺

若机器人能够利用力反馈信息采用一定的控制方法去控制作用力,称为主动柔顺。图 5-14(a)给出一个主动柔顺的例子。当操作机将一个柱销装进某个零件的圆孔中时,由于柱销轴与孔轴不对准,无论机器人怎样用力(甚至将零件挤坏)也无法将柱销装入孔内。然而此时若采用一个力反馈或组合反馈控制系统,带动柱销转动某个角度,直至柱销轴与孔轴对准,柱销装入孔内的阻力也消失了,这样装配工作便可顺利完成,这种技术称为主动柔顺技术。

2. 被动柔顺

若机器人凭借辅助的柔顺机构与环境接触时能够对外部作用力产生自然顺从,称为被动柔顺。图 5-14(b)示出了被动柔顺的实例。对于与图 5-14(a)相同的任务,若不采用反馈控制,也可通过操作机终端机械结构的变形来适应操作过程中遇到的阻力,这种技术叫做被动柔顺。如图 5-14(b)所示,在柱销与操作机之间设有类似弹簧之类的机械结构。当柱销插入孔内而遇到阻力时,弹簧系统就会产生变形,使阻力减小,以使柱销轴与孔轴重合,保证柱销顺利地插入孔内。由于被动柔顺控制存在各种各样的缺点和不足,主动柔顺控制(力控制)逐渐成为主流的研究方向。

实现柔顺控制的方法主要有两类:一类是阻抗控制,另一类是力和位置的混合控制。阻抗控制不是直接控制期望的力和位置,而是通过控制力和位置之间的动态关系来实现柔顺功能。由于这样的动态关系类似于电路中阻抗的概念,故称为阻抗控制。如果只考虑静态特性,力和位置的关系可以用刚性矩阵来描述,如果考虑力和速度之间的关系,可以用黏滞阻尼系数矩阵来描述。因此,所谓阻抗控制,就是通过适当的控制方法使机械手末端执行器表现出期望的刚性和阻尼。通常对于需要进行位置控制的自由度,要求在该方向上有很大的刚性,即表现出很硬的特性。而对于需要进行力控制的自由度,则要求在该方向上有较小的刚性,即表现出柔软的特性。

力和位置混合控制的方法,基本思想就是在柔顺坐标空间将任务分解为某些自由度的位置控制和另一些自由度的力控制,并在任务空间分别进行位置控制和力控制的计算,然后将计算结果转换到关节空间合并为统一的关节控制力矩,驱动机械手以实现期望的柔顺功能。由此可见,柔顺运动控制包括阻抗控制、力和位置混合控制以及动态混合控制等。根据机器人力控制的发展过程,机器人的力控制一般可以分为三类:经典力控制方法、先进力控制方法和智能力控制方法。

5.6 工业机器人的视觉控制

机器人的视觉控制是指通过摄取的图像进行各种运算来抽取目标的特征,进而控制现场的设备进行相应的动作。

1. 工业机器人的视觉系统

机器人视觉系统是指机器人的视觉感知功能系统,机器人视觉可以通过视觉传感器获取环境的二维图像,并进行分析和解释,让机器人能够辨识物体。

机器人视觉系统一般包括计算机系统软件、机器人视觉信息处理算法、机器人控制软件等。

2. 机器人的手眼标定

空间物体表面一个点的三维几何位置与其在图像中对应点之间的相互关系由相机成像几何模型决定的,这些几何模型参数就是相机参数,必须由实验和计算来确定,这些过程称为相机标定。

手眼标定求取的是相机坐标系与机器人末端执行器坐标系之间的相对关系。在机器人末端处于不同位置和姿态下,对相机相对于目标点的外参数进行标定。根据相机对于目标点的外参数和机器人末端的位置和姿态,计算获得相机相对于机器人末端的外参数。通常是将世界坐标系下的点转换到相机坐标系下,然后将相机坐标系转到图像坐标系,最后把图像坐标系转到像素坐标系。这样就把世界坐标系下的一个点转换到像素坐标系下的一个像素点。相机坐标系与机器人末端执行器坐标系的相对关系具有非线性和不稳定性,存在相机的畸变,一般只考虑径向畸变和切向畸变,需要了解相机的内部参数。

3. 机器视觉的伺服系统

视觉伺服控制系统的运动学闭环由视觉反馈与相对位姿估计环节构成,相机不断采集图像,计算机通过算法提取某种图像特征并进行视觉处理后得出机器人末端与目标物体的相对位姿估计。

视觉伺服控制器根据任务描述和当前目标位置的姿态,决定机器人相应的操作,并进行轨迹规划,产生相应的控制指令,最后驱动机器人关节伺服完成作业任务。

根据视觉系统反馈的信号是定义在三维笛卡尔空间还是图像特征空间,可将视觉伺服系统分为基于位置的视觉伺服控制模式和基于图像的视觉伺服控制模式。

5.7 工业机器人现代控制方法

机器人的经典控制方法一般基于机器人的动力学简化结果,可以采用线性系统理论设计控制算法。但是,机器人的动力学模型毕竟是一个非线性耦合系统,目前机器人的现代控制方法主要有变结构控制、模糊控制和自适应控制等。

1. 变结构控制

滑模变结构控制方法于20世纪50年代被提出来。近年来,随着计算机技术的发展,滑模变结构控制方法也在实际控制中获得了应用。经过众多学者的不断充实和发展,滑模控制理论已经成为一种简单有效的控制方法,并在机器人控制中得到了广泛关注和应用。

所谓变结构控制,通常指在系统中选取一定数量的切换函数,当系统状态到达该函数所代表的空间曲面时,控制律自动从此时的结构转换为另一个确定的结构。最常用的变结构控制方法为滑模变结构控制,此时在确定切换函数 $S(x)$ 后,通过选择合适的控制输入量,使 $S(x)=0$ 及其附近形成一个对于系统运动的"吸引"区,令系统状态在一定时间内运动到该切换函数上,并沿其运动到平衡状态,此时系统的这种运动状态叫做滑动模态,$S(x)=0$ 叫做滑模面方程,这个区域叫做滑动模态区(图 5-15)。

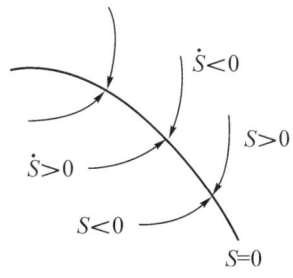

图 5-15 滑模变结构控制示意图

滑模控制方法具有一些其他控制方式难以获得的优点,其中最重要的一条也是最受重视的一条为滑动模不变性所带来的系统强鲁棒性。在滑模面 $S(x)$ 确定后,滑动模态就只取决于 $S(x)$,而与系统状态无关,任何摄动和干扰都不能对 $S(x)$ 的数学方程带来影响,这也就意味着一旦进入滑动模态,系统将具有完全的鲁棒性,这一特点保证了滑模控制器具有良好的抗干扰能力,对参数变化及扰动不灵敏等。

滑模变结构控制本质上是一类特殊的非线性控制,其非线性表现为控制的不连续性,这种控制策略与其他控制的不同之处在于系统的"结构"并不固定,而是可以在动态过程中根据系统当前的状态不断调整,迫使系统按照预定"滑动模态"的状态轨迹运动。该方法的缺点在于当状态轨迹到达滑模面后,难于严格地沿着滑模面向着平衡点滑动,而是在滑模面两侧来回穿越,从而产生抖振现象。目前已经有许多方法来处理抖振问题。例如使用观测器、符号函数连续化和高阶滑模控制等方法。

2. 模糊控制

对于非线性系统,模糊控制系统利用具有启发式的信息能够提供一种较方便的方法,因此,在控制系统的设计中,尤其是那些数学模型复杂或难以建立的系统的控制设计中,模糊控制系统是一种很好的、实用的替代方法。模糊控制系统是基于知识的,或是基于规则的,这些规则由若干 IF-THEN 规则构成。

模糊控制器的基本结构由四个重要部件组成(图 5-16),具体包括知识库、推理单元、模糊化输入接口与去模糊化输出接口。知识库包含模糊 IF-THEN 规则库和数据库,规则库中的模糊规则体现了与领域问题有关的专家经验或知识,而数据库则定义隶属函数、尺度变换因子以及模糊分级数等。推理单元按照这些规则和所给的事实执行推理过程,求得合理的输出。模糊输入接口将明确的输入转换成模糊量,并用模糊集合表示。根据模糊推理单元得到控制量,而控制量也是模糊量,因此,要求清晰化过程,把模糊控制量转换为清晰值作为模糊控制器的输出,去模糊输出接口就是将模糊的计算结果转换为明确的输出。

由图 5-16 可以看到,模糊控制器的建立分为四个步骤:一是挑选能够反映系统工作机制的控制输入输出变量;二是定义这些变量的模糊子集;三是用模糊规则建立输出集与输入集的关系;最后也是模糊控制器的核心部分,进行模糊推理及清晰化。模糊控制的主要特点如下:

① 控制器的设计主要依据人们的控制经验总结,不需要精确的系统数学模型。

② 具有较强的鲁棒性,控制器输入参数在一定范围变化时,其模糊化后的语言变量可能相同,因此控制器对参数变化不是非常敏感,用于解决传统控制较难发挥作用的非

线性、时变和时滞等问题。

③ 模糊推理机的输入量为语言变量,易于构成专家系统。

④ 推理过程模仿人的处理问题方式,采用成熟、合适的推理规则后,能够处理一些复杂的系统。

⑤ 模糊规则一般离线编制,不需要在线生成,控制器作用时采用查询方式提取模糊规则,提高了控制器的实时性,拓展了应用范围。

⑥ 拓展性好,可与其他多种传统或智能控制方法合成,构成复合的、更加强大的控制器。

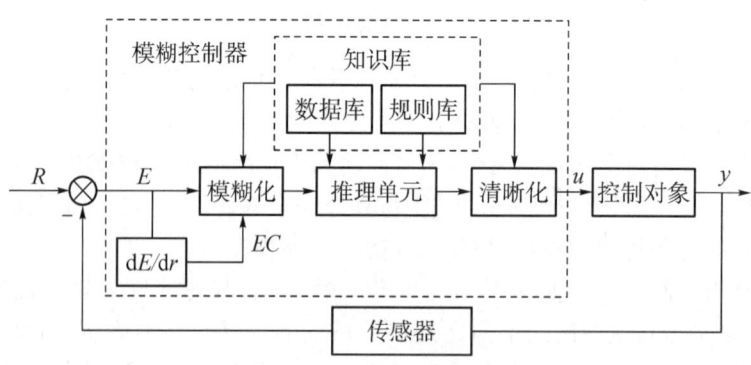

图 5-16 模糊控制器框图

由此可见模糊控制器具有逻辑推理能力,只要建立较好的专家知识库,就能取得较好的控制效果。但是在机器人控制中,一般不能直接用模糊控制直接给出控制力矩,常常结合其他控制方式,模糊控制主要用来调整其他控制方式的控制参数。例如,PID 参数、变结构的系数矩阵等。

3. 自适应控制

当机器人的工作环境及工作目标的性质和特征在工作过程中随时间发生变化时,控制系统的特性具有未知性。这种未知因素和不确定性,将使控制系统的性能变差,不能满足控制要求。采用一般反馈技术或顺馈补偿方式也不能很好地解决这类问题。要解决上述问题,要求控制器能在运行过程中不断测量被控对象的特性,并根据当前系统特性,使系统能够自动地按闭环控制方式实现最优控制。这也是机器人控制发展的方向之一。

自适应控制器具有感觉装置,能够在不完全确定和局部变化的环境中保持与环境的自动适应,并以各种搜索与自动导引方式执行不同的操作。自适应控制器主要有两种结构,即模型参考自适应控制和自校正控制。现有的机器人自适应控制系统基本上都是应用这些方法建立的。

(1) 模型参考自适应控制

模型参考自适应控制系统一般由四个部分组成:被控对象、控制器、目标模型以及自适应机构。它们通过双环的形式进行作用,一般称为内环和外环。控制器和被控对象组成可以调节的内环,而对象模型和自适应机构构成外环。它们既有独立性又有协同性,分别起作用以达到控制的要求。

与一般反馈、补偿及最优控制相比,模型参考自适应控制在它们的基础上做了一定的改进,常规控制系统的机构也是具有的,只是在此基础上添加了参考模型以及控制器自身参数调节回路。这就保证了由于被控目标自身特性发生变化或是外界扰动过大产生的控制误差能够被实时监测和控制。参考模型也会不断优化和精确,受控目标的输出与参考模型的输出也会越来越吻合,即与人们期望的输出相一致。这就是此种控制的基本方式和原理。机器人的模型参考自适应控制结构如图 5-17(a)所示。

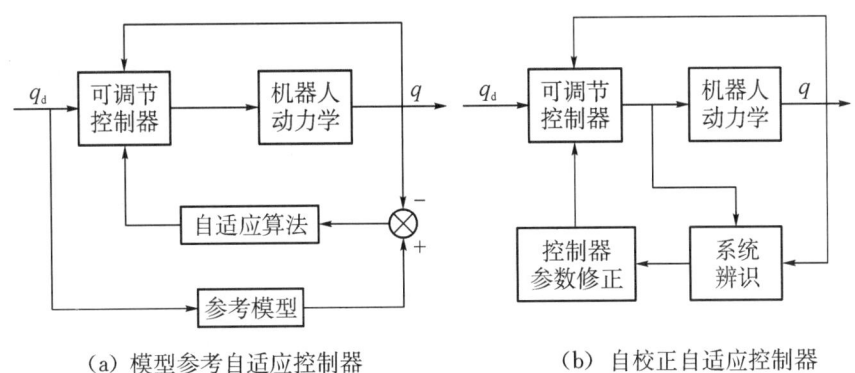

(a) 模型参考自适应控制器　　　　(b) 自校正自适应控制器

图 5-17　机器人的自适应控制结构图

(2) 自校正控制

自校正控制和模型与自适应控制相似,都是双环结构。自校正控制的外环由参数估计器和控制器设计计算机构组成,而其内环和模型与自适应控制系统有一样的构成,而且都是可调可变的,外环的差别仍然导致它们在控制原理上有不小的差别,这种差别将在控制过程中通过很多方式体现出来。自校正系统的基本控制原理是通过参数估计器接受受控对象的输入输出信息,同时也会对受控对象的参数进行估计,然后根据这些信息,设计一定的控制算法,通过控制器的作用,不断地实行最优化处理。自校正系统中的参数估计和控制算法设计是其控制过程中的关键,也是控制效果的主要决定因素。目前采用最多的估计为最小二乘法估计,以这种估计方法设计的控制器称为最小方差自校正控制器,这是由于它是按照最小方差的形式形成的控制作用,机器人的自校正控制结构如图 5-17(b)所示。

在以上几种非线性控制方法的基础之上,还有其他多种智能控制方法,如:鲁棒控制、模糊变结构控制、自适应变结构控制和模糊自适应控制等。

5.8　工业机器人控制系统工程实现

5.8.1　工业机器人控制体系结构

随着工业机器人技术以及智能控制技术的发展,机器人控制系统的功能和性能将会越来越完善。比如机器人的智能化程度较低的问题,响应速度不够快的问题,通用性和扩展性不够好的问题等。从目前的发展趋势来看,工业机器人控制技术将朝以下三个方面发展。

1. 开放性的体系结构

美国最早提出关于开放式控制器的研究。开放性的体系结构的目标是开发可以控制各种基于标准的自动化硬件平台和操作环境的机器人和工业自动化系统。开发适用于机器人控制的通用软件包,其应用范围从最底层的实时伺服控制,到智能传感器处理,到高层人机交互,涉及机器人控制的各个方面。

2. 总线控制方式

由于生产工厂环境复杂,为了减小信号在传输过程中的干扰,在现场总线设备间一般都采用数字信号进行通信。采用总线控制方式使得机器人各控制部件间可以进行稳定的连接,方便了安装和调试,提高了控制系统的可靠性。此外,采用总线控制方式,可以方便控制系统进行功能扩展。只要各个厂商的设备采用相同的总线协议,各个设备之间就可以实现互换或互联。目前国际上有 60 多种现场总线形式,常用的有 ProfiBus、DeviceNet、CAN、CANOpen、SyqNet、SERCOS 和 EtherCAT 等,这些同时也是进行多机器人网络化控制的基础。

3. 智能化和网络化

控制器的智能化和网络化同样是发展趋势,未来的工业机器人应该具有视觉、触觉,具有很强的人机交互能力和学习能力,因此需要控制器具有多传感器信息融合能力。同时,机器人之间可以任意组成网络,完成多机器人协调控制,进一步提高自动化和智能化程度。

5.8.2　工业机器人控制系统设计流程

工业机器人在完成机械本体设计的基础上,各关节执行器及其参数便已确定。进行控制系统设计需要考虑该机器人的控制体系结构、控制性能、传感器接口、外部设备 I/O 扩展接口、通信接口、数据管理、运动控制模块和人机交互模块等。从工业机器人控制系统的整体结构来看,控制系统设计包括软件部分和硬件部分,如图 5-18 所示。

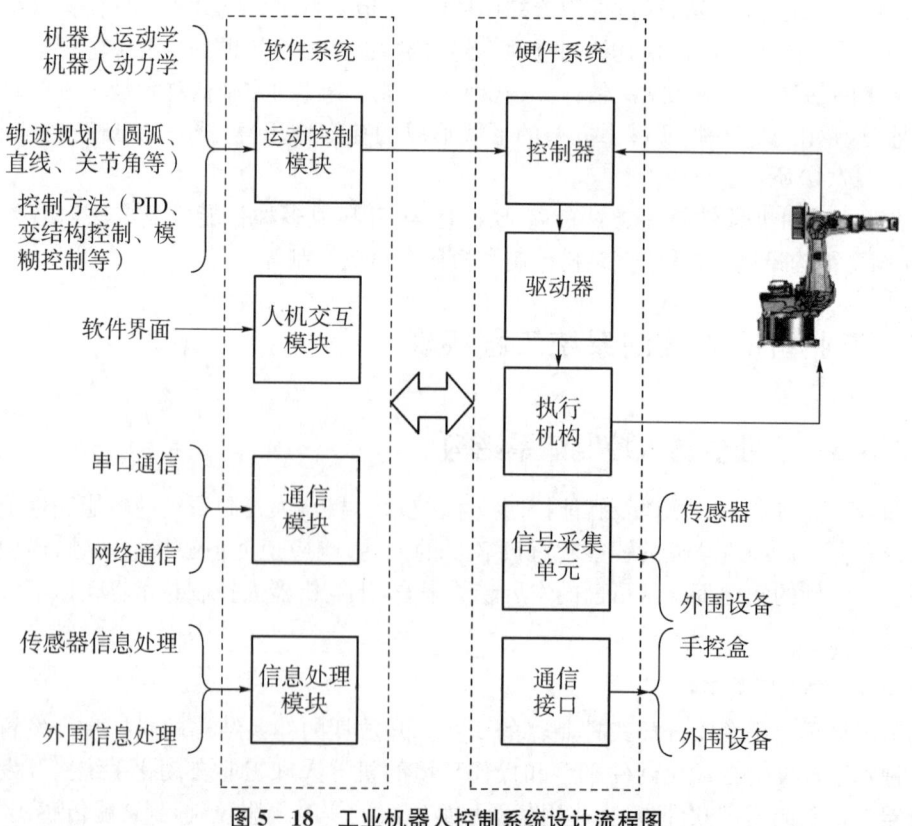

图 5-18　工业机器人控制系统设计流程图

工业机器人设计流程中的软件部分包括运动控制模块、人机交互模块、通信模块和信息处理模块。其中,运动控制模块主要完成机器人模型的建立,包括机器人运动学和机器人动力学模型,它们是机器人运动控制的基础。同时运动控制模块还要完成轨迹规划(机器人运动时的直线、圆弧、关节角及其他曲线的插补运算),还包括机器人的控制算法(PID、变结构控制、模糊控制等);人机交互模块主要完成机器人系统界面交互功能;通信模块包括串口通信协议和网络通信协议的编写;信息处理模块主要完成机器人与传感器及外部信息的交流和处理。工业机器人设计流程中的硬件部分包括控制器、驱动器、执行机构、信号采集单元、通信接口。其中,控制器、驱动器和执行机构是机器人运动控制的硬件部件;信号采集单元是传感器和外围设备的信号采集硬件接口;通信接口是和机器人手控盒及外围设备通信的硬件接口。

5.9 工业机器人操作系统

工业机器人操作系统是工业机器人控制系统的"软部分",实质上都是采用了嵌入式实时操作系统。

1. VxWorks

VxWorks 操作系统是一种嵌入式实时操作系统(RTOS),是 Tornado 嵌入式开发环境的关键组成部分。工业机器人是实时性要求极高的工业装备,ABB、KUKA 等均选用 VxWorks 作为主控制器操作系统。

2. Windows CE

Windows CE 是美国微软公司推出的嵌入式实时操作系统,与 Windows 系列有较好的兼容性。其丰富的开发资源对于在示教器等开发上具有较好的优势,如 ABB 等公司采用 Windows CE 开发示教器系统。

3. 嵌入式 Linux

由于其源代码公开,人们可以任意修改以满足自己的应用。其中大部分都遵从 GPL,是开放源代码并且是免费的,可以稍加修改后应用于用户自己的系统;有庞大的开发人员群体,无需专门的人才,只要懂 Unix/Linux 和 C 语言即可;支持的硬件数量庞大。众多中小型机器人公司和科研院所选择 Linux 作为机器人操作系统。

4. μC/OS-Ⅱ

是著名的源代码公开的实时内核,是专为嵌入式应用设计的,可用于 8 位、16 位和 32 位单片机或数字信号处理器(DSP)。它的主要特点是公开源代码、可移植性好、可固化、可裁剪性、占先式内核、可确定性等。该系统在教学机器人、服务机器人、工业机器人科研等领域得到较多的应用。

本控制系统以 Windows 操作系统为软件环境,利用面向对象的编程语言 VS 开发而成。

工业机器人的软件系统是一个多任务处理控制软件,由于控制系统硬件采用"PC 机+运动控制器"的主从分布式结构体系,在控制系统软件设计时,依据软件工程的思想进行总体设计。控制系统的软件结构如图 5-19 所示,包括四大模块:人机界面模块、代码编译模块、运动控制模块和辅助功能模块。

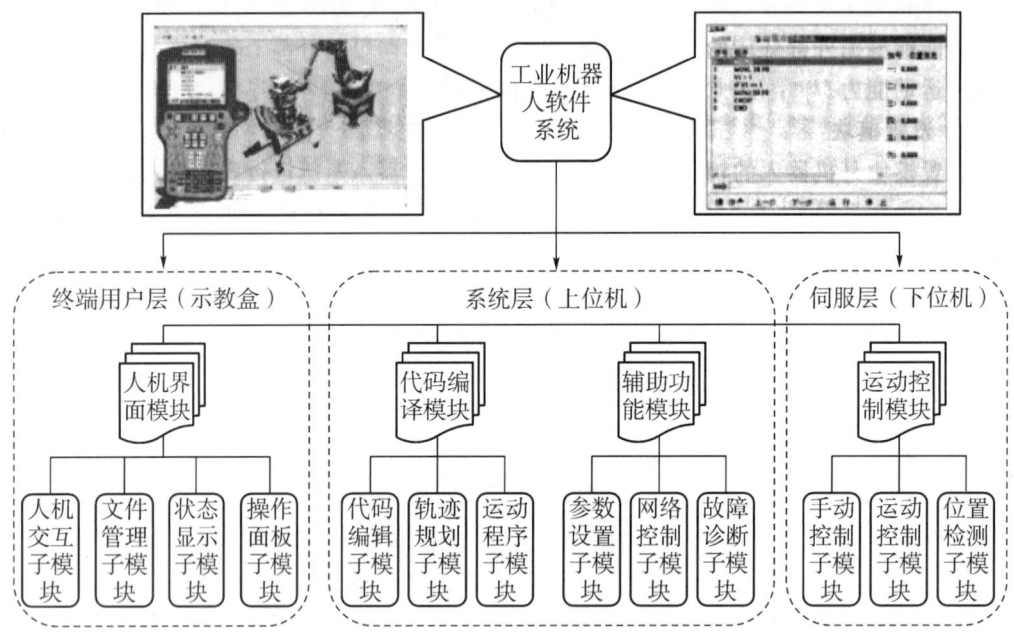

图 5-19 机器人控制器软件结构图

人机交互界面系统功能分为程序、数据、I/O、设置和运动五个部分。程序设计按 5 个功能模块进行设计,在每一模块下设计程序实现子模块功能。这样,设计的机器人软件各模块功能如下:

(1) 初始化模块

初始化模块是机器人启动时,需要进行预先设置的部分,包括系统设置、数据调入、端口设置和程序调入等。在初始化完毕后,机器人进入系统主界面,等待系统的外部指令。

(2) 数据模块

数据模块是机器人的位置变量和逻辑变量的管理部分。机器人在程序编写时需要进行相应的变量控制,包括逻辑变量的创建、赋值和判断,位置变量的创建、赋值等编辑和控制。

同时在机器人示教过程中,结合机器人的运动模块能够通过手控盒按键自动记录机器人的当前位置和姿态。

(3) 程序模块

程序模块是机器人启动完毕进入主界面后的操作模块,实现程序选择、新建、复制、删除、修改和程序内容编辑等功能。其中程序指令输入部分和程序编译部分是该模块的核心,前者完成机器人运动程序(运动指令、逻辑指令和端口操作指令)的编写和编辑;后者则对运动程序进行编译工作,把机器人语言翻译成系统硬件能够识别的指令语言,是软件的底层部分。

(4) I/O 模块

I/O 模块是机器人的外部端口管理部分,也是机器人能够在自动化设备中使用的一个重要因素。机器人不仅能够自身完成高性能的运动,还应该具有与外部环境进行交互的能力。

I/O 模块包括数字量输入输出和模拟量输入输出部分,在实际的机器人工作单元中,机器人应能够根据外部环境的变量特点进行信息交互,从而可与外部工作环境相融合,实现机器人的运动能力。

(5) 设置模块

设置模块是机器人的辅助管理部分,此部分可对机器人系统进行密码设置(不同用户密码管理)、坐标系设置(坐标系切换、用户坐标系创建、工具坐标系设置等)、语言切换、用户设置(用户创建、删除和用户登录)、报警设置和处理等功能。

(6) 运动模块

运动模块是机器人的运动控制模块,是机器人软件的核心部分。运动模块包括机器人的单关节运动和基础坐标系的多轴联动,其运动控制可由机器人的手控盒和程序控制。同时在运动模块可进行速度设置、运动坐标系切换和机器人归零位等控制功能。

5.10 工业机器人控制系统发展趋势

工业机器人控制系统作为机器人的一项关键技术,在提高机器人性能、降低机器人成本和引入新功能方面已取得许多进展。当今备受关注的发展趋势包括多机器人控制、安全控制和视觉伺服控制等。

1. 多机器人控制

在工业中采用多机器人控制的主要原因是使用机器人可以降低生产成本,另外,可以用一个控制器控制多个机器人,节省占地面积,提高避免碰撞性能,缩短循环时间。常见的例子是使用两个或更多个机器人焊接同一工作对象。汽车工业通过改善在普通车体上工作的机器人群体的协调性来减少点焊机器人的循环时间。在制造行业开发多机器人控制时,控制任务的难点是动态优化伺服参考时序、协调和不协调的机器人运动之间的平滑过渡、异常处理和故障恢复。当一组机器人在大型生产线上工作时,还存在如何在机器人之间以及机器人群体之间动态拆分任务的问题,以获得最佳生产力。为保证机器人安装的准确性,必须控制串联连接的运动链。所以,与单机器人相比,多机器人的伺服系统回路和机器人运动学、动力学模型会产生更大误差。因此,多机器人控制的发展方向是进一步提高运动学模型以及机器人伺服系统性能的精度。

2. 安全控制

机器应用中的安全控制也是一个发展方向。简单的方式是使用安全的软件限制来取代电气和机械工作范围限制,这使得配置机器人单元更方便和更快速;机器人单元的安全围栏也可以更有效地适应任务空间限制,这将节省机器人的占地面积。此外还有人和机器人之间的安全协作的新概念。这种协作的应用实例包括物料搬运、机器维护、部件转移和装配等。为了提高人机交互的安全水平,可以增加机器人硬件和软件监控的冗余性,例如双通道测量系统、故障安全总线和 I/O 系统等。人机安全协作的一个控制要求是如何利用已经在机器人控制器中实时运行的机器人模型获得足够灵敏的故障检测,而不会产生太多的虚假警报。例如,制动器和机器人监控功能必须进行循环测试。

3. 视觉伺服控制

和力控制一样,机器人视觉已经使用了很长时间,但在制造行业中没有大量应用。原因之一是在典型的车间环境中缺乏 3D 视觉系统的鲁棒性,机器人的视觉系统主要用于摄像机场景良好并且可以控制光线条件的场合。例如,输送机上物体的抓取和放置。目前市场上可用的 3D 视觉产品可以提高机器人视觉的鲁棒性,并且可以为提高材料处理、机器倾斜和组装中的灵活性开发系统解决方案。现在还可以利用 3D 视觉技术来校准工具、工件、夹具和其他机器人组件。在设计高性能视觉接口时,3D 视觉的发展与特征提取和其他计算机视觉问题有关。这些传感器类型有一种趋向全 3D 测量的趋势。在机器人携带的光学测量系统中也出现了同样的发展趋势,例如用于检查汽车车身和汽车子组件。从更长远的角度来看,3D 视觉技术可以进一步集成到机器人控制器中,并且从性能的角度来看,在机器人伺服回路中也可以使用 3D 视觉。

习 题

5-1 工业机器人的控制系统与普通控制系统相比有哪些特点?

5-2 工业机器人控制系统的主要功能有哪些?

5-3 示教编程方式有哪两类?各有什么特点?

5-4 工业机器人的控制方式按作业任务不同可分为哪些方式?

第6章 工业机器人的应用及维护

6.1 工业机器人的系统集成

6.1.1 工业机器人系统集成的基础

工业机器人系统集成是以工业机器人应用为核心的自动化集成系统。一般应用在自动化生产线行业,综合PLC、自动传送带、机器视觉、线性模组、数控机床等部件模块,实现某种特定功能的自动化上下料、分拣、缺陷检测等。

集成是将已有的部件、技术融合在一起,形成一个完备的系统完成某种特定的功能。

工业机器人系统集成是把工业机器人本体作为自动化生产线的某一个工位,将机器人控制软件、机器人应用软件、机器人周边设备综合在一起构成一个能够按照一定的流程应用于完成焊接、打磨、上下料、搬运等工业化生产的自动化系统。

系统的主要功能是实现生产线自动化生产加工、检测、装配等,提高产品质量和生产能力。机器人系统应用处于机器人产业链的下游应用端,为终端行业应用提供自动化生产解决方案,负责工业机器人应用二次开发和自动化配套设备的集成,是工业机器人自动化应用的重要环节。

工业机器人集成的自动化设备,可以部分替代传统自动化设备。当生产线产品需要更新换代或变更时,只需要重新编写机器人系统的程序和相关外围设备的程序,方便适应快速变更的自动化生产线,因此不需要重新大规模调整生产线,大大降低了投资成本并提高了生产效率。

6.1.2 工业机器人系统集成的步骤

工业机器人系统集成可以分解为:解读机器人工作任务、工业机器人选型、末端执行器的选择和设计、工艺辅助软件的选择和使用、外围设备的合理配套、外部控制系统的设计和选型、系统的电路与通信配置、系统的安装和调试等八个步骤。

1. 解读机器人工作任务

工业机器人工作任务是整个系统集成设计的核心问题和要求,所有的设计都必须围绕工作任务来完成,解读工作任务决定了工业机器人本体的选型、工艺辅助软件的选用、末端执行器的选用或设计、外部设备的配套以及外部控制系统的设计等。

2. 工业机器人选型

工业机器人是应用系统的核心元件,首先根据工艺要求,初步选定工业机器人的品牌,其次根据工作任务、操作对象等因素决定所需工业机器人的负载、最大运动范围等性能指标,确定工业机器人的型号,最后再详细考虑系统先进性、配套工艺软件、I/O 接口等问题。

3. 末端执行器的选择和设计

末端执行器是工业机器人进行工艺加工操作的执行元件,选用或设计末端执行器的根本依据是工作任务,只有正确合理地选用和设计末端执行器,才能和工业机器人配合发挥出末端执行器的操作,更好地完成加工工艺。

4. 工艺辅助软件的选择和使用

当工业机器人应用系统设计复杂工艺操作时,辅助技术人员用工艺辅助软件进行机器人工作路径规划、工艺参数管理和点位示教等操作,一般会与三维建模软件同时使用,综合考虑工作任务和选定的工业机器人来确定是否选用工艺软件。

5. 外围设备的合理配套

机器人本体是系统的执行者,在执行任务的过程中,需要其他的自动化设备提供辅助功能。比如:气动元件实现机器人末端执行机构的开合动作,传送带将物料传送到相应的工位,视觉系统和其他传感器分别识别工件位置、颜色等参数供机器人执行操作命令。一般情况是根据工作任务和加工工艺合理选择所需的外围设备。

6. 外部控制系统的设计和选型

根据前面几个步骤,综合考虑工作任务,初步选定外部控制系统的核心控制器。在充分考虑系统的先进性、安全性、可靠性、兼容性和扩充性的基础上,应尽可能采用成熟的器件与设计思路。

7. 系统的电路与通信配置

选定所有的硬件平台后,还需要给系统安装电路,为系统供电并控制器件动作,以及选用合适的通信方式实现器件之间的数据和信息传输。硬件之间的数据和信息传送是通过通信完成的,不同规模的系统集成,使用的通信方式也是不同的。

8. 系统的安装和调试

前面的各项步骤都完成后,可以进入系统的安装和调试阶段。在工业机器人应用系统的安装阶段,需要严格遵守施工规范,保证施工质量,调试时应尽量考虑各种使用情况,尽可能提早发现问题并反馈,不论是安装还是调试,安全问题都是重中之重,必须符合安全操作规范。

机器人系统集成的设计步骤可以总结为根据客户要求确定设备的功能、设计方案,进行技术设计,包括关键零部件的选型以及设备原理图的设计和绘制,最后加工和试制设备,以及进行系统的编程调试,当设备达到预定的功能后进行交付和量产,具体流程如图 6-1 所示。

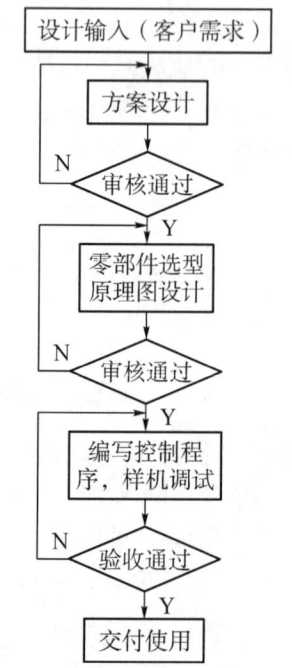

图 6-1 机器人系统集成的设计步骤流程

6.1.3 工业机器人系统集成的实施

1. 机械系统模块设计

（1）机器人选型

市面上机器人形式多样、种类繁多，使用场景广泛，要做到正确选用机器人，必须深入解读机器人的工作任务，了解机器人的性能指标和应用场景。可以根据机器人的性能指标和工作任务的要求选择合适的机器人。

（2）末端执行器设计

末端执行器是直接执行工作任务的装置，它对增强机器人的作业功能、扩大应用范围和提高工作效率都有很大的作用，因此系统地研究末端执行器有着重要的意义。

被操作工件的物理特征决定了末端执行器的操作参数，工件的特征又同操作参数一起决定了末端执行器的选择和设计。

2. 工件检测模块设计

工件检测模块设计主要包括视觉系统设计和输送模块设计。

（1）视觉系统设计

视觉系统是用机器人来代替人眼做测量和判断，极大减轻了人工检测的难度和强度，提高了产品的检测质量和速度，同时有利于系统信息的集成。一般视觉系统由光源、镜头、相机、图像采集卡和视觉处理器组成。视觉系统先将被摄取目标转换成图像信号，再将图像信号转变为数字信号，然后对这些信号进行各种运算，抽取目标的特征，最后根据判别的结果来控制现场设备动作。

（2）输送模块设计

电动机的主要功能是执行机构产生特定的动作，根据用途可以将电动机分为驱动电动机和控制电动机两类。

驱动电动机主要为设备提供动力，对位置精度的控制能力较低，主要用于电动工具、家电产品以及通用的小型机械设备等。

控制电动机不仅提供动力，而且能够精确控制电动机的驱动参数等，如位置、速度、加速度等，它一般分为步进电动机和伺服电动机两类。

按照电动机所驱动的机构特性如电动机的输出转动惯量大小、机构的配置方式、效率和摩擦力矩等选择确定电动机型号。

在机器人系统集成中，只有工件到达指定位置的定位精度较高时，机器人才能对工件进行重复操作，在某些工艺中需要控制工件受到的力矩。确定驱动机构特性之后，需要计算出负载惯量以及希望的旋转加速度，才能推算出加/减速需要的转矩，由机构安装形式及摩擦力矩推算出匀速运动时的负载转矩，然后推算停止运动时的保持转矩，最后根据转矩选择合适的电动机。

3. 控制系统模块设计

主要包括气动系统设计、外部传感器选型和PLC选型。

气动系统是工业机器人系统中的辅助系统，通常用于末端执行器的动作和其他辅助设备的动作等。气动系统是利用空气压缩机将电动机或者其他原动机输出的机械能变为空气的压力能,然后在控制元件的控制和辅助元件的配合下,通过执行元件把空气的压力能转变为机械能,从而完成直线或回转运动并对外做功。

传感器是一种检测装置,能够感受到被测量的信息,并将感受到的信息按照一定的规律变换成为电信号或者其他所需形式的信息输出,以满足信息的传输、处理、存储、显示、记录和控制等要求,一般有位置传感器、力矩传感器、视觉传感器等。位置传感器有接触式和非接触式传感器,比如行程开关、光电传感器、霍尔传感器等。力矩传感器有应变片力矩传感器、相位差式转矩转速传感器等。视觉传感器模拟人眼去完成观测位置、分拣等功能。

传感器主要根据所测量的物理量、使用条件、灵敏度、量程等进行选择,一般按照如下步骤进行:确定要测量的物理量;确定传感器的使用条件(环境,测量时间,与显示器之间的信号传输距离,与外设的连接方式等);还需要考虑传感器的静态特性比如灵敏度、线性范围、精确度等。

PLC 以其结构紧凑、应用灵活、功能完善、操作方便、可靠性高、价格低等优点,广泛应用于自动化控制系统中,已成为分布式控制系统的主流工业控制系统。对不同工业需求,应当选择合适的 PLC,通常包括应用行业选择,根据应用环境选择合适的 PLC、根据性能要求选择 PLC 和根据系统安全性选择 PLC。

4. 工作站系统集成

(1) 电气电路设计

主要包括供电电路设计和控制电路设计。

供电电路为整个系统提供电力,包括对机器人控制柜的供电,对电动机的供电,对控制电路的供电,以及对指示系统电源是否接通的指示灯供电。此外,还需要留有电气插座为其他电气元件供电。

控制电路为每一个需要控制的元件都分配了触点用于实现相应的功能,而工作站中需要控制的元件分别有按钮、电动机、传感器、机器人、视觉系统等。

(2) PLC 与外部设备的数据交互

PLC 与外部设备的数据交互包括:传感器与 PLC 的数据交互,按钮与 PLC 的数据交互,人机交互界面与 PLC 的数据交互、机器人与 PLC 的数据交互等。

传感器与 PLC 的数据交互:传感器用于检测与反馈物料形状、颜色、位置等信息,需要通过 PLC 进行协调控制与监控。

按钮与 PLC 的数据交互:保证工作站的安全工作,设置了启动、停止、急停和复位按钮。

工作站中人机交互界面:主要是触控屏与计算机,实现与 PLC 的通信,其功能主要是为了调试过程中监视程序的运行状态。

机器人与 PLC 的数据交互:如 PLC 与机器人之间通过 I/O 端子台转换板连接,实现并行通信。

(3) 工作站程序设计

主要包括机器人系统 PLC 编程和工作站程序设计。

程序设计的质量直接影响设备的运行效果。在程序设计中需要根据工作的需要确定设备的输入和输出。然后运用适当的设计方法,编写实现操作功能的运行程序。

一般包括经验设计法、程序控制设计法和 PLC 逻辑代数设计法。

6.2 认识工业机器人工作站

工业机器人是一台具有若干个自由度的机电装置,孤立的一台机器人在生产中没有任何应用价值,只有根据作业任务、工作形式、质量和大小等工艺因素,给机器人配以相适应的辅助机械装置等周边设备,机器人才能成为实用的加工设备。

6.2.1 工业机器人工作站的组成

工业机器人工作站是指使用一台或多台机器人,配以相应的周边设备,用于完成某一特定工序作业的独立生产系统,可以称为机器人工作单元。它主要由工业机器人及其控制系统、辅助设备以及其他周边设备所构成。

工业机器人工作站是以工业机器人作为加工主体的作业系统。由于工业机器人具有可再编程的特点,当加工产品更换时,可以对机器人的作业程序进行重新编写,从而达到系统柔顺要求。

然而,工业机器人只是整个作业系统的一部分,作业系统包括工装、变位器、辅助设备等周边设备,应该对它们进行系统集成,使之构成一个有机整体,才能完成任务,满足生产需求。

工业机器人工作站系统集成一般包括硬件和软件两个方面。硬件集成需要根据需求对各个设备接口进行统一定义,以满足通信要求;软件集成则需要对整个系统的信息流进行综合,然后再控制各个设备按流程运转。

6.2.2 工业机器人工作站的特点

1. 技术先进

工业机器人集精密化、柔性化、智能化、软件应用开发等先进制造技术于一体,通过以过程实施检测、控制、优化、调度、管理和决策,实现增加产量、提高质量、降低成本、减少资源消耗和环境污染为目的,是工业自动化水平的最高体现。

2. 技术升级

工业机器人与自动化成套装备具有精细制造、精细加工以及柔性生产等技术特点,是继动力机械、计算机之后出现的全面延伸人的体力和智力的新一代生产工具,是实现生产数字化、自动化、网络化以及智能化的重要手段。

3. 应用领域广泛

工业机器人与自动化成套设备是生产过程的关键设备,可用于制造、安装、检测、物流等生产环节,并广泛应用于汽车整车及汽车零部件、工程机械、轨道交通、低压电器、电力、IC装备、军工、烟草、金融、医药、冶金及印刷出版等行业。

4. 技术综合性强

工业机器人与自动化成套技术集中并融合了多项学科,涉及多项技术领域,包括工业机器人控制技术、机器人动力学及仿真、机器人构建有限元分析、激光加工技术、模块化程序设计、智能测量、建模加工一体化、工厂自动化以及精细物流等先进制造技术,技术综合性强。

6.2.3 工业机器人工作站的一般设计原则

1. 作业顺序和工艺要求

包括加工的工艺要求、技术指标和加工的作业顺序。

2. 工作站的功能要求和环境条件

包括足够的负荷能力、足够大的作业范围、足够多的自由度等。

3. 工作站对生产节拍的要求

包括每个作业工序的作业时间和上下工序的衔接。

4. 安全规范及标准

在工作站的设计过程中,要充分考虑作业危险性,预测可能的风险。

此外,为了设备便于维护和联网控制,还须设置必要的故障显示和报警装置等。

6.3 工业机器人的应用

6.3.1 搬运机器人

1. 搬运机器人的特点

搬运机器人是可以进行自动化搬运作业的工业机器人。1960年左右尤尼梅特公司(Unimation)和美国机械与铸造公司(American Machine & Foundry,AMF)分别推出"沃萨特兰(Versatran)"和"Unimate"两种最早的工业机器人,其首次用于多用途搬运作业。搬运作业是指用一种设备握持工件,从一个加工位置移到另一个加工位置。搬运机器人可安装不同的末端执行器以完成各种不同形状和状态的工件搬运工作,大大减轻了人类繁重的体力劳动。世界上使用的搬运机器人逾10万台,被广泛应用于机床上下料、冲压机自动化生产线、自动装配流水线、码垛搬运、集装箱等的自动搬运。部分发达国家已制定出人工搬运的最大限度,超过限度的必须由搬运机器人来完成。

搬运机器人是近代自动控制领域出现的一项高新技术,涉及力学、机械学、电器液压气压技术、自动控制技术、传感器技术、单片机技术和计算机技术等学科领域,已成为现代机械制造生产体系中的一项重要组成部分。它的优点是可以通过编程完成各种预期的任务,在自身结构和性能上有了人和机器的各自优势,尤其体现出了人工智能和适应性。搬运机器人的主要优点如下:

① 动作稳定,提高搬运准确性。
② 提高生产效率,解放繁重体力劳动,实现"无人"或"少人"生产。
③ 改善工人劳作条件,摆脱有毒、有害环境。
④ 柔性高、适应性强,可实现多形状、不规则物料搬运。
⑤ 定位准确,保证批量一致性。
⑥ 降低制造成本,提高生产效益。

搬运机器人的特点有:
(1) 工作站设计结构紧凑

结构简单、零部件少。因此零部件的故障率低、性能可靠、保养维修简单、所需库存零部件少。设计使搬运机器人的荷重高,并使其在物料搬运、上下料以及弧焊应用中的工作范围得到最优化。具有同类产品中最高的精确度及加速度,可确保高产量及低废品率,从而提高生产率。

(2) 可靠性与经济性兼顾

当客户产品的尺寸、体积、形状及托盘的外形尺寸发生变化时只需在触摸屏上稍做修改即可,不会影响客户的正常生产。结构坚固耐用,例行维护间隔时间长。机器人采用具有良好平衡性的双轴承关节钢臂,第 2 轴配备扭力撑杆,并装备免维护的齿轮箱和电缆,达到了极高的可靠性。为确保运行的经济性,传动系统采用优化设计,实现了低功耗和高转矩的兼顾。

(3) 具备多种通信方式

具备串口、网络接口、PLC、远程 I/O 和现场总线接口等多种通信方式,能够方便地实现与小型制造工位及大型工厂自动化系统的集成,为设备集成铺平道路。

(4) 缩短节拍时间

所有工艺管线均内嵌于机器人手臂,大幅降低了因干扰和磨损导致停机的风险。这种集成式设计还能确保运行加速度始终无条件保持最大化,从而显著缩短节拍时间,增强生产可靠性。

(5) 加快编程进度

中空臂技术进一步增强了离线编程的便利性。管线运动可控且易于预测,使编程和模拟能如实预演机器人系统的运行状态,大幅缩短程序调试时间,加快投产进度。编程时间从头至尾最多可节省 90%。

(6) 提高生产能力和利用率

拥有大作业范围,因此一个机器人能够在一个机器人单元或多个单元内对多个站点进行操作。该型机器人除能够进行"基本"物料搬运之外,还能完成增值作业任务,这一点有助于提高机器人的利用率。因此,生产能力和利用率可以同时得到提高,并减少投资。

(7) 降低投资成本

能耗低。通常搬运机器人的功率在 26 kW 左右,大大降低了客户的运行成本。所有管线均采用妥善的紧固和保护措施,不仅减小了运行时的摆幅,还能有效防止焊接飞溅物和切削液的侵蚀,显著延长了使用寿命。其采购和更换成本最多可降低 75%,还可每年减少多达三次的停产检修。

(8) 节省空间

占地面积少,设计紧凑,无松弛管线。有利于客户厂房中生产线的布置,并可留出较大的库房面积。搬运机器人在狭窄的空间也可有效地使用。在物料搬运和上下料作业中,机器人能更加靠近所配套的机械设备。在弧焊应用中,上述设计优势可降低与其他机器人发生干扰的风险,为高密度、高产能作业创造了有利条件。

(9) 高能力和高人员安全标准

在设备管理应用环境下,它可以提供比传统解决方案更为理想的操作。该型机器人可以从顶部和侧面到达机器。此外,顶架安装的机器人能够从机器正面到达机器,以进行维护作业、小规模搬运和快速切换等工作。由于在手动操作机器时机器人不在现场,因此可以提高人员安全性。

(10) 灵活的安装方式

安装方式包括落地安装、斜置安装、壁挂安装、倒置安装以及支架安装,有助于减少占地面积以及增加设备的有效应用,其中壁挂式安装的表现尤为显著。这些特点使工作站的设计更具创意,并且优化了各种工业领域。

2. 搬运机器人的分类

搬运机器人主要负责运输、搬运、码垛、机床上下料等作业。其中还能分为不可移动搬运机器人和自主移动搬运机器人。因此,从结构形式上看,搬运机器人可分为龙门式搬运机器人、悬臂式搬运机器人、侧壁式搬运机器人、摆臂式搬运机器人和关节式搬运机器人。

(1) 龙门式搬运机器人

龙门式搬运机器人的坐标系主要由 X 轴、Y 轴和 Z 轴组成。多采用模块化结构,可依据负载位置、大小等选择对应直线运动单元及组合结构形式(在移动轴上添加旋转轴便可成为四轴或五轴搬运机器人)。其结构形式决定其负载能力,可实现大物料、重吨位搬运。该机器人采用直角坐标系,编程方便快捷,广泛运用于生产线转运及机床上下料等大批量生产过程,如图 6-2 所示。

(2) 悬臂式搬运机器人

悬臂式搬运机器人的坐标系主要由 X 轴、Y 轴和 Z 轴组成。其可随不同的应用采取相应的结构形式(在 Z 轴的下端添加旋转或摆动就可以延伸成为四轴或五轴搬运机器人)。此类机器人,多数结构为 Z 轴随 Y 轴移动,但有时针对特定的场合,Y 轴也可在 X 轴下方,方便进入设备内部进行搬运作业。广泛用于卧式机床、立式机床及特定机床内部和冲压机热处理机床自动上下料,如图 6-3 所示。

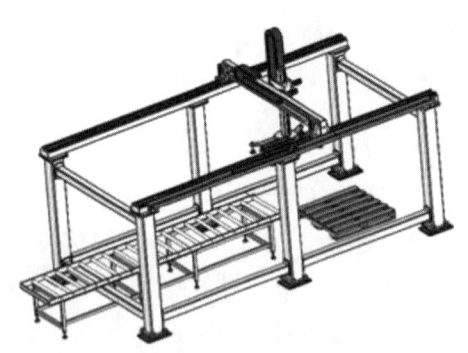

图 6-2 龙门式搬运机器人

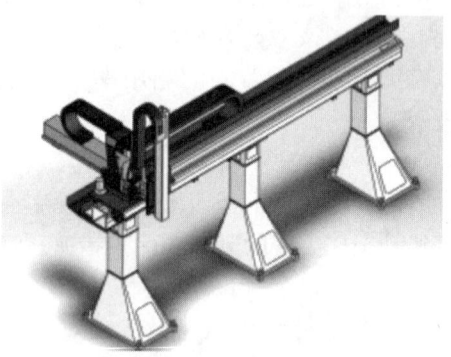

图 6-3 悬臂式搬运机器人

(3) 侧壁式搬运机器人

侧壁式搬运机器人的坐标系主要由 X 轴、Y 轴和 Z 轴组成。其可随不同的应用采取相应的结构形式(在 Z 轴的下端添加旋转或摆动就可以延伸成为四轴或五轴搬运机器人)。此类机器人专用性强,主要运用于立体库类,如档案自动存取、全自动银行保管箱存取和药房药品自动存取系统等。图 6-4 所示为侧壁式搬运机器人在医院药房药品自动存取工作。

图 6-4 侧壁式搬运机器人

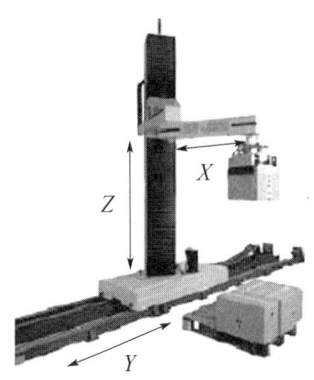

图 6-5 摆臂式搬运机器人

(4) 摆臂式搬运机器人

摆臂式搬运机器人的坐标系主要由 X 轴、Y 轴和 Z 轴组成。Z 轴主要是升降,也称为主轴。Y 轴的移动主要通过外加滑轨,X 轴末端连接控制器,其绕 X 轴转动,实现四轴联动。此类机器人具有较高的强度或稳定性,广泛应用于国内外生产厂家,是关节式机器人的理想替代品,但其负载程度相对于关节式机器人小。图 6-5 所示为摆臂式搬运机器人进行箱体搬运。

(5) 关节式搬运机器人

关节式搬运机器人是当今工业产业中常见的机型之一,其拥有 5~6 个轴,行为动作类似于人的手臂,具有结构紧凑、占地空间小、相对工作空间大、自由度高等特点,适合于任何轨迹或角度的工作。采用标准关节机器人配合供料装置,就可以组成一个自动化加工单元。一个机器人可以服务于多种类型加工设备的上下料,从而节省自动化的成本。由于采用关节机器人单元,自动化单元的设计制造周期短、柔性大,产品换型转换方便,甚至可以实现较大变化的产品形状的换型要求。有的关节型机器人可以内置视觉系统,对于一些特殊的产品,还可以

图 6-6 关节式搬运机器人

通过增加视觉识别装置对工件的放置位置、相位、正反面等进行自动识别和判断,并根据结果进行相应的动作,实现智能化的自动化生产,同时可以让机器人在装夹工件之余,进行工件的清洗、吹干、检验和去毛刺等作业,大大提高了机器人的利用率。关节机器人可以落地安装、天吊安装或者安装在轨道上服务更多的加工设备。例如 FANUC 的 R-1000iA、R-2000iB 等机器人可用于冲压薄板材的搬运,而 ABB 的 IRB140、IRB6660 等多用于热锻机床之间的搬运,图 6-6 所示为 FANUC R-2000iC125L 关节可运动机器人模型。

综上所述，龙门式搬运机器人、悬臂式搬运机器人、侧壁式搬运机器人、摆臂式搬运机器人均在直角坐标系下作业，其工作的行为方式主要是通过完成沿着 X、Y、Z 轴上的线性运动，无法满足对放置位置、相位等有特别要求的工件上下料需要。同时如果采用直角式(桁架式)机器人上下料，则对厂房高度有一定的要求且机床设备需"一"字并列排序。

3. 搬运机器人工作站系统

搬运机器人在执行任务时，是在其本体上添加末端执行器(即手部)进行的。因此，搬运机器人包括相应附属装置及周边设备形成一个完整系统。以关节式搬运机器人为例，其工作站主要由操作机、控制系统、搬运系统(气体发生装置、真空发生装置和末端执行器等)和安全保护装置组成，操作者可通过示教盒和操作面板进行搬运机器人运动位置和动作程序的示教，设定运动速度、搬运参数等。

(1) 操作机

关节式搬运机器人常见的本体一般为 4~6 轴，分别如图 6-7(a)、(b)、(c)所示。搬运机器人本体在结构设计上与其他关节式工业机器人本体类似，在负载较小时两者本体可以互换，但负载较大时搬运机器人本体通常会有附加连杆，其依附于轴形成平行四连杆机构，起到支撑整体和稳固末端的作用，且不因臂展伸缩而产生变化。六轴搬运机器人本体部分具有回转、抬臂、前伸、手腕旋转、手腕弯曲和手腕扭转 6 个独立旋转关节，多数情况下五轴搬运机器人略去手腕旋转这一关节运动，四轴搬运机器人则是略去了手腕旋转和手腕弯曲这两个关节运动。

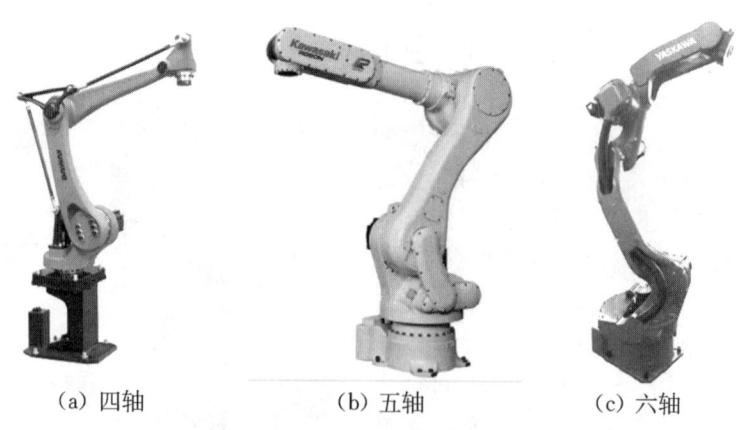

(a) 四轴　　　　　(b) 五轴　　　　　(c) 六轴

图 6-7　关节式搬运机器人本体

(2) 控制系统

搬运机器人控制系统包含本体控制和搬运控制两部分，其中本体控制主要用于机器人本体的运动控制；搬运控制主要负责对工件搬运的控制。

(3) 搬运系统

搬运系统主要包括真空发生装置、气体发生装置、液压发生装置等，均为标准件。一般的真空发生装置和气体发生装置均可满足吸盘和气动夹钳所需动力，企业常用空气控压站对整个车间提供压缩空气和抽真空；液压发生装置的动力元件(电动机、液压泵等)布置在搬运机器人周围，执行元件(液压缸)与夹钳一体，需安装在搬运机器人末端法兰上，与气动夹钳相类似。

(4) 机器人末端执行器

搬运机器人的末端执行器是夹持工件移动的一种夹具,也称为机器人的手部。同人类的手部相类似,机器人的手装在机器人的腕部上,直接抓握工件、工具或执行作业的部件,是完成抓握工件或执行特定作业的重要部件。

(5) 搬运机器人的周边设备

搬运机器人为完成各项搬运工作,除需要搬运机器人(机器人和搬运设备)以外,其工作站还需要一些辅助的周边设备。同时,为了节约生产空间,合理的机器人工位布局尤为重要。

① 周边设备

目前,常见的搬运机器人辅助装置有增加移动范围的滑移平台、合适的搬运系统装置和安全保护装置等。

对于某些搬运场合,由于搬运空间大,搬运机器人的末端工具无法到达指定的搬运位置或姿态,此时可通过外部轴的办法来增加机器人的自由度。其中增加滑移平台是搬运机器人增加自由度最常用的方法,其可安装在地面上,如图6-8所示,也可以安装在龙门框架上,如图6-9所示。

图6-8 地面安装机器人平台

图6-9 龙门架安装机器人平台

② 工位布局

由搬运机器人组成的加工单元或柔性化生产,可完全代替人工实现物料自动搬运,因此搬运机器人工作站布局是否合理将直接影响搬运速率和生产节拍。根据车间场地面积,在有利于提高生产节拍的前提下,搬运机器人工作站可采用L形、环状、"品"字形、"一"字形等布局。

　　a. L形布局。将搬运机器人安装在龙门架上,使其行走在机床上方,可大幅度节约地面资源。

　　b. 环状布局。环状布局又称"岛式加工单元"。以关节式搬运机器人为中心,机床围绕其周围形成环状,进行工件搬运加工,可提高生产效率、节约空间,适合小空间厂房作业。

　　c. "一"字形布局。机器人通常要求设备成"一字"形排列,对厂房高度、长度具有一定要求,因其工作运动方式为直线编程,故很难满足对放置位置、相位等有特别要求工件的上下料作业需要。

6.3.2 焊接机器人

1. 焊接机器人的特点

焊接机器人是从事焊接(包括切割与喷涂)的工业机器人。根据国际标准化组织(ISO)工业机器人属于标准焊接机器人的定义,工业机器人是一种多用途的、可重复编程的自动控制操作机,具有三个或更多可编程的轴,用于工业自动化领域。为了适应不同的用途,机器人最后一个轴的机械接口,通常是一个连接法兰,可接装不同工具(或称末端执行器)。焊接机器人就是在工业机器人的末端法兰装接焊钳或焊(割)枪的,使之能进行焊接、切割或热喷涂。

焊接工作首先要求焊工具有熟练的操作技能、丰富的实践经验和稳定的焊接水平等综合素质水平。此外,焊接环境较为恶劣,如劳动环境差、灰尘多、辐射大、危险性强等,工人焊接存在一定难度。焊接机器人的出现有效地解决了这个问题。焊接机器人可以代替人工独立完成焊接工作,在保证焊接质量与效率的同时,还可以完成许多焊工难以完成的工作,且危险性低。

随着科技水平的发展,焊接机器人的技术水平、控制速度、控制精度和可靠度都不断提高,其应用也越来越广泛。焊接机器人可以提高产品设备的自动化水平,提升劳动效率和生产力,提高产品质量,节省人力成本,提升企业的核心竞争力。

随着电子技术、计算机技术、数控及机器人技术的发展,自动焊接机器人从20世纪60年代开始用于生产以来,其技术已日益成熟。目前,焊接机器人基本具备智能控制系统,可以稳定焊接质量,提高焊接效率,实现焊缝的智能填充。焊接机器人的特点有:

① 焊接机器人可以实现连续工作,每天可无休止地进行生产,工作效率是传统焊接的2~3倍,把工人从高强度的焊接作业中解放出来,提高了企业的生产效率。

② 焊接机器人对焊接精度要求相对较高,通过控制系统下达指令,可根据焊缝的规格和焊枪与焊件之间的距离设置焊接参数,可以控制焊枪对焊缝进行精确焊接,下放刚刚好的焊材进行填充,焊缝美观且牢固,并且将焊接质量以数值的形式反映出来。

③ 改善工人的劳动强度和降低工人的操作技术要求。

④ 可在特殊环境中工作,焊接机器人既可在辐射大、危险性环境中工作,也可在空间站建设、核电站维修、深水焊接等极限环境中代替焊工完成相应的焊接工作。

⑤ 缩短了产品改型换代的准备周期,减少相应的设备投资。

⑥ 可实现小批量产品的焊接自动化。

⑦ 为焊接柔性生产线提供技术基础。

2. 焊接机器人的分类

焊接机器人主要包括机器人和焊接装备两部分。机器人由机器人本体和控制柜(硬件及软件)组成。而焊接装备,以弧焊及点焊为例,则由焊接电源(包括其控制系统)、送丝机(弧焊)、焊枪(钳)等部分组成。对于智能机器人还应有传感系统,如激光或摄像传感器及其控制装置等。

焊接机器人的分类方式有三种:按照性能、技术参数分类,按照焊接工艺分类以及按照编程方式分类。

按照性能、技术参数分类可分为超大型焊接机器人、大型焊接机器人、中型焊接机器人、小型焊接机器人、超小型焊接机器人这五种,根据可焊工件的范围不同,其技术指标也是不同的,用户可以根据自身的需求进行选择。

按照焊接工艺分类可分为点焊机器人、弧焊机器人、搅拌摩擦焊机器人、激光焊接机器人等。弧焊机器人通过系统设置参数进行自动化焊接,由计算机控制轨道运行和点位的焊接,在焊接作业中可以通过焊缝的规格实现自动焊接,弧焊机器人具有高稳定性、高效率焊接的特点,可以长期进行焊接作业,减轻工人的劳动强度,提高企业的生产效率;点焊机器人是用于点焊自动作业的机器设备,被广泛应用于薄板材料的焊接,一般具有6个自由度,灵活性比较好,能够做到精确焊接,实现点到焊件的精确定位。

按照编程方式分类可分为示教再现型焊接机器人、离线编程型焊接机器人和自主编程型焊接机器人。示教再现型焊接机器人由操作者将完成某项作业所需的运动轨迹、运动速度、触发条件、作业顺序等信息通过直接或间接的方式对机器人进行"示教",由记忆单元将示教过程进行记录,焊接机器人重复再现被示教的内容;离线编程型焊接机器人具备一定的智能性,通过传感器对环境进行一定程度的感知,并根据感知到的信息对机器人作业内容进行适当的反馈控制,具备多种智能化功能;自主编程型焊接机器人除了具有一定的感知能力外,还具有一定的决策和规划能力,能够利用计算机处理传感结果并对焊接任务进行规划。

市场中常见的是点焊机器人和弧焊机器人,以下仅针对这两种进行介绍。

(1) 点焊机器人

点焊机器人是用于点焊自动作业的工业机器人,其末端持握的工具是点焊作业用的焊钳。点焊机器人应用最多的领域应当属汽车车身的自动装配车间。

点焊对焊接机器人的要求不是很高。因为点焊只需点位控制,至于焊钳在点与点之间的移动轨迹没有严格要求,这也是机器人最早只能用于点焊的原因。点焊机器人不仅要有足够的负载能力,而且在点与点之间移位时速度要快捷,动作要平稳,定位要准确,以减少移位的时间,提高工作效率。点焊机器人需要有多大的负载能力,取决于所用的焊钳形式。一般来说,装配一台汽车车体需要完成 3 000~5 000 个焊点,其中约 60% 的焊点是由机器人完成。

点焊机器人在设计之初仅用于在已经拼接好的工件上增加焊点,即增强焊作业,而后,为保证工件之间拼接的精度,点焊机器人增加了定位焊的作业。现在,点焊机器人逐步完善更加全面的作业性能,已经成为汽车行业的支柱。

点焊机器人由于采用了一体化焊钳,焊接变压器装在焊钳后面,所以变压器的体积必须尽量小。对于容量较小的变压器可以用 50 Hz 工频交流电,而对于容量较大的变压器,已经开始采用逆变技术把 50 Hz 工频交流电变为 600~700 Hz 交流电,使变压器的体积减小、减轻。变压后可以直接用 600~700 Hz 交流电焊接,也可以再进行二次整流,用直流电焊接。点焊机器人的基本性能要求如下:

① 安装面积小,工作空间大。
② 快速完成小节距的多点定位(如每 0.3~0.4 s 移动 30~50 mm 节距后定位)。
③ 定位精度高(±0.25 mm),以确保焊接质量。
④ 持重大(50~150 kg),以方便携带内装变压器的焊钳。
⑤ 内存容量大,示教简单,节省工时。

⑥ 点焊速度与生产线速度相匹配,且安全可靠性好。

(2) 弧焊机器人

弧焊机器人是用于弧焊自动作业的工业机器人,其末端持握的工具是弧焊作业用的各种焊枪。弧焊机器人主要应用于各类汽车零部件的焊接生产,除此之外,也广泛应用于通用机械、金属结构等许多行业。最常用的范围是结构钢和铬镍钢的熔化极活性气体保护焊(CO_2 焊、MAG 焊)、铅及特殊合金熔化极惰性气体保护焊(MIG 焊)、铬镍钢和铅的惰性气体保护焊以及埋弧焊等。

弧焊过程比点焊过程要复杂得多,被焊工件由于局部加热熔化和冷却而产生变形,焊缝轨迹会发生变化。手工焊时,有经验的焊工可以根据眼睛所观察到的实际焊缝位置适时调整焊枪位置、姿态和行走速度,以适应焊缝轨迹的变化。然而,机器人要适应这种变化,必须首先像人一样要"看"到这种变化,然后采取相应的措施调整焊枪位置和姿态,以实现对焊缝的实时跟踪。由于弧焊过程伴有强烈弧光、烟尘、熔滴过渡不稳定从而引起焊丝短路、大电流强磁场等复杂环境因素,机器人要检测和识别焊缝所需要的特征信号的提取并不像其他加工制造过程那么容易。因此,焊接机器人的应用并不是一开始就用于电弧焊作业,而是伴随焊接传感器的开发及其在焊接机器人中的应用,使机器人弧焊作业的焊缝跟踪与控制问题得到有效解决。

弧焊机器人在作业过程中,焊枪应跟踪工件的焊道运动,并不断填充金属形成焊缝。因此为适应弧焊作业,对弧焊机器人的性能有着特殊的要求,包括弧焊机器人运动过程中速度的稳定性、轨迹精度两项重要指标。此外,焊枪的姿态对焊缝质量也有一定的影响。弧焊机器人基本性能要求如下:

① 运动过程中的焊接速度为 5~50 mm/s。
② 轨迹精度为 ±0.2~±0.5 mm。
③ 焊枪在跟踪焊道的同时,姿态可调范围尽量大。
④ 能够通过示教盒设定焊接条件(电流、电压、速度等)。
⑤ 摆动功能。
⑥ 坡口填充功能。
⑦ 焊接异常检测功能。
⑧ 焊接传感器接口功能,如焊接点检测、焊缝跟踪等。

3. 点焊机器人工作站系统

点焊机器人工作站包含点焊机器人系统和工件。其中,点焊机器人系统主要由操作机(机器人本体)、控制系统和点焊焊接系统三部分组成。为了适应灵活动作的工作要求,点焊机器人通常选用关节式工业机器人的基本设计,一般具有 6 个自由度:腰转、大臂转、小臂转、腕转、腕摆及腕捻。其驱动方式有液压驱动和电气驱动两种。其中电气驱动具有保养维修简便、能耗低、速度高、精度高、安全性好等优点,因此应用较为广泛。操作者可通过示教盒和操作面板进行点焊机器人运动位置和动作程序的示教,设定运动速度、点焊参数等。点焊机器人按照示教程序规定的动作、顺序和参数进行点焊作业,其过程是完全自动化的,并且具有与外部设备通信的接口,可以通过这一接口接收上一级主控与管理计算机的控制命令进行工作。

(1) 操作机

点焊机器人本体有落地式的垂直多关节型、悬挂式的垂直多关节型、直角坐标型和定位焊接用机器人。目前,主流机型为多用途的大型六轴垂直多关节机器人,其工作空间与安装面积之比大,持重多数为 100 kg 左右,且可以附加整机移动的自由度。

(2) 控制系统

点焊机器人控制系统包含本体控制和焊接控制两部分,其中本体控制主要用于机器人本体的运动控制,焊接控制主要负责对点焊控制器的控制。

(3) 点焊焊接系统

点焊焊接系统包含点焊控制器、焊钳及水、电、气等辅助部分。

① 点焊控制器通过微处理器及其外围电路构成的控制系统,设定焊接监控程序,输入焊接参数、控制焊接程序并进行焊接系统的故障诊断。供水系统包括冷却水循环装置、焊钳冷水管、焊钳回水管等,由于是低电压大电流焊接,产生的大量热量需要水冷。供电系统主要包括电源和机器人变压器,作用是为点焊机器人系统提供动力。供气系统包括气源、水气单元、焊钳进气管等。

② 点焊机器人的焊钳种类繁多,按外形结构可分为 C 型焊钳和 X 型焊钳,如图 6-10 和图 6-11 所示;按电极臂加压驱动方式,可分为气动焊钳和伺服焊钳,如图 6-12 和图 6-13 所示;按照阻焊变压器与焊钳的结构关系,可分为分离式焊钳、内藏式焊钳和一体式焊钳;按照焊钳的变压器形式,可分为中频焊钳和高频焊钳。

C 型焊钳:C 型焊钳适用于点焊垂直及近于垂直倾斜位置的焊缝。

X 型焊钳:X 型焊钳适用于点焊水平及水平倾斜位置的焊缝。

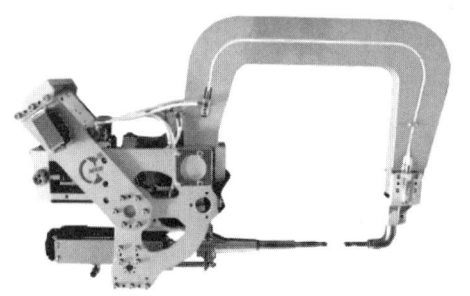

图 6-10　C 型焊钳

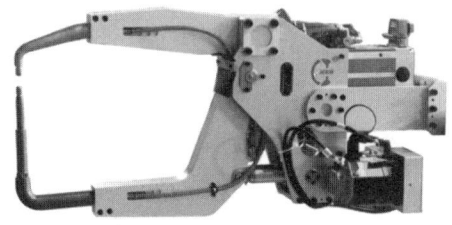

图 6-11　X 型焊钳

图 6-12　气动焊钳

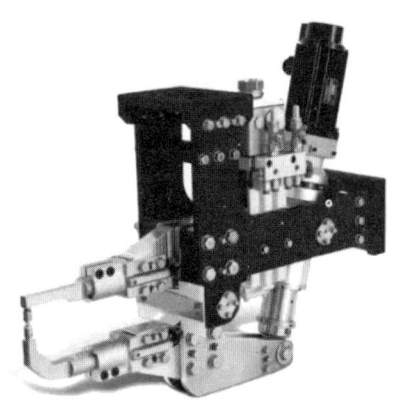

图 6-13　伺服焊钳

气动焊钳:气动焊钳通过利用气缸来加压,一般具有 2~3 个行程,能够使电极完成大开、小开和闭合 3 个动作,电极压力一旦调定后不能随意改变。

伺服焊钳:伺服焊钳是采用伺服电机驱动实现焊钳的张开和闭合动作的,可以根据实际需要任意选定并预制其张开度,电极间的压紧力也可以无级调节。

分离式焊钳:分离式焊钳是阻焊变压器与钳体分离,将钳体安装在机器人的手臂上,阻焊变压器则悬挂在机器人上方,可在轨道上沿着机器人手腕移动方向移动,二者之间通过二次电缆相连。其优点是机器人负载减小,运动速度高,价格便宜。其缺点是需要大容量的阻焊变压器,电力损耗较大,能源利用率低。此外,粗大的二次电缆在焊钳上引起的拉伸力和扭转力作用于机器人机械臂上,限制了点焊工作区间与焊接位置的选择。

内藏式焊钳:内藏式焊钳是将阻焊变压器安放到机器人机械臂内,使其尽可能地接近钳体,变压器的二次电缆可以在内部移动。当采用这种形式的焊钳时,必须同机器人本体统一设计,其优点是二次电缆较短,变压器的容量可以减小,但是会使机器人本体的设计变得复杂。

一体式焊钳:将阻焊变压器和钳体安装在一起,然后共同固定在机器人机械臂末端法兰盘上。其优点是省掉了粗大的二次电缆及悬挂变压器的工作架,直接将焊接变压器的输出端连到焊钳的上下电极臂上。此外还能节省能量,例如,输出电流 12 000 A,分离式焊钳需 75 kV·A 的变压器,而一体式焊钳只需 25 kV·A。其缺点是焊钳重量显著增大,体积也变大,要求机器人本体的承载能力大于 60 kg。此外,焊钳重量在机器人活动手腕上产生惯性力易引起过载,这就要求在设计时,尽量减小焊钳重心与机器人机械臂轴心线间的距离。

中频焊钳和工频焊钳:主要区别就是变压器本身分别装载中频变压器还是工频变压器,两者机械结构原理相同。中频焊钳采用逆变电源,利用逆变技术将工频转化为 1 kHz 的中频电。

③ 点焊周边辅助设备

辅助设备工具包含高速电极修磨机(如 CDK-BAYO 型高速电极修磨机,如图 6-14 所示)、点焊机压力测试仪(如 SGWF 手持式微型压力计,如图 6-15 所示)和专用电流表等。点焊机压力测试仪用于焊钳的压力校正,专用电流表用于设备的维护、测试焊接时二次短路电流。

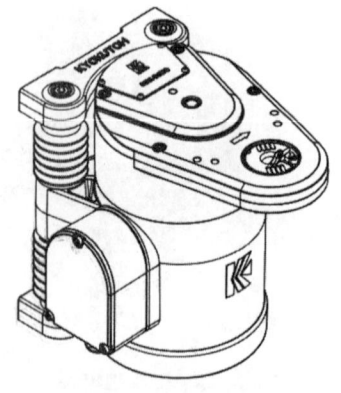

图 6-14 DK-BAYO 型电极修磨机

图 6-15 SGWF 手持式微型压力计

4. 弧焊机器人工作站系统

弧焊机器人工作站包含弧焊机器人系统和工件。其中，弧焊机器人系统由操作机（机器人本体）、控制系统、弧焊系统和安全防护设施组成。弧焊系统是弧焊机器人完成工作的核心环节，主要包含弧焊电源、送丝装置、焊枪、焊接变位机和焊接供气系统等部分。弧焊机器人主要有熔化极焊接作业和非熔化极焊接作业两种类型，具有可长期进行焊接作业、保证焊接作业的高生产率、高质量和高稳定性等特点。弧焊机器人可以实现连续轨迹控制和点位控制，也可以利用直线插补和圆弧插补功能焊接由直线及圆弧所组成的空间焊缝。

（1）操作机

弧焊机器人本体的机构与点焊机器人类似，其主要区别在于末端执行器的不同，点焊机器人的末端执行器是焊钳，弧焊机器人的末端执行器是焊枪。尽量选择六自由度的机器人来完成弧焊工作，以保证复杂情况下的焊缝能使焊枪保持任意空间位姿。

（2）控制系统

弧焊机器人控制系统和通用工业机器人基本相同，采用分级控制的系统结构。一般分为两级：上级具有存储单元，主要负责程序管理、关节变换、轨迹生成等，可实现重复编程、存储等多种操作；下级包含若干处理器，各处理器控制各关节的动作及状态检测，实时性好，易于实现高速、高精度的控制。此外，弧焊机器人周边设备的控制也设有单独控制装置，可单独编程，如工件的定位夹放、变位调控等，也可以和机器人进行信息交换，实现机器人控制系统的全作业协调。

（3）弧焊系统

弧焊系统包括弧焊电源、送丝装置、焊枪和焊接供气系统等。

① 弧焊电源。弧焊电源是用来对焊接电弧提供电能的一种专用设备。弧焊电源的负载是电弧，它必须具有弧焊工艺所要求的电气性能，如合适的空载电压、一定形状的外特性、良好的动态特性和灵活的调节特性等。按输出的电流，分为直流、交流和脉冲三类；按输出外特性特征，分为恒流特性、恒压特性和介于这两者之间的缓降特性三类。常见的弧焊电源有弧焊变压器式交流弧焊电源、矩形波式交流弧焊电源、直流弧焊发电机式直流弧焊电源、整流器式直流弧焊电源和脉冲型弧焊电源等。

② 送丝装置。弧焊机器人的送丝装置包含送丝机、送丝软管和焊枪三个部分。

送丝机的安装方式要考虑送丝稳定性，确保焊接能够持续稳定地进行。送丝机按安装方式，可分为一体式和分离式。送丝机安装在机器人上臂的后部上面与机器人组成一体为一体式；将送丝机与机器人分开安装为分离式。按送丝机滚轮数分为一对滚轮和两对滚轮两种。送丝机的结构有一对送丝滚轮的，也有两对滚轮的；有只用一个电机驱动一对或两对滚轮的，也有用两个电机分别驱动两对滚轮的。按送丝机控制方式分为开环和闭环两种。送丝机的送丝速度控制方法可分为开环和闭环。目前，大部分送丝机仍采用开环的控制方法，也有一些采用装有光电传感器（或编码器）的伺服电机，使送丝速度实现闭环控制，不受网路电压或送丝阻力波动的影响，保证送丝速度的稳定性。按送丝动力方向分为推丝式、拉丝式和推拉丝式三种。推丝式主要用于直径为 0.8～2.0 mm 的焊丝，它是应用最广的一种送丝方式。拉丝式主要用于细焊丝（焊丝直径小于或等于 0.8 mm）。推拉丝式可以增加焊枪操作范围，送丝软管可以加长到 10 m。

送丝机构由焊丝送进电动机、保护气体开关电磁阀和送丝滚轮等构成，在机器人焊接中主要采用推丝式单滚轮送丝方式,即在焊丝绕线架一侧设置传送焊丝滚轮,然后通过导管向焊枪传送焊丝。

送丝软管是集送丝、导电、输气和通冷却水为一体的输送设备。

③ 焊枪。焊枪是用于气焊的工具,形状像枪,前端有喷嘴,喷出高温火焰作为热源。它使用灵活,方便快捷,工艺简单。焊枪的种类繁多,根据焊接工艺的不同,可以选择相应的焊枪。熔化极气体保护焊的焊枪包含用于大电流、高生产率的重型焊枪和适用于小电流、全位置焊的轻型焊枪,可用来进行手工操作(半自动焊)和自动焊(安装在机器人等自动装置上)。

根据送丝方式的不同,焊枪可分成拉丝式焊枪和推丝式焊枪两类。其中推丝式焊枪包含鹅颈式焊枪和手枪式焊枪。

④ 焊接供气系统。供气系统需要保证纯度合格的保护气体在焊接时以适宜的流量平稳地从焊枪喷嘴喷出。目前国内保护气体的供应方式包含瓶装供气和管道供气两种,其中以钢瓶装供气为主。钢瓶装供气系统包含钢瓶、气体调节器、电磁气阀及其控制电路和气路等。

(4) 弧焊周边辅助设备

目前,常见的焊接机器人辅助的装置包含变位机、滑移平台、焊枪清理装置等。

① 焊接变位机。焊接变位机是用来拖动待焊工件,使其待焊焊缝运动至理想位置进行施焊作业的设备,是一种通用、高效的以实现环缝焊接为主的焊接设备。工件焊缝的初始位置可能处于空间任一方位,通过回转变位运动后,使任一方位的待焊焊缝变为船角焊、平焊或平角焊施焊作业,完成此功能的即为焊接变位机。它保证了焊接质量,提高了焊接生产率和生成过程的安全性。

变位机是机器人焊接生产线及焊接柔性加单元的重要组成部分。根据实际生产的需要,焊接变位机有多种形式,如单回旋式、双回旋式和倾翻回旋式。变位机和机器人之间的运动存在非协调运动和协调运动两种形式。

② 滑移平台。针对大型结构工件的焊接作业,机器人本体可以安装在可移动的滑移平台或龙门架上,以扩大机器人的操作空间;也可以采用变位机和滑移平台的组合,确保工件的待焊部位和机器人都处于最佳焊接位姿。

③ 焊钳及焊枪清理装置。焊接机器人在焊接工作过程中,焊钳的电极头会氧化磨损,焊枪的喷嘴及内壁会残留焊渣,势必会影响工件的焊接质量和稳定性。因此需要焊钳电极修磨机和焊枪清理装置来完成清理工作,前者针对点焊机器人的焊钳,后者针对弧焊机器人的焊枪。

焊钳电极修磨机用于对点焊生产中磨损的电极进行打磨。当连续进行点焊工作或焊接铝合金及带镀层钢板时,电极顶端会加热,氧化加剧,接触电阻增大,产生镀层物质附着,造成焊接不良。因此电极修磨机可以打磨电极顶端,去除电极表面的氧化物等污垢,实现电极头的修磨和整形,使其和初始时的状态保持一致。

焊枪清理装置主要包含剪丝、沾油、清渣以及喷嘴外表面的打磨装置。剪丝装置用于利用焊丝进行起始点检测的场合,以保证焊丝的干伸长度一定,提高检测的精度;沾油用于方便清理喷嘴表面的飞溅物;清渣用于清楚喷嘴内表面的飞溅物,以保证气体的畅通;喷嘴外表面的打磨用于清楚外表面的飞溅物。

④ 安全防护设施。弧焊机器人的安全防护设施使其进行安全作业的重要保障,主要

是防止机器人伤人和保护周边设备的作用。其包含驱动系统过热自断电保护、动作超限位自断电保护、超速自断电保护、机器人系统工作空间干涉自断电保护和人工急停断电保护等。在机器人的末端焊枪上还装有各类处决或接近觉传感器,保证当机器人过分接近工件或发生碰撞时停止工作。

6.3.3 喷漆机器人

喷漆机器人是用于喷漆或喷涂其他涂料的工业机器人。由于喷漆或喷涂作业现场存在着大量的尘、雾和有害气体,人工操作有害身体健康,而且喷漆或喷涂作业劳动强度大、技术要求高。采用喷漆机器人可保障人身安全、提高经济效益(如节约油漆)和喷漆质量。

1. 对喷涂机器人的要求

在喷涂作业中,告诉喷枪的轴线要与工件表面法线在一条直线上,告诉喷枪端面要与工件表面始终保持恒定的距离,并完成往复蛇形轨迹,要求喷涂机器人具有足够的工作空间和尽可能紧凑灵活的手腕,即腕关节要尽可能短。其具体要求为:

① 能通过示教器方便设定流量、雾化气压等参数。
② 具有供漆系统,能方便换色、混色,确保高质量、高精度。
③ 具有多种安装方式。
④ 能够与转台、滑台、输送链等一系列工艺设备集成。
⑤ 结构紧凑,减少喷房尺寸,降低通风要求。

2. 喷涂机器人的分类

喷涂机器人根据不同的结构分为不同类型的机器人。

根据手腕结构分球形手腕喷涂机器人和非球形手腕喷涂机器人。球形手腕喷涂机器人的手腕三个关节轴线交于一点,该手腕能够保证机器人运动学逆解具有解析解,便于离线编程控制。工作半径比较小,适合 0.7~1.2 m 的小工件喷涂。非球形手腕的三个轴交于两点,每个关节转动角度都能达到360°以上,手腕比较灵活,更适合复杂曲面的喷涂作业。但由于其运动学逆解无解析解,增大了控制难度。非球形手腕喷涂机器人又可以分为正交非球形和斜交非球形手腕,斜交非球形手腕被普遍采用。

按照喷涂方式可以分为有气喷涂机器人和无气喷涂机器人。按照结构可以分为仿形喷涂机器人和移动式喷涂机器人。

3. 喷漆机器人系统组成

喷漆机器人主要由机器人本体、计算机和相应的控制系统组成,配有自动喷枪、供漆装置、变更颜色装置等喷漆设备。

喷漆机器人较多采用液压驱动。液压驱动的喷漆机器人还包括液压油源,如油泵、油箱和电动机等。机器人多采用5或6自由度关节式结构,手臂有较大的运动空间,并可做复杂的轨迹运动。其腕部一般有 2~3 个自由度,可灵活运动。较先进的喷漆机器人腕部采用柔性手腕,既可向各个方向弯曲,又可转动,其动作类似人的手腕,能方便地通过较小的孔伸入工件内部,喷涂其内表面。动作速度快、良好的防爆性能,以连续轨迹示教(即手把手示教)为主,也可作点位示教。

近年来,由于交流伺服电动机的应用和高速伺服技术的发展,出现了采用电动机驱动的喷漆机器人。其驱动电动机多采用耐压或内压防爆结构,限定在1级危险环境(在通常条件下有生成危险气体介质的可能)和2级危险环境(在异常条件下有生成危险气体介质的可能)下使用。电动机驱动的喷漆机器人一般有6个轴,工作空间大,手臂质量小,结构简单,惯性小,轨迹精度高,具有与液压驱动的喷漆机器人完全一样的控制功能,只是驱动改用交流伺服电动机,维修保养十分方便。

4. 防爆功能的实现

当喷漆机器人采用交流或直流伺服电动机驱动时,电动机运转可能会产生火花,电缆线与电器接线盒的接口等处也可能会产生火花,而喷漆机器人用于在封闭的空间内喷涂工件内外表面,涂料的微粒在此空间中形成易燃易爆的雾,如果机器人的某个部件产生火花或温度过高,就会引燃喷涂间内的易燃物,引起大火,甚至爆炸,造成不必要的人员伤亡和巨大的经济损失。所以,防爆系统是电机驱动的喷漆机器人的重要组成部分。

喷漆机器人的电动机、电器接线盒、电缆线等都应密封在壳体内,使它们与危险的易燃气体隔离,同时配备一套空气净化系统,用供气管向这些密封的壳体内不断地运送清洁的、不可燃的、高于周围大气压的保护气体,以防止外界易燃气体的进入。机器人按此方法设计的结构称为通风式正压防爆结构。

5. 净化系统

机器人通电前,净化系统先进入工作状态,将大量的带压空气输入机器人密封腔内,以排出原有的气体,清吹过程空气压力为 5 kg/cm^2,流量为 10~32 m^3/h,快速清洁操作过程为 3~5 min,将机器人腔内原有的气体全部换掉,这样机器人电动机及其他部件通电时就能安全工作了。

快速清洁操作完成以后,净化系统进入维持工作状态,在这种状态下,此系统在机器人内维持一个非常微弱的正压力。一旦腔体有少量的泄漏,不断输入的带压气体进入腔内防止易燃气体的进入。如果泄漏过大,净化系统则无法保持一个正压力,易燃气体会进入机器人腔内。当腔内压力低于 0.7 kg/cm^2 时,低压报警开关被触发,开关信号使得控制面板上的警报发光二极管显示,表示净化系统需要维修。当压力低于 0.5 kg/cm^2 时,低压压力开关合上,使得控制器切断机器人的动力源。

6. 参数设置

(1) 喷涂对象分析

被喷涂零件的形状、几何尺寸是自动喷涂线上的主要设计依据。

① 分析被喷涂零件的几何特征尺寸。一般几何特征尺寸是指最大喷涂面上的轮廓尺寸,可以根据该参数选择喷涂设备的最大喷涂行程。

② 进行喷涂区域划分,计算喷涂面积。一般按近似六面体划分区域,并计算出每个区域的面积。根据喷涂面积大小和喷涂形面特征确定喷涂设备的类型。对较平整的喷涂面,可选喷涂机喷涂;而对形面较复杂或喷涂面法线方向尺寸变化较大的作业面,则应选择机器人喷涂。

(2) 喷涂工业及参数分析

生产厂家根据被喷零件性能、作用及外观要求确定涂层质量要求。同时,根据这些要求确定满足质量保证的喷涂材料和工艺过程。自动喷涂线则必须按照这些要求和工艺过程来进行喷涂作业。

① 根据涂层厚度和质量要求决定喷涂次数。

② 依据涂料材料的流动性和输送链的速度确定流平时间和区间距离。

③ 按照涂层光泽度要求和涂料物理性能（如黏度、电导率等）确定喷枪类型。

④ 根据节拍时间和喷涂设备的速度、喷涂形状重叠，计算每台设备在一个节拍内的喷涂面积，比较这个计算结果与喷涂区域分配面积大小，如果计算结果小于喷涂区域分配面积，说明喷涂设备的喷涂能力不足，需要增加设备。扩大喷涂能力的方法之一是在一台设备上安装多支喷枪。

(3) 喷涂线设备选型

① 喷涂线的输送链：对于涂层光泽度要求较高的喷涂、流平、烘干段，选用地面链；对于需仰喷的喷涂零件和光泽度要求不高的喷涂，选用悬挂链，这种链消耗动力少、维修方便。选用输送链时，还应满足承载能力和几何尺寸的要求。

② 喷具的选择：主要取决于涂层的质量要求和涂料性能参数。表 6.1 为几种喷具的主要参数比较。喷漆机器人通常采用空气喷枪，喷枪的自动换色系统一般都要配置自动清洗功能。在喷涂过程中定时清洗，以保证喷嘴的喷涂状态、喷涂质量一致。

表 6.1　喷具的主要参数比较

喷枪类型	雾化形式	雾化效果	传递效率（%）	喷嘴到工件距离（mm）
空气喷枪	空气	一般	15～30	200～300
静电空气喷枪	空气	一般	45～75	250～300
无气喷枪	液压	差	20～40	300～370
旋杯静电喷枪	离心力	好	70～90	250～300
盘式静电喷枪	离心力	好	65～90	—

③ 喷涂设备：被喷形面凸凹变化较大、形状复杂，需选用六轴机器人；设备的工作范围和运动参数必须满足喷涂工艺要求；设备的功能参数和控制器必须实现自动控制；根据工艺参数分析，确定设备数量。

7. 喷漆机器人的应用

计算机控制的喷漆机器人早在 1975 年就投入应用了。由于它能够代替人在危险和恶劣环境下进行喷漆作业，所以喷漆机器人日益广泛应用于汽车车体、仪表、家电产品、陶瓷和各种塑料制品的喷涂作业。例如，在汽车工业上，可利用喷漆机器人对下车架和前灯区域、轮孔、窗口、下承板、发动机部件、门面以及后备箱等部分进行喷漆。

喷漆机器人的成功应用，给企业带来了非常明显的经济效益，产品质量得到了大幅度的提高，产品合格率达到 99% 以上，大大提高了劳动生产率，降低了成本，提高了企业的竞争力和产品的市场占有率，更重要的是把涂装工人从恶劣工作环境中解放了出来，具有重大的社会效益。

6.3.4　装配机器人

装配机器人是为完成装配作业而设计的工业机器人。装配作业的主要操作是：垂直向上抓起零部件，水平移动它，然后垂直放下插入。通常要求这些操作进行得既快又平稳,因此,一种能够沿着水平和垂直方向移动,并能对工作平面施加压力的机器人是最适于装配作业的。

装配机器人的大量作业是轴与孔的装配,为了在轴与孔存在误差的情况下进行装配,应使机器人具有柔顺性,即自动对准中心孔的能力。随着机器人智能程度的提高,有可能实现对复杂产品(如汽车发电机、电动机、收录机和电视机等)进行自动装配。柔顺运动概念的研究及其进展也有助于机械部件的自动装配工作。与一般工业机器人相比,装配机器人具有精度高、柔顺性好、工作范围小、能与其他系统配套使用等特点,主要用于各种电器制造(包括家用电器,如电视机、录音机、洗衣机、电冰箱、吸尘器)、小型电动机、汽车及其部件、计算机、玩具、机电产品及其组件的装配等方面。

1. 装配机器人的组成

装配机器人是柔性自动化装配系统的核心设备,由机器人操作机、控制器、末端执行器和传感系统组成。其中操作机的结构类型有水平关节型、直角坐标型、多关节型和圆柱坐标型等;控制器一般采用多 CPU 或多级计算机系统,实现运动控制和运动编程;末端执行器为适应不同的装配对象而设计成各种手爪和手腕等;传感系统用来获取装配机器人与环境及装配对象之间相互作用的信息。

2. 装配机器人的种类和特点

(1) 水平多关节装配机器人

水平多关节装配机器人由连接在机座上的两个水平旋转关节(即大小臂)、沿升降方向运动的直线移动关节、末端手部旋转轴共 4 个自由度构成。它是特别为装配而开发的专用机器人,其结构特点表现为沿升降方向的刚性高,水平旋转方向的刚性低,因此被称为平面双关节型机器人。它的作业空间与占地面积比很大,使用起来很方便。

(2) 直角坐标机器人

直角坐标机器人具有 3 个直线移动关节。空间定位只需要三轴运动,末端姿态不发生变化。该机器人的种类繁多,从小型、廉价的桌面型到较大型应有尽有,而且可以设计成模块化结构以便加以组合,是一种很方便的机器人。它的缺点是尽管结构简单,便于与其他设备组合,但与其占地面积相比,工作空间较小。

(3) 垂直多关节机器人

垂直多关节机器人通常由转动和旋转轴构成 6 个自由度的机器人,它的工作空间与占地面积之比是所有机器人中最大的,控制 6 个自由度就可以实现位置和姿态的定位,即在工作空间内可以实现任何姿态的动作。因此,它通常用于多方向的复杂装配作业,以及有三维轨迹要求的特种作业场合。关节结构比较容易密封,因此在 10 级左右的洁净间内采用该类型机器人进行作业。装配机器人的手臂长度通常选 500 (近似人的臂长)～1 500 mm。

3. 装配机器人应用举例

(1) 系统概述和特点

用于汽车零件(发动机点火)的中、小批量生产。该系统充分挖掘了机器人的功能,改善了设备的灵活性和可靠性,降低了生产成本,提高了设备利用率。在系统中机器人抓取前一道工序送来的工件,经过特定处理单元后送到下一道工序。各个单元都利用机器人的驱动力进行处理，因此整个系统结构十分简单。这样不但充分发挥了机器人本身的功能，而且降低了成本。采用标准处理单元能够大幅度地提高设备的使用率。

系统一般由清洗、接头压入、锡焊、视觉检查、机壳压入等多道工序组成。该系统具有以下特点：

① 零件输送不靠传送带，降低了运输装置的成本。

② 单元的动作均由机器人完成，节省了专用驱动器，降低了系统成本，提高了环境保护性能。

③ 借助于机器人实现了适应工件形状、特征的最佳运动，有利于提高产品质量、增强多品种生产的柔性。

④ 充分挖掘了机器人的各种功能，节省了位置传感器、力传感器、尺寸测量仪等元器件，保证了作业质量。

（2）应用效果

实现了作业的全自动化，大幅度提高了生产率；节省了 4 名工人；通过发挥机器人的功能，优化运动示教，大幅度降低了废品率，实现了提高产量和稳定产品质量的目的；如果能够更换夹具，那么该系统除了能够适应同一尺寸外，还能够满足数十种型号产品的作业要求；使工人从焊接作业、目视检查作业等恶劣的作业环境中解脱；与用传送带组成的自动化生产线相比，大约降低了 40% 的设备造价；节省了 50% 的设备资金；系统简洁，与传统自动化生产线相比可以降低 50% 的设备停车时间。

4. 采用装配机器人的优点

（1）设备的性能价格比高

由于没有辊轮等移载装置、搬运装置，因而缩短了设计和调试周期。机器人采用标准产品，质量可靠，提高了整套设备的可靠性。由此可知，通过充分挖掘机器人的功能，缩减周边设备，可以提高系统的性能价格比。

（2）提高设备柔性

由于机器人的程序和示教内容可以进行变更，修改动作方便，即使是在系统运行中，也可以进行对应产品设计的变更或工序的变更。

（3）便于工艺改革

引入装配机器人后，现场操作人员能够根据对机器人动作的观察，随时修改机器人程序，缩短了生产周期，降低了废品率，提高了生产率。这一点对由专用设备组成的生产线来说是做不到的，因为无论是变更夹具还是变更机械设备都很困难。

（4）提高设备的运转率

一般来说，产品模具的寿命到期后，专用设备也就报废了。但换成机器人后，它还可以重新构成其他设备。

综上所述，在装配工序引进机器人，除了可以让它发挥机器人本身的功能外，重要的是灵活运用，充分挖掘它的潜能。也就是说，对机器人的研究不仅限于提高速度、精度、可靠性等基本性能方面，更要把精力放在提高其功能的层面上，如发挥其传感器、力控制、网络等功能。

6.4 工业机器人的安全管理与维护

6.4.1 工业机器人的安全管理

1. 工业机器人的系统安全管理

在设计和布置机器人系统时,为使操作员、编程员和维修人员能得到恰当的安全防护,应按照机器人制造厂的规范进行。为确保机器人及其系统与预期的运行状态相一致,则应评价分析所有的环境条件,包括爆炸性混合物、腐蚀情况、湿度、污染、温度、电磁干扰(EMI)、射频干扰(RFI)和振动等是否符合要求,否则应采取相应的措施。

控制装置的机柜宜安装在安全防护空间外。这可使操作人员在安全防护空间外进行操作、启动机器人完成工作任务,并且在此位置上操作人员应具有开阔的视野,能观察到机器人运行情况及是否有其他人员处于安全防护空间内。若控制装置被安装在安全防护空间内,则其位置和固定方式应能满足在安全防护空间内各类人员安全性的要求。

(1) 机器人系统的布置应避免机器人运动部件和与机器人作业无关的周围固定物体(如建筑结构件、公用设施等)及机器人之间的挤压和碰撞,应保持有足够的安全间距,一般最少为0.5 m。但那些与机器人完成作业任务相关的机器人和装置(如物料传送装置、工作台、相关工具台、相关机床等)则不受约束。

(2) 当要求由机器人系统布局来限定机器人各轴的运动范围时,应按要求来设计限定装置,并在使用时进行器件位置的正确调整和可靠固定。

在设计末端执行器时,应使其动力源(电气、液压、气动、真空等)发生变化或动力消失时,负载不会松脱落下或发生危险(如飞出);同时,在机器人运动时由负载和末端执行器所生成的静力和动力及力矩应不超出机器人的负载能力。机器人系统的布置应考虑操作人员进行手动作业时(如零件的上、下料)的安全防护。可通过传送装置、移动工作台、旋转式工作台、滑道推杆、气动和液压传送机构等过渡装置来实现,使手动上、下料的操作人员置身于安全防护空间之外。但这些自动移出或送进的装置不应产生新的危险。

(3) 机器人系统的安全防护可采用一种或多种安全防护装置,如固定式或联锁式防护装置,包括双手控制装置、智能装置、握持—运行装置、自动停机装置、限位装置等;现场传感安全防护装置,包括安全光幕或光屏、安全垫系统、区域扫描安全系统、单路或多路光束等。机器人系统安全防护装置的作用如下:

① 防止各操作阶段中与该操作无关的人员进入危险区域。
② 中断引起危险的来源。
③ 防止非预期的操作。
④ 容纳或接受由于机器人系统作业过程中可能掉落或飞出的物件。
⑤ 控制作业过程中产生的其他危险(如抑制噪声、遮挡激光和弧光、屏蔽辐射等)。

2. 机器人工作环境安全管理

根据(GB/T 15706.1—2007)的定义,安全防护装置是安全装置和防护装置的统称。安全装置是"消除或减小风险的单一装置或与防护装置联用的装置(而不是防护装置)"。例如,联锁装置、使能装置、握持—运行装置、双手操纵装置、自动停机装置、限位装置等。

防护装置是"通过物体障碍方式专门用于提供防护的机器部分。根据其结构,防护装置可以是壳、罩、屏、门、封闭式防护装置等",如图6-16所示。机器人安全防护装置有固定式防护装置、活动式防护装置、可调式防护装置、联锁防护装置、带防护锁的联锁防护装置及可控防护装置等。

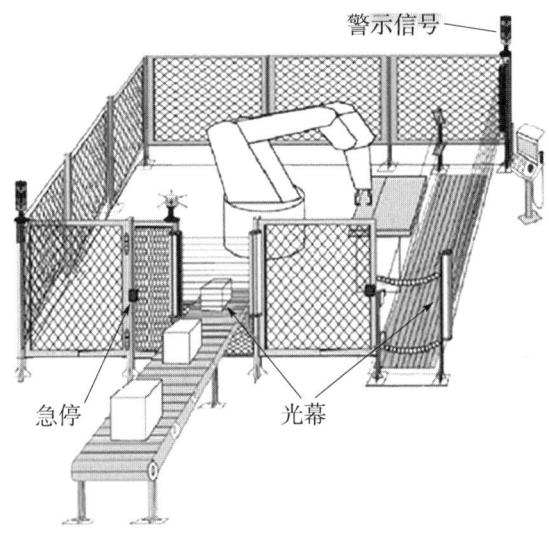

图6-16 机器人安全防护装置

为了减小已知的危险和保护各类工作人员的安全,在设计机器人系统时,应根据机器人系统的作业任务及各阶段操作过程的需要和风险评价的结果,选择合适的安全防护装置。所选用的安全防护装置应按制造厂的说明进行使用和安装。

(1) 固定式防护装置

① 通过紧固件(如螺钉、螺栓、螺母等)或通过焊接将防护装置永久固定在所需的地方。

② 固定式防护装置的结构能经受预定的操作力和环境产生的作用力,即应考虑结构的强度与刚度。

③ 固定式防护装置的构造应不增加任何附加危险(如应尽量减少锐边、尖角、凸起等)。

④ 固定式防护装置不使用工具就不能移开固定部件。

⑤ 隔板或栅栏底部离走道地面不大于0.3 m,高度应不低于1.5 m。

除通过与通道相连的联锁门或现场传感装置区域外,应能防止由别处进入安全防护空间。注:在物料搬运机器人系统周围安装的隔板或栅栏应有足够的高度以防止任何物件由于末端夹持器松脱而飞出隔板或栅栏。

(2) 联锁式防护装置

在机器人系统中采用联锁式防护装置时,应考虑下述原则:

① 在防护装置关闭前,联锁能防止机器人系统自动操作,但防护装置的关闭应不能使机器人进入自动操作方式,而启动机器人进入自动操作应在控制板上谨慎地进行。

② 在伤害的风险消除前,具有防护锁定的联锁防护装置处于关闭和锁定状态;或当机器人系统正在工作时,防护装置被打开应给出停止或急停的指令。联锁装置起作用时,若不产生其他危险,则应能从停止位置重新启动机器人运行。

③ 中断动力源可消除进入安全防护区之前的危险,但如动力源中断不能立即消除危险,则联锁系统中应含有防护装置的锁定或制动系统。

④ 在进出安全防护空间的联锁门处,应考虑设有防止无意识关闭联锁门的结构或装置(如采用两组以上触点,具有磁性编码的磁性开关等)。应确保所安装的联锁装置的动作在避免了一种危险(如停止了机器人的危险运动)时,不会引起另外的危险发生(如使危险物体进入工作区)。

在设计联锁系统时,也应考虑安全失效的情况,即万一某个联锁器件发生不可预见的失效时,安全功能应不受影响。若万一受影响,则机器人系统仍应保持在安全状态。

在机器人系统的安全防护中经常使用现场传感装置,在设计时应遵循下述原则:

① 现场传感装置的设计和布局应能使传感装置未起作用前人员不能进入且身体各部位不能伸到限定空间内。为了防止人员从现场传感装置旁边绕过而进入危险区,要求将现场传感装置与隔栏一起使用。

② 在设计和选择现场传感装置时,应考虑到其作用不受系统所处的任何环境条件(如湿度、温度、噪声、光照等)的影响。

(3) 安全防护空间

安全防护空间是由机器人外围的安全防护装置(如栅栏等)所组成的空间。确定安全防护空间的大小是通过风险评价来确定超出机器人限定空间而需要增加的空间。一般应考虑当机器人在作业过程中,所有人员身体的各部分应不能接触到机器人运动部件和末端执行器或工件的运动范围。

(4) 动力断开

① 提供机器人系统及外围机器人的动力源应满足制造商的规范以及本地区的或国家的电气构成规范要求,并按标准提出的要求进行接地。

② 在设计机器人系统时,应考虑维护和修理的需要,必须具备能与动力源断开的技术措施。断开必须做到既可见(如运行明显中断),又能通过检查断开装置操作器的位置而确认,而且能将切断装置锁定在断开位置。切断电器电源的措施应按相应的电气安全标准。机器人系统或其他相关机器人动力断开时,应不发生危险。

(5) 急停

机器人系统的急停电路应超越其他所有控制,使所有运动停止,并从机器人驱动器上和可能引起危险的其他能源(如外围机器人中的喷漆系统、焊接电源、运动系统、加热器等)上撤除驱动动力。

① 每台机器人的操作站和其他能控制运动的场合都应设有易于迅速接近的急停装置。

② 机器人系统的急停装置应如机器人控制装置一样,其按钮开关应是掌揿式或蘑菇头式,衬底为黄色的红色按钮,且要求人工复位。

③ 重新启动机器人系统运行时,应在安全防护空间外,按规定的启动步骤进行。

④ 若机器人系统中安装有两台机器人,且两台机器人的限定空间具有相互交叉的部分,则其公用的急停电路应能停止系统中两台机器人的运动。

(6) 过程控制

当机器人控制系统需要具有远程控制功能时,应采取有效措施防止由其他场所启动机器人运动而产生危险。

具有远程操作(如通过通信网络)的机器人系统,应设置一种装置(如键控开关),以确定在进行本地控制时,任何远程命令均不能引发危险。

① 当现场传感装置已起作用时,只要不产生其他的危险,可将机器人系统从停止状态重新启动到运行状态。

② 在恢复机器人运动时,应要求撤除传感区域的阻断,此时不应使机器人系统重新启动自动操作。

③ 应有指示现场传感装置正在运行的指示灯,其安装位置应易于观察。可以集成在现场传感装置中,也可以是机器人控制接口的一部分。

(7) 警示方式

在机器人系统中,为了引起人们注意潜在危险的存在,应采取警示措施。警示措施包括栅栏或信号器件。它们是被用于识别通过上述安全防护装置没有阻止的残留风险,但警示措施不应是前面所述安全防护装置的替代品。

(8) 警示栅栏

为了防止人员意外进入机器人限定空间,应设置警示栅栏。

(9) 警示信号

为了给接近或处于危险中的人员提供可识别的视听信号,应设置和安装信号警示装置。在安全防护空间内采用可见的光信号来警告危险时,应有足够多的器件以便人们在接近安全防护空间时能看到光信号。

音响报警装置则应具有比环境噪声分贝级别更高的独特的警示声音。

(10) 安全生产规程

应该考虑到机器人系统寿命中的某些阶段(例如调试阶段、生产过程转换阶段、清理阶段、维护阶段),设计出完全适用的安全防护装置去防止各种危险是不可能的,且那些安全防护装置也可以被暂停。在这种状态下,应该采用相应的安全生产规程。

(11) 安全防护装置的复位

在重建联锁门或现场传感装置区域时,其本身应不能重新启动机器人的自动操作。应要求在安全防护空间仔细地动作来重新启动机器人系统。重新启动装置的安装位置,应在安全防护空间内的人员不能够到的地方,且能观察到安全防护空间。

6.4.2 工业机器人的维护

1. 控制装置及示教器

机器人控制装置及示教器的检查参见表 6.2。

表 6.2 控制装置及示教器的检查

序号	检查内容	检查事项	方法及对策
1	外观	① 机器人本体和控制装置是否干净; ② 电缆外观有无损伤; ③ 通风孔是否堵塞	① 清扫机器人本体和控制装置; ② 目测外观有无损伤,如果有应紧急处理,损坏严重时应进行更换; ③ 目测通风孔是否堵塞并进行处理
2	复位急停按钮	① 面板急停按钮是否正常; ② 示教器急停按钮是否正常; ③ 外部控制复位急停按钮是否正常	开机后用手按动面板复位急停按钮,确认有无异常,损坏时进行更换
3	电源指示灯	① 面板、示教器、外部机器、机器人本体的指示灯是否正常; ② 其他指示灯是否正常	目测各指示灯有无异常
4	冷却风扇	运转是否正常	打开控制电源,目测所有风扇运转是否正常,不正常的予以更换
5	伺服驱动器	伺服驱动器是否洁净	清洁伺服驱动器
6	底座螺栓	检查有无缺少、松动	用扳手拧紧、补缺
7	盖类螺栓	检查有无缺少、松动	用扳手拧紧、补缺
8	放大器输入/输出电缆安装螺钉	① 放大器输入/输出电缆是否连接; ② 安装螺钉是否紧固	连接放大器输入/输出电缆,并紧固安装螺钉
9	编码器电池	机器人本体内的编码器挡板上的蓄电池电压是否正常	电池没电,机器人遥控盒显示编码器复位时,按照机器人维修手册上的方法进行更换(所有机型每两年更换一次)
10	I/O 模块的端子导线	I/O 模块的端子导线是否连接导线	连接 I/O 模块的端子导线,并紧固螺钉子导线
11	伺服放大器的输入/输出电压(AC,DC)	打开伺服电源,参照各机型维修手册测量伺服放大器的输入/输出电压(AC,DC)是否正常,判断基准在±15%范围内	建议由专业人员指导
12	开关电源的输入/输出电压	打开电源,参照各机型维修手册,测量各DC电源的输入/输出电压。输入端为单相220 V,输出端为DC 24 V	建议由专业人员指导
13	电动机抱闸线圈打开时的电压	在电动机抱闸线圈打开时的电压判定基准为DC 24 V	建议由专业人员指导

2. 机器人本体检查

机器人本体的检查参见表 6.3。

表 6.3 机器人本体检查

序号	检查内容	检查事项	方法及对策
1	整体外观	机器人本体外观上有无脏污、龟裂及损伤	清扫灰尘、焊接飞溅物,并进行处理(用真空吸尘器;用布擦拭时使用少量酒精或清洁剂;用水清洁加入防锈剂)
2	机器人本体安装螺钉	① 机器人本体所安装螺钉是否紧固; ② 焊枪本体安装螺钉、母材线、地线是否紧固	① 紧固螺钉; ② 紧固螺钉和各零部件
3	同步皮带	检查皮带的张紧力和磨损程度	① 对皮带的扩张松弛程度进行调整; ② 损伤、磨损严重时要更换
4	伺服电动机安装螺钉	伺服电动机安装螺钉是否紧固	根据力矩紧固伺服电动机安装螺钉
5	超程开关的运转	闭合电源开关,打开各轴开关,检查运转是否正常	检查机器人本体上有几个超程开关
6	原点标志	原点复位,确认原点标志是否吻合	目测原点标志是否吻合(思考:不吻合时如何进行示教修正操作?)
7	腕部	① 伺服锁定时腕部有无松动; ② 在所有运转领域中腕部有无松动	松动时要调整锥齿轮
8	阻尼器	检查所有阻尼器上是否损伤、破裂或存在大于 1 mm 的印痕,检查连接螺钉是否变形	目测到任何损伤必须更换新的阻尼器,如果螺钉有变形更换连接螺钉
9	润滑油	检查齿轮箱润滑油量和清洁程度	卸下注油塞,用带油嘴和集油箱的软管排出齿轮箱中的油,装好油塞,重新注油(注油的量根据排出的量而定)
10	平衡装置	检查平衡装置有无异常	卸下螺母,拆去平衡装置防护罩,抽出一点气缸检查内部平衡缸,擦干净内部,目测内部环有无异常,更换任何有异常的部分,推回气缸装好防护罩并拧好螺母
11	防碰撞传感器	闭合电源开关及伺服电源,拨动焊枪使防碰撞传感器运转,紧急停止功能是否正常	防碰撞传感器损坏或不能正常工作时应进行更换
12	空转(刚性损伤)	运转各轴,检查是否有刚性损伤	若有刚性损伤,则应更换(思考:如何确认刚性损伤?)
13	锂电池	检查锂电池使用时间	每两年更换一次
14	电线束、谐波油(黄油)	检查在机器人本体内电线束上黄油的情况	在机器人本体内电线束上涂敷黄油,以三年为一周期更换
15	所有轴的异常振动、声音	检查所有运转中轴的异常振动和异常声音	用示教器手动操作转动各轴,不能有异常振动和声音

续表

序号	检查内容	检查事项	方法及对策
16	所有轴的运转区域	示教器手动操作转动各轴,检查在软限位报警时是否达到硬限位	目测是否达到硬限位,进行调节
17	所有轴与原来标志的一致性	原点复位后,检查所有轴与原来标志是否一致	用示教器手动操作转动各轴,目测所有轴与原点标志是否一致,不一致时重新检查第6项
18	变速箱润滑油	打开注油塞检查油位	如有漏油,用油枪根据需要补油(第一次工作隔6 000 h更换,以后隔24 000 h更换)
19	外部导线	目测检查有无污迹、损伤	如有污迹、损伤,进行清理或更换
20	外露电动机	目测有无漏油	如有漏油,清查并联系专业人员
21	大修	30 000 h	请联系厂家

3. 连接电缆的检查

连接电缆的检查参见表6.4。检查机器人连接电缆时关闭连接到机器人的所有电源、液压源、气压源,然后进入机器人工作区域进行检查。

表6.4 连接电缆的检查

序号	检查内容	检查事项	方法及对策
1	机器人本体与伺服电动机相连的电缆	① 接线端子的松紧程度; ② 电缆外观有无磨损和损伤	① 用手确认松紧程度; ② 目测外观有无损伤,如果有任何磨损应及时更换
2	焊机及接口相连的电缆	同机器人本体与伺服电动机相连的电缆	同上
3	与控制装置相连的电缆	① 接线端子的松紧程度; ② 电缆外观(包括示教器及外部轴电缆)有无损伤	同上
4	接地线	① 本体与控制装置间是否接地; ② 外部轴与控制装置间是否接地	目测并连接接地线
5	电缆导向装置	检查底座上的连接器,检查电缆导向装置有无损坏	如有任何磨损或损坏及时更换

4. 机器人日常维护及保养计划

机器人日常维护及保养计划见表6.5~表6.7。

表 6.5　机器人日常维护及保养计划表

序号	检查项目		判定标准
1	操作人员	开机点检	泄漏检查	检查三联件、气管、接头等元件有无泄漏
2			异响检查	检查各传动机构是否有异常噪音
3			干涉检查	检查各传动机构是否运转平稳,有无异常抖动
4			风冷检查	检查控制柜后风扇是否通风顺畅
5			外围波纹管附件检查	是否完整齐全,有无磨损,有无锈蚀
6			外围电气附件检查	检查机器人外部线路连接是否正常,有无破损,按钮是否正常

注：上表中"操作人员"与"开机点检"为跨行合并单元格。

表 6.6　机器人季度维护及保养计划表

序号	检查项目	检查点
1	控制单元电缆	检查示教器电缆是否存在不恰当扭曲、破损
2	控制单元的通风单元	如果通风单元脏了,切断电源,清理通风单元
3	机械本体中的电缆	检查机械本体插座是否损坏,弯曲是否异常,检查电机航插是否连接可靠
4	清理检查每个部件	清理每一个部件,检查部件是否存在问题
5	上紧外部螺钉	上紧末端执行器螺钉,以及外部主要螺钉

注释：

① 关于清洁部位,主要是机械手腕油封处,清洁切削和飞溅物。

② 关于紧固部位,应紧固末端执行器安装螺钉、机器人本体安装螺钉、因检修等而拆卸的螺钉。应紧固露出于机器人外部的所有螺钉。有关安装力矩,请参阅附录的螺钉拧紧力矩表,并涂相应的紧固胶或者密封胶。

表 6.7　机器人年度维护及保养计划表

序号	检查内容	检查点
1	电池	更换机械单元中的电池
2	更换减速器、齿轮箱的润滑脂	按照润滑要求进行更换

操作者必须严格按照保养计划书保养维护好设备,严格按照操作规程操作,设备发生故障,应及时向维修人员反映设备情况,包括故障出现的时间、故障的现象,以及故障出现前操作者进行的详细操作,以便维修人员正确快速地排除故障。

习 题

6-1 简述工业机器人系统集成的步骤。

6-2 简述工业机器人工作站的组成。

6-3 简述搬运作业的机器人系统。

6-4 简述焊接作业的机器人系统。

6-5 工业机器人的安全管理有哪些?

6-6 工业机器人的维护和保养有哪些?

第7章 工业机器人的示教编程和仿真

7.1 工业机器人的编程要求与语言类型

7.1.1 工业机器人的编程要求

随着工业机器人使用量的不断增加,人们对工业机器人系统也有了初步的了解。众所周知,针对不同的工件需及时更改机器人编程,才能保质保量地完成生产任务。机器人编程是机器人运动和控制问题的结合点,也是机器人系统关键的问题之一。当前实用的工业机器人常为离线编程或示教,在调试阶段可以通过示教控制器对编译好的程序一步一步地进行,调试成功后可投入正式运行。把机器人源程序转换成机器码,以便机器人控制柜能直接读取和执行,编译后的程序运行速度将大大加快。工业机器人编程是使用某种特定语言来描述机器人动作轨迹,它通过对机器人的描述,使机器人按照既定运动和作业指令完成编程或者想要的各种操作。因此,目前对于工业机器人编程的要求有如下几点。

1. 能够建立世界坐标系

在进行机器人编程时,需要一种描述物体在三维空间内的运动方式,因此要给机器人及其相关物体建立一个基础坐标系。这个坐标系与大地相连,也称世界坐标系,为了方便机器人工作,也可以建立其他坐标系,但同时需要建立这些坐标系与基坐标系变换关系。机器人编程系统应具有在各种坐标系下描述物体位置的能力和建模能力。

2. 能够描述机器人作业

机器人作业的描述与其环境模型紧密相关,编程语言水平决定了描述水平,现有的机器人语言需要给出作业顺序,由语法和词法定义输入语句,并由它描述整个作业过程,例如,装配作业可描述为世界模型的一系列状态,这些状态可用于工作空间所有物体的位置给定,这些位置也可以利用物体的空间关系来说明。

3. 能够描述机器人运动

描述机器人需要进行的运动是机器人编程语言的基本功能之一,用户能够运用语言中的运动语言,与路径规划相连接,允许用户规定路径上的点及目标点,决定是否采用点差补运动或者笛卡尔直线运动,用户还可以控制运动速度或运动持续时间。

4. 允许用户规定执行流程

同一般的计算机编程语言一样,机器人编程系统允许用户规定执行流程,包括实验和转移、循环、调用子程序以及中断等。

5. 要有良好的编辑环境

如果用户忙于应付连续重复的编译语言逐条执行,那将降低其工作效率。因而工业机器人编程语言中的中断功能可以每次只执行一条单独语句,即可提高效率。典型的编辑支撑(如文本编辑调试程序)和文件系统也是需要的。

6. 需要人机接口和综合传感信号

工业机器人与人之间的信息交换,需要在作业过程中及时处理故障、确保安全,因而需要功能强大的人机接口。

目前常见的编程方法有两种,即示教编程方法和离线编程方法。其中示教编程方法包括示教、编辑和轨迹再现,可以通过示教盒示教和导引式示教两种途径实现。由于示教方式实用性强,操作简便,因此大部分机器人都采用这种方式。离线编程方法是利用计算机图形学成果,借助图形处理工具建立几何模型,通过一些规划算法来获取作业规划轨迹。与示教编程不同,离线编程不与机器人发生关系,在编程过程中机器人可以照常工作。

7.1.2 工业机器人的语言类型

机器人的开发语言一般为 C、C++、C++Builder、VB、VC 等语言,主要取决于执行机构(伺服系统)的开发语言;而机器人编程分为示教、动作级机器人编程语言、任务级编程语言三个级别;机器人编程语言分为专用操作语言(如 VAL 语言、AL 语言、SLIM 语言等)、应用已有计算机语言的机器人程序库(如 Pascal 语言、JARS 语言、AR-BASIC 语言等)、应用新型通用语言的机器人程序库(如 RAPID 语言、AML 语言、KAREL 语言等)三种类型。目前主要应用的是 SLIM 语言。机器人语言品种繁多,而且新的语言层出不穷。这是因为机器人的功能不断拓展,需要新的语言来配合其工作。另一方面,机器人语言多是针对某种类型的具体机器人而开发的,所以机器人语言的通用性很差,几乎一种新的机器人问世,就有一种新的机器人语言与之配套。

工业机器人语言可以按照其作业描述水平的程度分为动作级编程语言、对象级编程语言和任务级编程语言三类。

1. 动作级编程语言

动作级编程语言是最低一级的机器人语言。它以机器人的运动描述为主,通常一条指令对应机器人的一个动作,表示从机器人的一个位姿运动到另一个位姿。动作级编程语言的优点是比较简单,编程容易。其缺点是功能有限,无法进行繁复的数学运算,不接受浮点数和字符串,子程序不含有自变量;不能接受复杂的传感器信息,只能接受传感器开关信息;与计算机的通信能力很差。典型的动作级编程语言为 VAL 语言,如 AVL 语言语句"MOVE TO(destination)"的含义为机器人从当前位姿运动到目的位姿。

2. 对象级编程语言

所谓对象即作业及作业物体本身。对象级编程语言是比动作级编程语言高一级的编程语言,它不需要描述机器人手爪的运动,只要由编程人员用程序的形式给出作业本身顺序过程的描述和环境模型的描述,即描述操作物与操作物之间的关系。通过编译程序机器人即能知道如何动作。

3. 任务级编程语言

任务级编程语言是比前两类更高级的一种语言,也是最理想的机器人高级语言。这类语言不需要用机器人的动作来描述作业任务,也不需要描述机器人对象物的中间状态过程,只需要按照某种规则描述机器人对象物的初始状态和最终目标状态,机器人语言系统即可利用已有的环境信息和知识库、数据库自动进行推理、计算,从而自动生成机器人详细的动作、顺序和数据。例如,装配机器人需完成某一螺钉的装配,螺钉的初始位置和装配后的目标位置已知,当发出抓取螺钉的命令时,语言系统从初始位置到目标位置之间寻找路径,在复杂的作业环境中找出一条不会与周围障碍物产生碰撞的合适路径,在初始位置处选择恰当的姿态抓取螺钉,沿此路径运动到目标位置。在此过程中,作业中间状态、作业方案的设计、工序的选择、动作的前后安排等一系列问题都由计算机自动完成。

7.2 工业机器人的语言系统结构与编程语言

7.2.1 工业机器人的语言系统结构

机器人语言是人与机器人之间的一种记录信息或交换信息的程序语言,它提供了一种方式来解决人机的通信问题,是一种专用语言,它不仅包含语言自身,实际上还同时包含语言的处理过程。它能够支持工业机器人编程控制,以及与外围设备、传感器和人机接口,同时还支持与计算机系统的通信。

工业机器人语言系统包括三个基本状态:监控状态、编辑状态和执行状态。

1. 监控状态

监控状态用于整个系统的监控控制,操作者可以用示教器定义机器人在空间中的位置,设置机器人的运动速度、存储和调出程序等。

2. 编辑状态

编辑状态用于操作者编制或编辑状态,一般都包括:写入指令、修改或删除指令以及插入指令等。

3. 执行状态

执行状态用来执行机器人程序。在执行状态,机器人执行程序的每一条指令都是经过调式的,不允许执行有错误的指令。

机器人语言系统框图如图7-1所示。

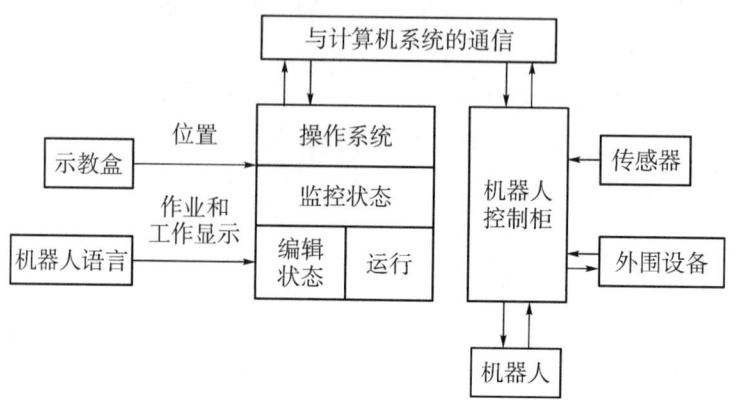

图 7-1 机器人语言系统框图

7.2.2 工业机器人的编程语言

一般用户接触到的语言都是机器人公司自己开发的针对用户的语言平台,通俗易懂,在这一层次,每一个机器人公司都有自己语法规则和语言形式。这些都不重要,因为这层是给用户示教编程使用的。在这个语言平台之后是一种基于硬件相关的高级语言平台,如 C 语言、C++语言、基于 IEC61131 标准语言等,这些语言是机器人公司做机器人系统开发时所使用的语言平台,这一层次的语言平台可以编写、翻译、解释程序,针对用户示教的语言平台编写的程序进行翻译、解释成该层语言所能理解的指令,该层语言平台主要进行运动学和控制方面的编程。最底层就是硬件语言,如基于 Intel 硬件的汇编指令等。

商用机器人公司提供给用户的编程接口一般都是自己开发的简单的示教编程语言系统,如 KUKA、ABB 等,机器人控制系统提供商提供给用户的一般是第二层语言平台,在这一平台层次,控制系统供应商可能提供了机器人运动学算法和核心的多轴联动插补算法,用户可以针对自己设计的产品应用自由地进行二次开发。该层语言平台具有较好的开放性,但是用户的工作量也相应增加。这一层次的平台主要是针对机器人开发厂商的平台,如欧系的一些机器人控制系统供应商就是基于 IEC61131 标准的编程语言平台。最底层的汇编语言级别的编程环境我们一般不用太关注,这些是控制系统芯片硬件厂商的事。

1. 工业机器人的编程语言的组成

机器人编程语言用以描述可被机器人执行的作业操作,一个可用的机器人编程语言应由以下几部分组成:

① 指令集合。根据语言水平不同,指令个数可由数个到数十个,愈简单愈好。
② 程序的格式与结构。这是关键部分,应有通用性。
③ 程序表达码和载体。用以传递源程序。

2. 工业机器人的常见编程语言

(1) AL 语言

编译程序采用高级语言编写,可在小型计算机上实时运行,近年来该程序已能够在微型计算机上运行。AL 语言对其他语言有很大的影响,在一般机器人语言中起主导作用。

(2) AML 语言

AML 语言是由 IBM 公司开发的一种交互式面向任务的编程语言,专门用于控制制造过程(包括机器人)。它支持位置和姿态示教、关节插补运动、直线运动、连续轨迹控制和力觉,提供机器人运动和传感器指令、通信接口和很强的数据处理功能(能进行数据的成组操作)。这种语言已商品化,可应用于内存不少于 192 KB 的小型计算机控制的装配机器人。小型 AML 可应用微型计算机控制经济型装配机器人。

(3) MCL 语言

MCL 语言是由美国麦道飞机公司为工作单元离线编程而开发的一种机器人语言。工作单元可以是各种形式的机器人及外围设备、数控机械、触觉和视觉传感器。它支持几何实体建模和运动描述,提供手爪命令,软件是在 IBM360APT 的基础上用 FORTRAN 和汇编语言写成的。

(4) SERF 语言

SERF 语言是由日本三协精机制作所开发的控制 SKILAM 机器人的语言。它包括工件的插入、装箱、手爪的开合等。与 BASIC 相似,这种语言简单,容易掌握,具有较强的功能,如三维数组、坐标变换、直线及圆弧插补、任意速度设定、子程序、故障检测等,其动作命令和 I/O 命令可并行处理。

(5) SIGLA 语言

SIGLA 语言是由意大利 Olivetti 公司开发的一种面向装配的语言,其主要特点是为用户提供了定义机器人任务的能力。Sigma 型机器人的装配任务常由若干个子任务组成,如取螺钉旋具、在上料器上取螺钉、搬运该螺钉、螺钉定位、螺钉装入和拧紧螺钉等。为了完成对子任务的描述及回避碰撞的命令,可在微型计算机上运行。

(6) AutoPASS 语言

AutoPASS 语言是一种对象级语言。对象级语言是靠对象物状态的变化给出大概的描述,把机器人的工作程序化的一种语言。AutoPASS、LUMA、RAFT 等都属于这一级语言。AutoPASS 是 IBM 公司下属的一个研究所提出来的机器人语言,它是针对机器人操作的一种语言,程序把工作的全部规划分解成放置部件、插入部件等宏功能状态变化指令来描述。AutoPASS 的编译是应用称作环境模型的数据库,边模拟工作执行时环境的变化边决定详细动作,得到控制机器人的工作指令和数据。

7.3　示教再现编程的概念及特点

示教再现编程是一种可通过示教编程存储起来的可重复再现的作业程序。示教编程是一种机器人的编程方法,机器人按照事先编辑好的程序进行运动,一般是由操作人员按照任务要求示教机器人并且记录其运动轨迹而形成的程序。作业程序是一组运动及辅助指令,用以确定机器人特定的预期作业,其程序一般由操作者(用户)编写。

示教分为示教、存储、再现三个步骤。示教是机器人学习的过程,在这个过程中操作者需要手把手教会机器人操作相关动作,存储是机器人的控制系统以程序的形式将示教的动作记忆下来,再现是机器人按照示教存储的程序重现机器人的相关操作。

① 示教。操作者按照规定的目标动作(包含各个轴和关节的运动)一步一步地教给机器人。操作者可以将运动轨迹分成多个点,在运动过程中分别示教。

② 存储。机器人将操作者示教的各个点的相关信息(速度、位姿等)记录在存储器中。

③ 再现。读取存储的相关信息,给机器人发出执行的指令,机器人将根据程序再现之前示教过程。

7.3.1 示教再现编程的特点

示教再现编程又称为在线示教,其控制方式如图 7-2 所示。

示教再现编程是现场直接对操作对象进行的一种编程方法,常用的示教再现编程有三种:

1. 人工引导示教

人工引导示教又称为直接示教,由有经验的操作人员导引机器人末端执行器(安装于机器人关节结构末端的夹持器、工具、焊枪、喷枪等),或由人工操作导引机械模拟装置,按照规定动作顺序示教,并记忆各关节自由度的运动过程。

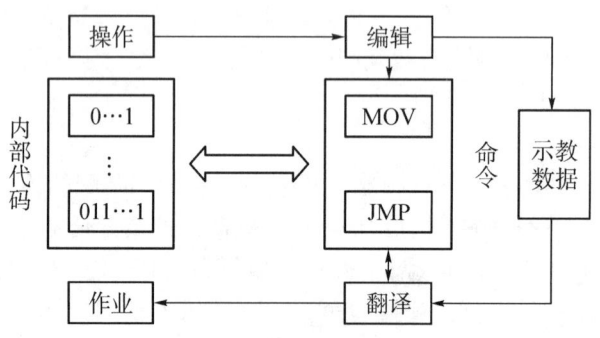

图 7-2 示教再现机器人控制方式

2. 辅助装置示教

对于一些人工难以牵动的机器人,例如一些大功率或高减速比的机器人,可以用一些特别的辅助装置帮助示教。

3. 示教盒

为了方便现场示教,一般工业机器人都配有示教盒,示教盒是指与控制系统相连接的一种手持装置,用以对机器人进行编程或使之运动。操作人员可用示教盒来使机器人完成预期的动作,它相当于机器人的键盘,有示教功能键、运动功能键、参数设定键、特殊功能键、急停开关、选择开关和使能键等按键。操作者通过示教盒相关按键,可以驱动机器人按照指令进行运动。

示教盒的使用会导致操作者的示教时间不可控制,超过再现时间,尤其一些相对复杂的运动轨迹,降低了机器人的工作效率;示教的精度依赖操作者的示教过程,因而也无法达到很高。

7.3.2 示教再现编程的优点和缺点

工业机器人的应用中,部分工作任务为搬运、码垛、焊接等操作,目前采用较多的是示教再现编程方式,其特点是操作容易、轨迹简单。

1. 示教再现编程的优点

① 只需要简单的装置和控制设备。

② 示教后，再现过程可以立刻应用，且可以重复使用。

③ 操作简便，便于学习和掌握。

④ 在实际操作中，可根据具体情况，修正机械结构带来的误差。

2. 示教再现编程的缺点

① 需要操作人员花费大量的机器人作业时间来完成编程。

② 运动过程中的精度需要靠人为来决定，因而复杂的运动轨迹和准确的运动路径较难实现。

③ 无法示教出完全一致的轨迹，导致示教轨迹的重复性差。

④ 协同操作性弱，较难实现与其他人员或机器人的操作同步。

⑤ 在柔性制造系统中，示教再现编程无法与 CAD 数据库相连接，这对工厂实现 CAD/CAM/Robotics 一体化有困难。

7.3.3 示教再现编程的基本方法

1. 示教再现编程的基本指令

工业机器人在编程时都有其各自的编程语言，只有通过对应的编程语言，才能实现机器人的示教再现。目前工业机器人的编程语言没有相对统一的通用语言，各厂家自行开发针对用户的语言平台，因此工业机器人都有其自己对应的编程语言，如 ABB 机器人编程语言为 RAPID 语言、FAUNC 机器人编程语言为 KAREL 语言、KUKA 机器人编程语言为 KRL 语言、YASKAWA 机器人编程语言为 Moto-Plus 语言等。不过工业机器人一般所具有的功能基本类似，因而各自的编程语言在语法规则和语言形式上，其关键特性差别不大，"四大家族"的常用基本运动指令如表 7.1 所示。由表可知，对于机器人的编程语言，掌握其中一种类型的示教再现编程，可以对其他类型示教再现编程打好基础、便于上手。

表 7.1 "四大家族"的常用基本运动指令

运动方式	运动路径	基本运动指令			
		ABB	**FAUNC**	**KUKA**	**YASKAWA**
点位运动	PTP	MoveJ	J	SPTP	MOVJ
连续路径运动	直线	MoveL	L	SLIN	MOVL
	圆弧	MoveC	C	SCIRC	MOVC

2. 示教再现编程的基本步骤

常见的机器人示教再现编程是机器人运动轨迹的实现，现在，我们以两点之间的焊接作为例子来理解示教再现编程的基本步骤。

（1）示教前的准备

① 安全确认：确认机器人的相关安全注意事项，如机器人主体是否有硬件脱落等现象。

② 电源确认：确认控制柜和机器人主体电源接通情况。

③ 原点确认：确认机器人各关节均处于初始位姿。

(2) 示教过程

① 创建示教文件，用于存储程序。

② 设置示教点

如图 7-3 所示，机器人需要完成的是工件 A 点到 B 点的焊接，此过程的运动轨迹即为工具中心点(TCP)所经过的路径，示教的过程中需要考虑其运动路径和运动速度。机器人运动轨迹的控制方式有点位运动控制(Point to Point, PTP)和连续点位运动控制(Continuous Path, CP)两种。PTP 只关心运动轨迹的首末两个端点位姿，不关心其运动轨迹；CP 则必须保证机器人根据所期望的轨迹在一定精度的范围内运动，其是以 PTP 为基础，可实现轨迹的连续化。

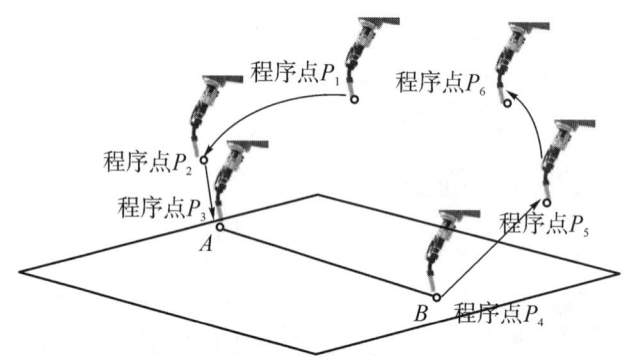

图 7-3 机器人完成工件 A 点到 B 点的焊接运动轨迹

由图可知，该过程需要至少 6 个程序点才能完成其运动轨迹，每个程序点的说明如表 7.2 所示。

表 7.2 运动轨迹的程序

程序点	说明
P_1	机器人的起始点
P_2	A 点作业临近点(空走点)
P_3	焊接的起始点 A
P_4	焊接的结束点 B
P_5	B 点作业临近点(空走点)
P_6	机器人回到结束原点

根据运动轨迹中程序点的确定，可以通过具体的示教方法来实现示教的过程。

a. 将机器人通过手动操作使其移动到起始点，该点可以是机器人的初始位姿，也可以是一个安全且适合后续作业的位姿，采用"PTP"的插补方式，记录下 P_1 点。

b. 将机器人通过手动操作使其移动到 A 点作业临近点，该点为空走点，不能省略，可以在 A 点附近，建议放在 A 点的垂直正上方，采用"PTP"的插补方式，记录下 P_2 点。

c. 将机器人通过手动操作使其移动到焊接的起始点 A，建议更改为直角坐标系，且运行速度较低，采用直线插补方式，记录下 P_3 点。

d. 将机器人通过手动操作使其移动到焊接的结束点 B,建议更改为直角坐标系,且运行速度较低,采用直线插补方式,记录下 P_4 点。

e. 将机器人通过手动操作使其移动到 B 点作业临近点,该点为空走点,不能省略,可以在 B 点附近,建议放在 B 点的垂直正上方,建议更改为直角坐标系,采用直线插补方式,记录下 P_5 点。

f. 将机器人通过手动操作使其移动到结束点,该点可以是机器人的初始位姿,也可以是一个可以从 P_5 点安全且到达的位姿,采用"PTP"的插补方式,记录下 P_6 点。

如果操作过程中精度不够高,或者实现过程不完善,操作人员可以考虑增加相关的程序点。

(3) 再现

① 选择之前示教存储的文件,并将光标移动到程序的起始位置。
② 机器人回归到初始位姿。
③ 采用手动模式,即单步运行,逐条执行指令,以确保示教结果的正确性。
④ 采用自动模式,即连续运行,接通伺服电源,观察机器人执行指令。

7.4 离线编程的概念及特点

随着工业化生产中生产系统越来越趋向于柔性制造系统和集成制造系统,系统中的任何一个生产要素停止工作都将对整个生产线造成影响,因此示教编程不经过离线仿真就直接应用在生产系统中,易于造成生产系统的破坏。而离线编程则是独立于机器人系统实现的一种编程方法。

7.4.1 离线编程的特点

离线编程一般适用于不便于现场操作、工作量大、精度低等的情况,常用的离线编程包含解析示教和任务示教。

1. 解析示教

解析示教是指将计算机辅助设计的数据直接用于示教,并利用传感技术进行必要的修正。

2. 任务示教

任务示教是指针对指定任务,以及操作对象的位置、形状,有控制系统自动规划运动路径。任务示教是一种发展方向,具有较高的智能水平,目前仍处于研究中。

7.4.2 离线编程的优点和缺点

1. 离线编程的优点

① 提高机器人的利用率,编程的时候不影响机器人的正常工作,可以对非当前任务进行离线编程,提高了生产系统的效率。
② 不需要实际机器人和工作环境,不必在现场作业,仅需要机器人系统和工作环境的图形模型即可,降低了操作员工作环境的危险度。
③ 程序适用性强,程序可实现模块化以适用各种机器人的编程。
④ 针对复杂的运动轨迹和精度较高的路径规划较易实现。

2. 离线编程的缺点

① 需要操作人员掌握较全面的相关知识,如机器人学、传感器、数学、计算机、通信等。
② 离线编程过程复杂,需要对生产过程及环境有较为透彻的了解。
③ 离线编程及仿真仍需要考虑理想模型和实际系统之间的差异,将预测的误差代入离线编程中进行修正。

7.4.3 离线编程的基本步骤

示教再现编程可以实现如图 6-3 的焊接过程,同样,离线编程方式也可以实现从 A 点到 B 点焊接的程序,其流程包含系统建模、运动规划、虚拟示教、程序下载、运行再现。

1. 系统建模

工业机器人离线仿真的基础和首要任务就是能够重现线下的实际工作场景,是整体的一个系统,因此需要通过计算机软件实现系统的三维建模,其中三维模型包含机器人本体、工件、周围设备等。目前各机器人厂家的相关离线编程软件均可实现简单的建模功能,也可以通过其他 CAD 软件绘制和导入自己的建模,如 Solidworks、UG 等等,这类软件可以生成 IGES、DXF 等格式的文件,通过离线仿真软件中的相关接口导入即可。

2. 运动规划

工业机器人的运动规划包含作业位置规划和作业路径规划。作业位置规划是根据任务确定机器人运动过程中需要的位置坐标,需要尽量减少机器人在极限运动或各关节处于极限位置;作业路径规划是在保证末端执行器作业姿态的前提下,避免机器人与工件、夹具、周围设备等产生碰撞。

3. 虚拟示教

在三维建模的系统中进行虚拟仿真,模拟整个操作过程,检查机器人在运行中是否出现末端工具碰撞,或者运行轨迹是否合理,同时需要计算机器人每个工步的操作时间和整个流程的循环工作时间,为离线编程结果的可行性提供参考。若运行正确完成,则可生成相应的代码,为后续工作准备。

4. 程序下载

前一步生成程序代码转换成机器人控制器可识别的格式,并通过通信接口下载到控制器,控制机器人执行指令。

5. 运行再现

由于理想模型和实际系统的差异,离线编程生成的程序指令需要先进行跟踪试运行,经确认无误后,方可实现自动运行。

7.5 ABB 工业机器人仿真

7.5.1 RobotStudio 软件介绍

随着人工智能等科学技术的发展,自动化在工业领域的市场竞争压力日益加剧,客户在生产中要求更高的效率,以降低价格,提高质量。如今让机器人编程在新产品之始花费时间检测或试运行是行不通的,因为这意味着要停止现有的生产以对新的或修改的部件进行编程。RobotStudio 这款软件可以在电脑中轻易地模拟现场生产过程,让客户了解开发和组织生产过程的情况,以解决上述问题。

RobotStudio 是由 ABB 公司开发研制的一款优秀的工业机器人仿真软件,其主要针对工业机器人离线编程,它既可以提高生产率,降低购买与实施机器人解决方案的总成本,同时也能够在危险作业环境时,通过离线仿真使其工作过程无操作失误,来减少人员的安全隐患。

利用 RobotStudio 提供的各种工具,可在不影响生产的前提下执行培训、编程和优化等任务,不仅提升机器人系统的盈利能力,还能降低生产风险,加快投产进度,缩短换线时间,提高生产效率。

离线编程是扩大机器人系统投资回报的最佳途径。借助 ABB 模拟与离线编程软件 RobotStudio,可在办公室 PC 机上完成机器人编程,无需中断生产。

RobotStudio 以 ABB VirtualController 为基础而开发,与机器人在实际生产中运行的软件完全一致。因此 RobotStudio 可执行十分逼真的模拟,所编制的机器人程序和配置文件均可直接用于生产现场。其工作流程可分为以下两个阶段:

① 规划与可行性:规划与定义阶段 RobotStudio 可让您在实际构建机器人系统之前先进行设计和试运行。您还可以利用该软件确认机器人是否能到达所有编程位置,并计算解决方案的工作周期。

② 编程:设计阶段,程序编辑器(ProgramMaker)将帮助您在 PC 机上创建、编辑和修改机器人程序及各种数据文件。ScreenMaker 能帮您定制生产用的 ABB 示教悬臂程序画面。

RobotStudio 软件主要有以下几个功能特点。

1. CAD 导入

RobotStudio 可方便地导入各种主流 CAD 格式的数据,包括 IGES、STEP、VRML、VDAFS、ACIS 及 CATIA 等。机器人程序员可依据这些精确的数据编制精度更高的机器人程序,从而提高产品质量。

2. 自动路径生成

自动路径生成是 RobotStudio 中最能节省时间的功能之一。该功能通过使用待加工零件的 CAD 模型,仅在数分钟之内便可自动生成跟踪加工曲线所需要的机器人位置(路径),而这项任务以往通常需要数小时甚至数天。

3. 程序编辑器

程序编辑器可生成机器人程序,使用户能够在 Windows 环境中离线开发或维护机器人程序,可显著缩短编程时间、改进程序结构。

4. 路径优化

仿真监视器是一种用于机器人运动优化的可视工具,红色线条显示可改进之处,以使机器人按照最有效方式运行。

5. 自动分析伸展能力

用户可通过该功能任意移动机器人或工件,直到所有位置均可到达,在数分钟之内便可完成工作单元平面布置验证和优化。

6. 碰撞检测

碰撞检测功能可避免设备碰撞造成的严重损失。选定检测对象后，RobotStudio 可自动监测并显示程序执行时这些对象是否会发生碰撞。

7. 在线作业

使用 RobotStudio 与真实的机器人进行连接通信，对机器人进行便捷的监控、程序修改、参数设定、文件传送及备份恢复的操作。

8. 二次开发

软件提供了功能强大的二次开发平台，可根据工业机器人的科研需求和市场需求，开发更多可实现的应用功能。

7.5.2 RobotStudio 软件下载和安装

1. RobotStudio 软件下载

用户可登录 ABB 官方网站进行软件的下载，其网址为 https://new.abb.com/products/robotics/zh/robotstudio/donwnloads，下载页面如图 7-4 所示。

图 7-4 RobotStudio 软件官方下载页面

2. RobotStudio 软件安装

下载完成，得到名为"RobotStudio"的压缩包，解压缩文件后打开文件夹，如图 7-5 所示。

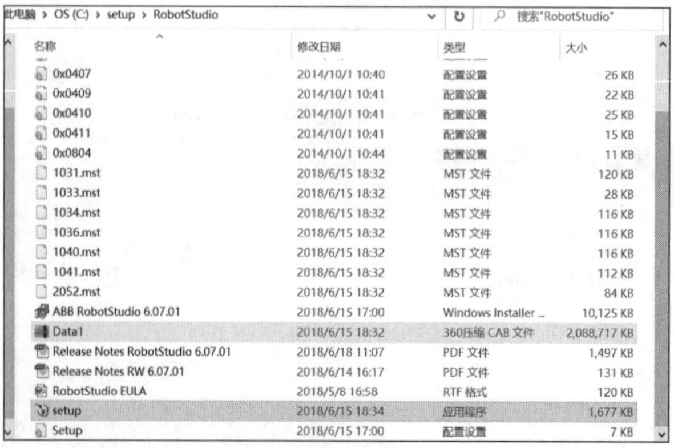

图 7-5 RobotStudio 安装文件夹

鼠标双击"Setup.exe"文件，进入语言选择界面，用户可根据自己需求选择合适的语言，如图7-6所示。

语言选择成功后进入安装界面(图7-7)，根据界面中的相应提示，分别通过同意许可证、选择安装目录、选择安装类型(图7-8)等步骤后，即可开始安装，等安装完成后，点击"完成"即可(图7-9)。

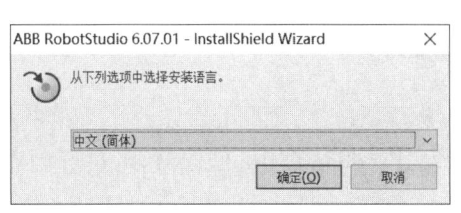

图7-6 语言选择界面

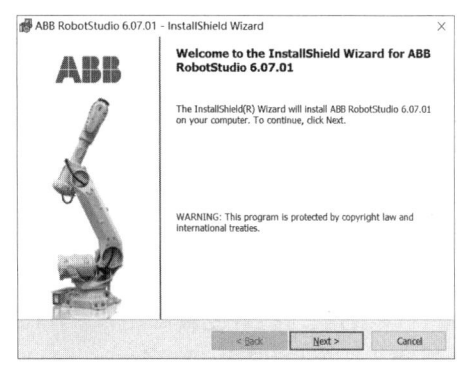

图7-7 软件安装界面

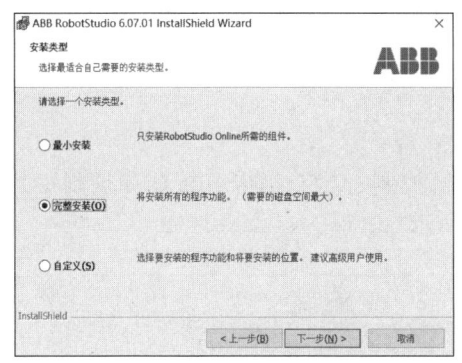

图7-8 选择安装类型界面

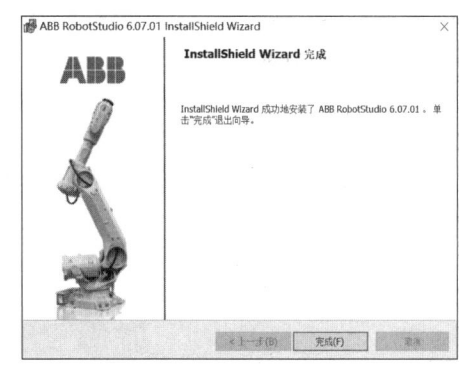

图7-9 软件安装完成界面

7.5.3 RobotStudio软件界面介绍

双击安装好的桌面图标，打开RobotStudio软件，可以看到软件开始的界面，如图7-10所示。

新建的菜单栏包含文件、基本、建模、仿真、控制器、RAPID、Add-Ins等功能选项卡。

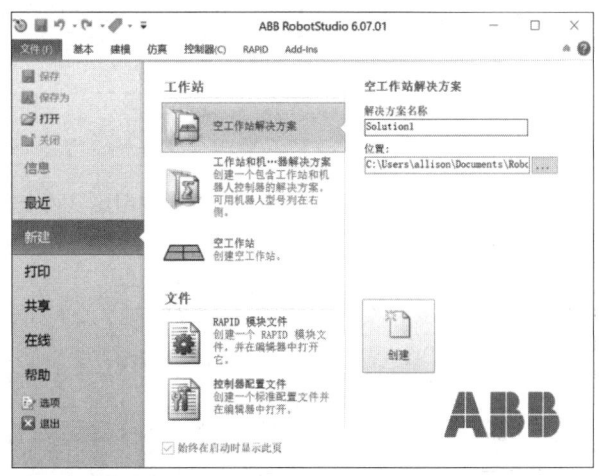

图7-10 RobotStudio软件界面

1. "文件"功能选项卡

"文件"功能选项卡包含保存、新建、打开、打印和帮助等选项,可在新建选项中创建工作站。

2. "基本"功能选项卡

"基本"功能选项卡包含建立工作站、路径编程、设置、控制器、Freehand 和图形选项,可在建立工作站选项中导入各种模型,如图 7-11 所示。

图 7-11 "基本"功能选项卡

3. "建模"功能选项卡

"建模"功能选项卡包含创建、CAD 操作、测量、Freehand 和机械选项,可自行创建工具和机械装置等,如图 7-12 所示。

图 7-12 "建模"功能选项卡

4. "仿真"功能选项卡

"仿真"功能选项卡包含碰撞监控、配置、仿真控制、监控、信号分析器和录制短片选项,可实现监控和记录仿真等功能,如图 7-13 所示。

图 7-13 "仿真"功能选项卡

5. "控制器"功能选项卡

"控制器"功能选项卡包含进入、控制器工具、配置、虚拟控制器和传送选项,可用于虚拟控制器和真实控制器的控制,如图 7-14 所示。

图 7-14 "控制器"功能选项卡

6. "RAPID"功能选项卡

"RAPID"功能选项卡包含进入、编辑、插入、查找、控制器、测试和调试和路径编辑器选项,可用于 RAPID 文件的管理和编辑,如图 7-15 所示。

图 7-15 "RAPID"功能选项卡

7. "Add-Ins"功能选项卡

"Add-Ins"功能选项卡包含社区、RobotWare 和齿轮箱热量预测选项,如图 7-16 所示。

图 7-16 "Add-Ins"功能选项卡

值得注意的是,RobotStudio 软件使用过程中常常会遇到操作窗口关闭导致的无法找到相关操作,如图 7-17 所示。

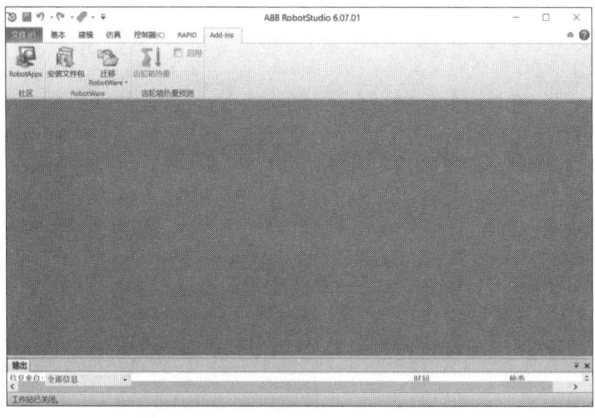

图 7-17 操作窗口关闭界面

此时,可通过自定义快速工具栏选项中的默认布局,恢复到初始界面状态,如图 7-18 所示。

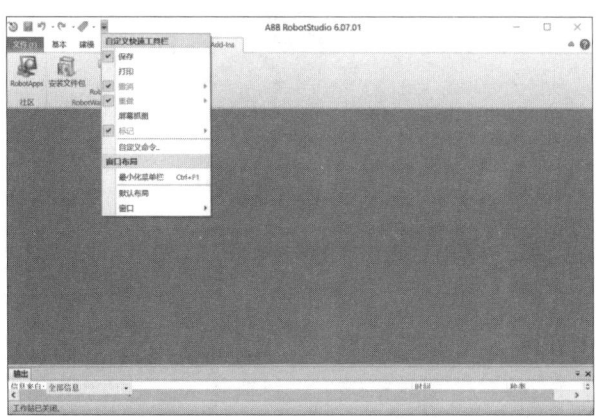

图 7-18 界面恢复选项界面

7.5.4　ABB 示教器基本操作

工业机器人学习的基础是手动操作机器人,包含单轴运动、线性运动、重定位运动和建立基本 RAPID 等手动操作方法,具体需要学习准确定位机器人的示教点,且在示教取点的过程中保证其运动的平滑性,避免机器人和周围物体发生碰撞。

示教器可用于处理机器人系统操作的许多相关功能,例如:运行程序、微动控制操作器、修改机器人程序等,它是一套由软件和硬件组成的完整计算机系统。示教器的正面和背面图如图7-19所示。

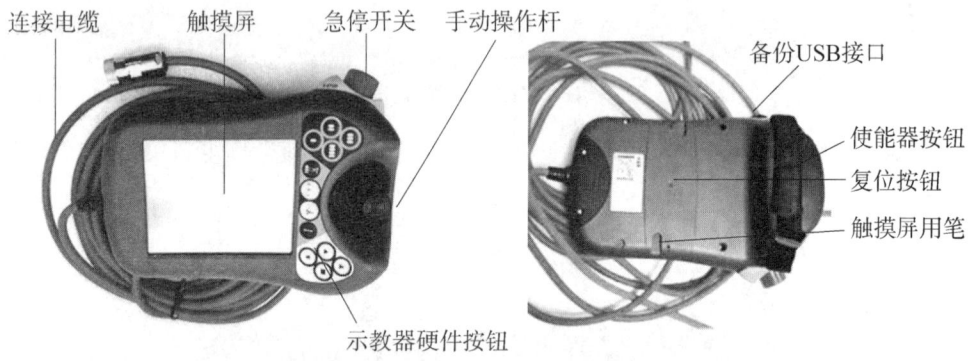

图7-19 示教器实物图

示教器硬件按钮功能说明如图7-20所示。

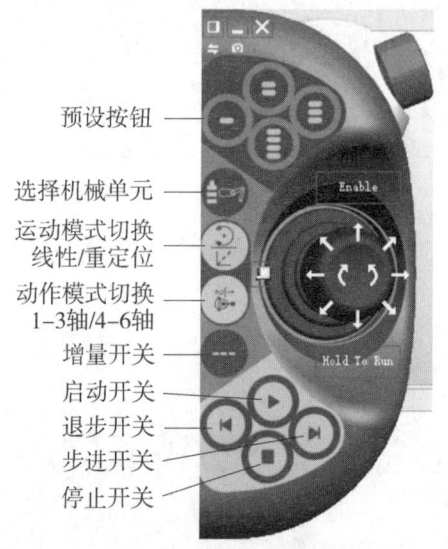

图7-20 示教器按钮功能说明图

示教器使用时,通常采用手持示教器。惯用右手或者左手的操作者都可以正常使用。惯用右手的操作者可采用左手持示教器,右手在触摸屏上进行操作;惯用左手的操作者可采用右手持示教器,左手在触摸屏上进行操作。

1. 工业机器人虚拟系统的建立

(1) 新建机器人工作站

① 双击软件图标打开RobotStudio软件,主菜单"文件"选项下选择"新建",如图7-21所示。

第 7 章　工业机器人的示教编程和仿真

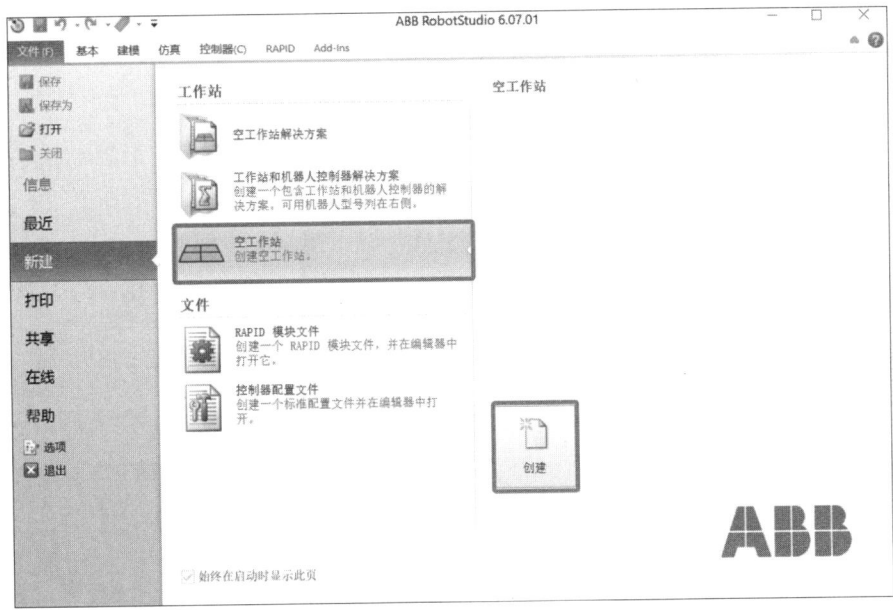

图 7-21　新建选项

② 在新建选项中选择"空工作站",单击"创建",即可创建一个新的空白机器人工作站,如图 7-22 所示,保存工作站。

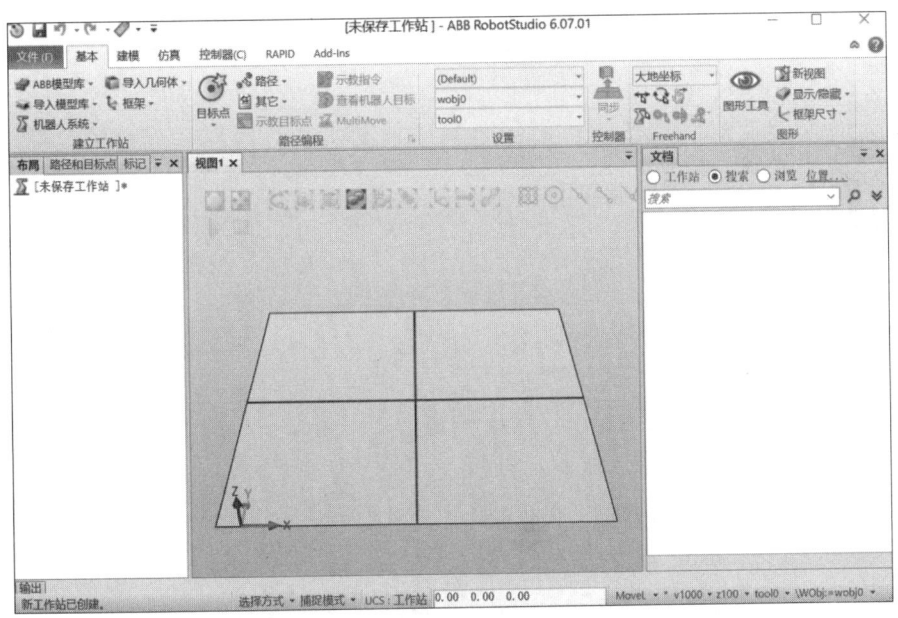

图 7-22　空白机器人工作站

(2) 添加机器人模型

① 从 ABB 模型库下拉菜单中可以找到 ABB 家族的各类型机器人,用户可根据自己的实际需求来选择,如图 7-23 所示。

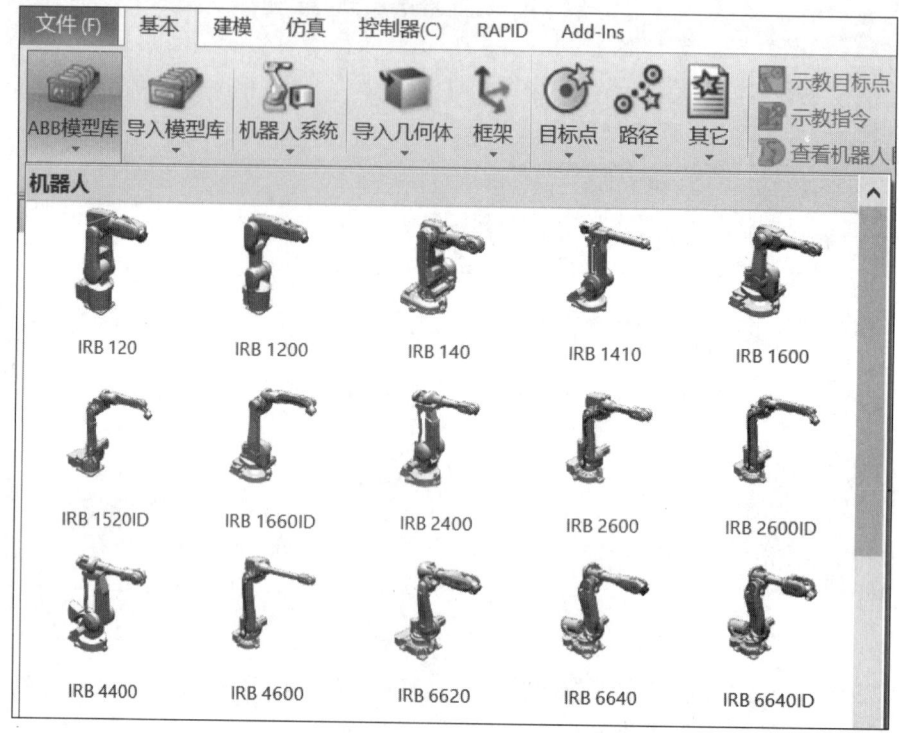

图 7-23　从 ABB 模型库中导入机器人模型

② 选择对应型号的机器人后单击确定,该机器人将出现在视图窗口中,如图 7-24 所示。

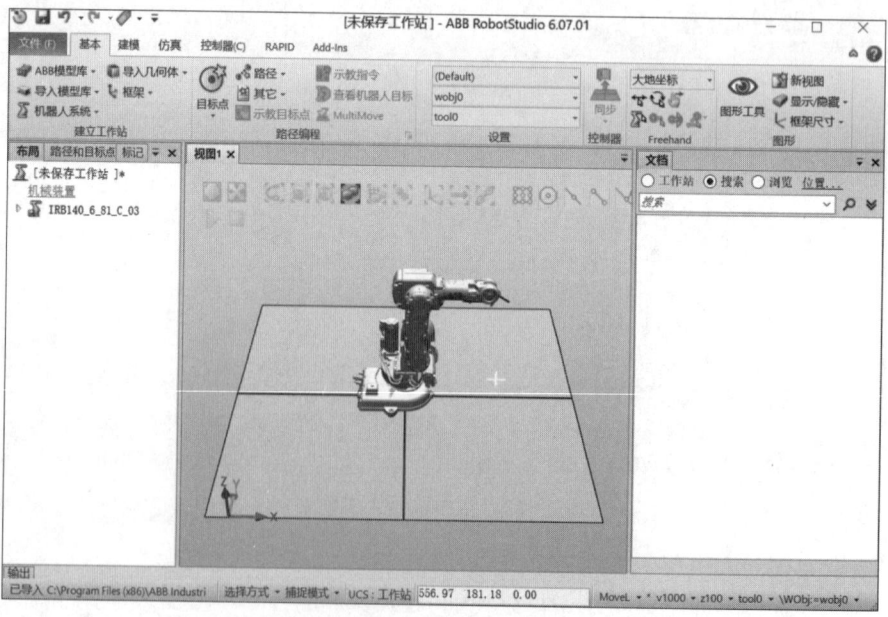

图 7-24　机器人视图界面

(3) 保存机器人工作站

从主菜单中机器人系统下拉选项中,选择从布局选项,如图7-25所示。

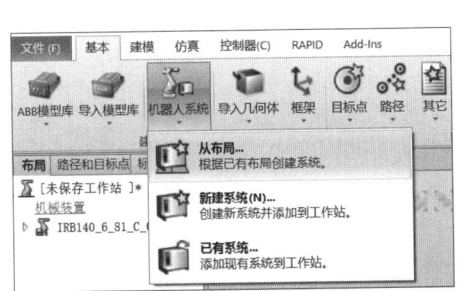

图7-25 从布局创建操作

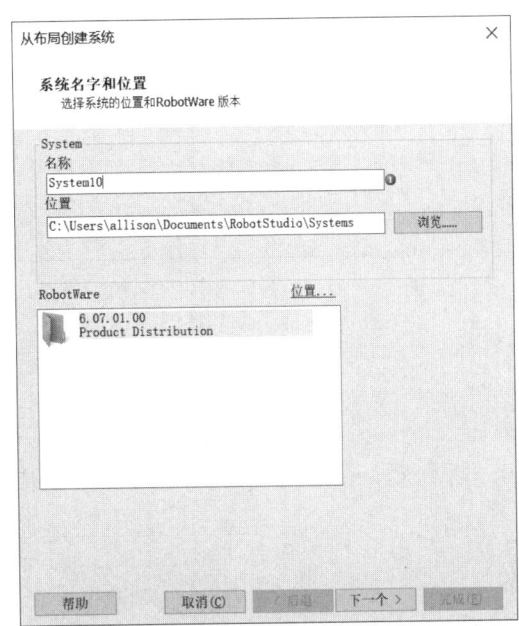

图7-26 "从布局创建系统"选项卡修改名称

在"从布局创建系统"选项卡中,修改系统名称,单击"下一个",如图7-26所示。选择机械装置,单击"下一个",如图7-27所示。

图7-27 "从布局创建系统"选项卡选择机械装置

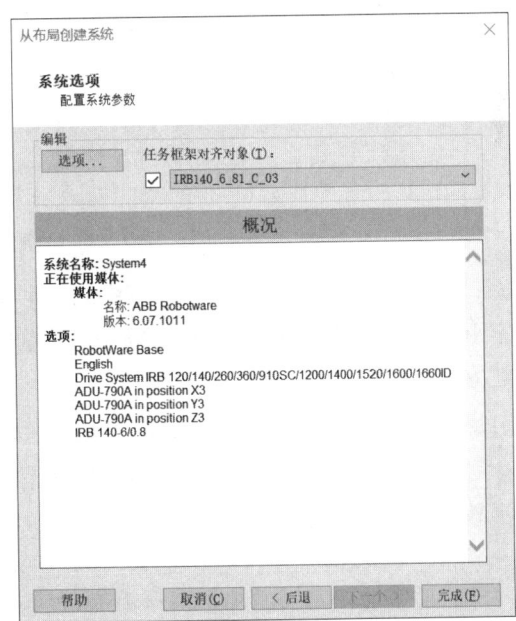

图7-28 "从布局创建系统"选项卡系统选项

在系统选项中配置系统参数,如图7-28所示,单击"选项"打开"更改选项"页面,如图7-29所示。

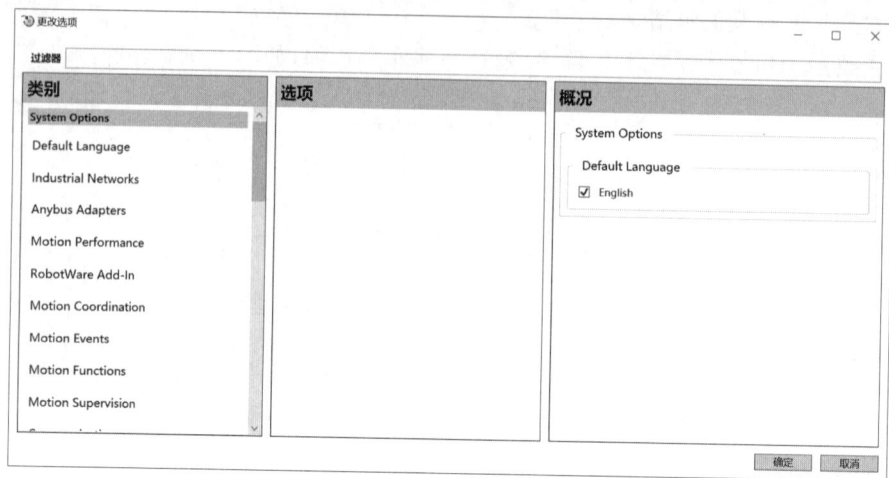

图 7-29 更改选项页面

系统默认语言是英文,用户可根据习惯更改为中文,如图 7-30 所示。

图 7-30 "更改选项"修改语言

系统中其他属性也可在此操作页面进行修改,在此不作赘述。修改完属性单击"确定"可返回到"从布局创建系统"选项卡,单击"完成",即可完成简单的机器人虚拟系统建立。

2. 工业机器人的手动操作

工业机器人的运动包含单轴运动、多轴联动、步进运动、连续运动等,这些运动通过示教器的操作均可以手动实现。

(1) 单轴运动

目前工业机器人的都是六自由度,即包含六个关节轴,每次控制单个关节的运动即为单轴运动。单轴运动的操作步骤如下:

① 在主菜单中选择"控制面板",将机器人操作模式设置为手动,并且接通电源,控制面板有两种显示风格,用户可自由选择,如图 7-31 所示。设置完成后可以在状态栏中,查看机器人的工作状态。

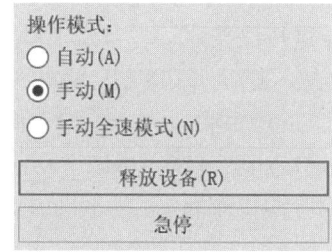

图 7-31 控制面板界面

② 在主菜单中选择"示教器",打开虚拟示教器界面,选择"手动操纵",如图 7-32 所示,进入手动操纵界面,如图 7-33 所示。

图 7-32 示教器选择"手动操纵"

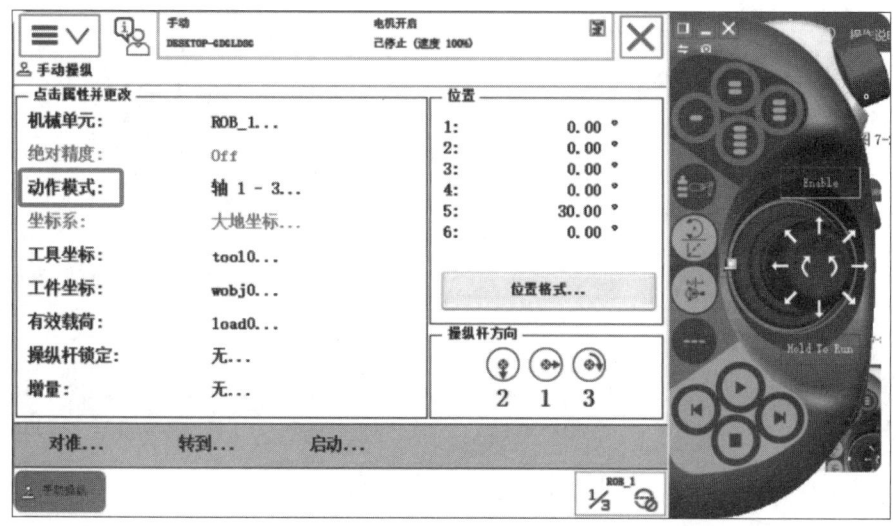

图 7-33 示教器选择"手动操纵"

③ 在"手动操纵"界面中选择动作模式,在动作模式界面选择轴 1-3,如图 7-34 所示,也可以选择轴 4-6 进行操作,单击"确定"完成设置。

④ 按下使能按钮,进入电机开启状态(状态栏可确认),用户可以通过操纵杆的操作对机器人的轴 1-6 关节进行控制,其中轴 1-3 和轴 4-6 分别进行选择操作。操纵杆操作幅度越大,机器人的动作速度越快。由图 7-34 可以看出"操纵杆方向"栏中目前操作的机器人轴和该轴运动时的正方向。

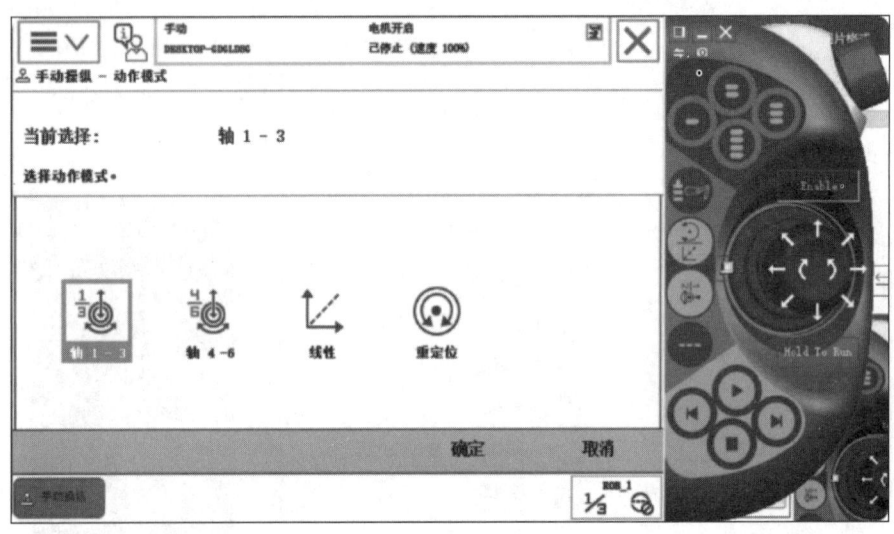

图 7-34 轴 1-3 选择

(2) 线性运动

① 在"手动操纵"界面中选择动作模式,在动作模式界面选择"线性",如图 7-35 所示。

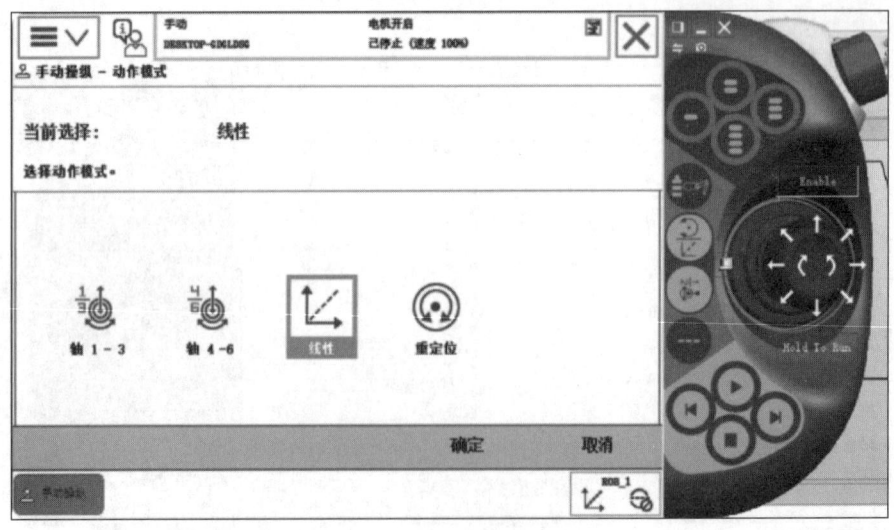

图 7-35 线性选择

② 单击确定，保持工具坐标设置默认值（"tool0"），如图 7-36 所示。

图 7-36　工具坐标默认选项

③ 按下使能按钮，用户可以通过操纵杆的操作对工具坐标 TCP 点在空间做线性运动。由图 7-36 可以看出"操纵杆方向"栏中目前操作的 X、Y、Z 运动时的正方向。

（3）重定位运动

① 在"手动操纵"界面中选择动作模式，在动作模式界面选择"重定位"，如图 7-37 所示。

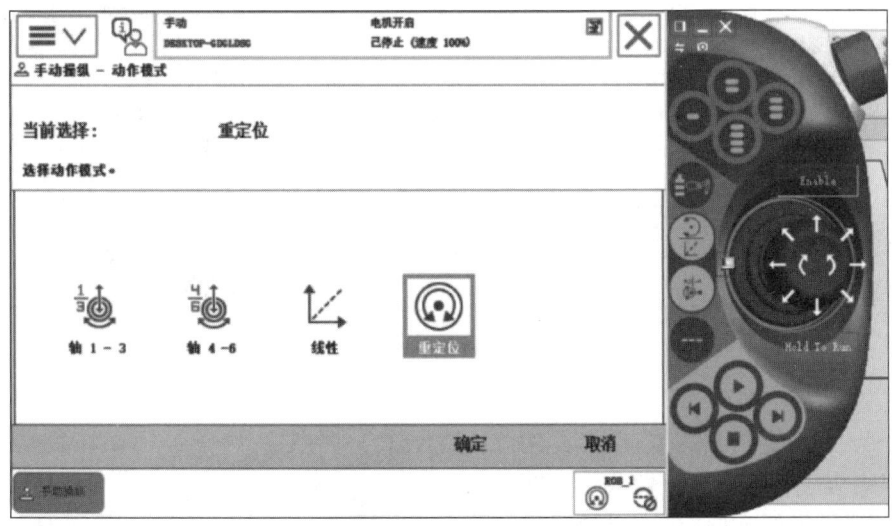

图 7-37　重定位选择

② 单击确定,选择坐标系,如图 7-38 所示。单击确定,如图 7-39 所示。

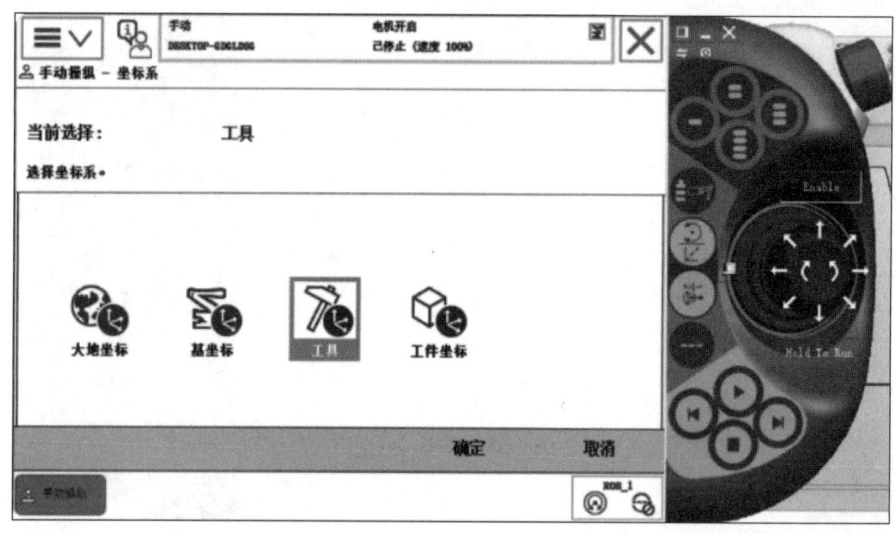

图 7-38　选择工具坐标系

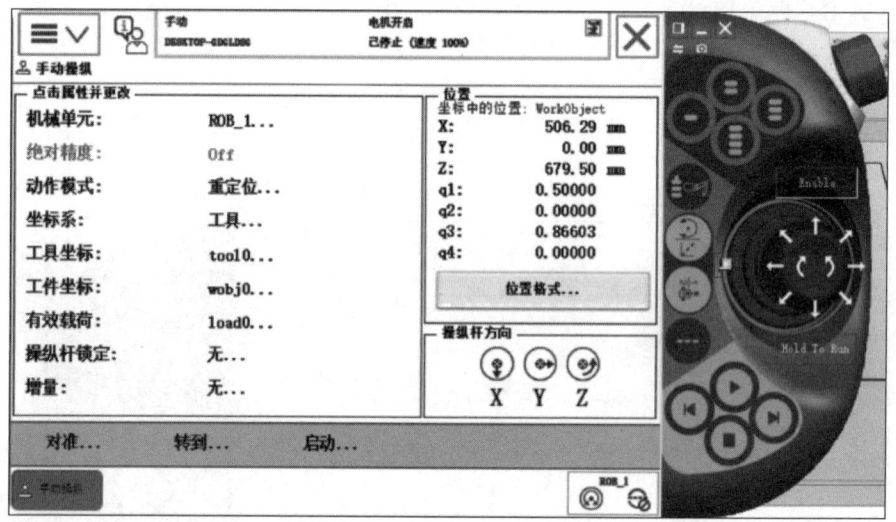

图 7-39　工具坐标系设置成功

③ 按下使能按钮,用户可以通过操纵杆的操作使机器人绕着工具的 TCP 点做姿态调整运动。由图 7-39 可以看出"操纵杆方向"栏中目前操作的 X、Y、Z 运动时的正方向。

(4) 建立基本 RAPID 程序

任务要求:编写一个控制机器人从 p10 运动到 p20 的程序,如图 7-40 所示。

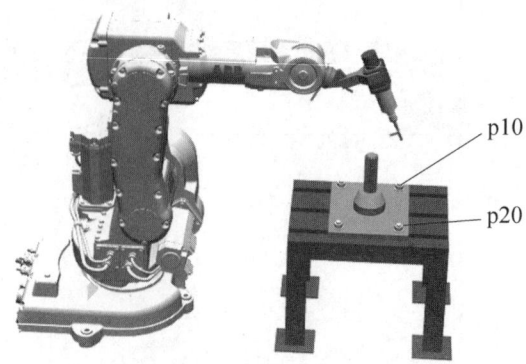

图 7-40　机器人工作任务图

① 在虚拟示教器界面,选择"程序编辑器",如图 7-41 所示。

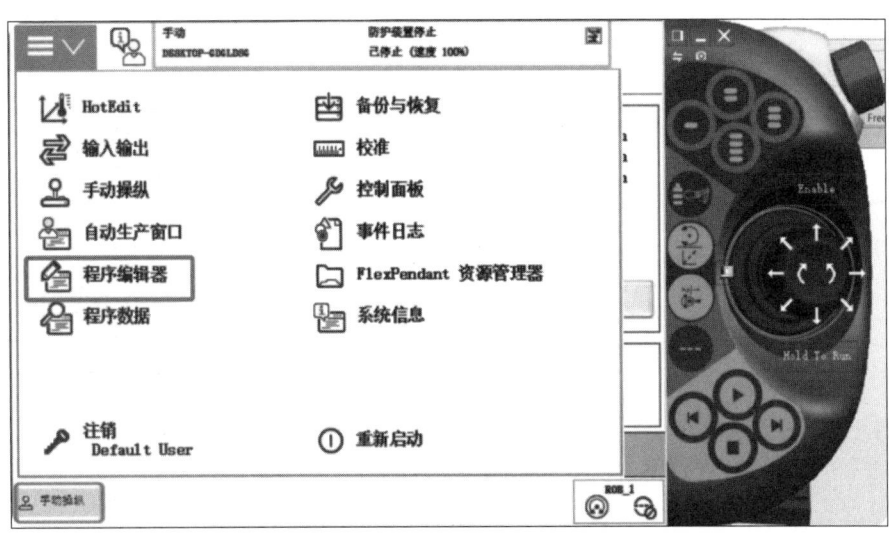

图 7-41 主菜单选择"程序编辑器"页面

② 如果机器人系统和机器人工作站已经创建完成,则不需要新建程序,可直接进行程序的编写,如图 7-42 所示。也可以在"任务与程序"选项中进行新建操作。选择"文件"中的"新建程序"选项,如图 7-43 所示。

图 7-42 例行程序界面

图 7-43 选择"新建程序"选项

如果是新建程序,示教器的界面如图 7-44 所示。

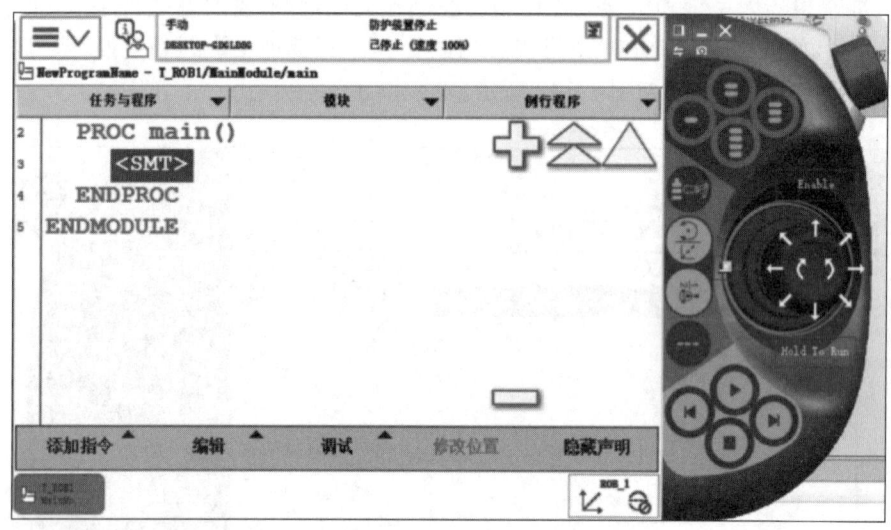

图 7-44 新建程序后例行程序界面

③ 在例行程序界面单击"添加指令",打开指令列表,如图 7-45 所示。在指令列表中选择"MoveJ",提示指令添加的位置,如图 7-46 所示。注:如果先选择如图 7-44 中"<SMT>"作为程序插入的位置,则不会弹出图 7-46 对话框。指令添加成功后如图 7-47 所示。

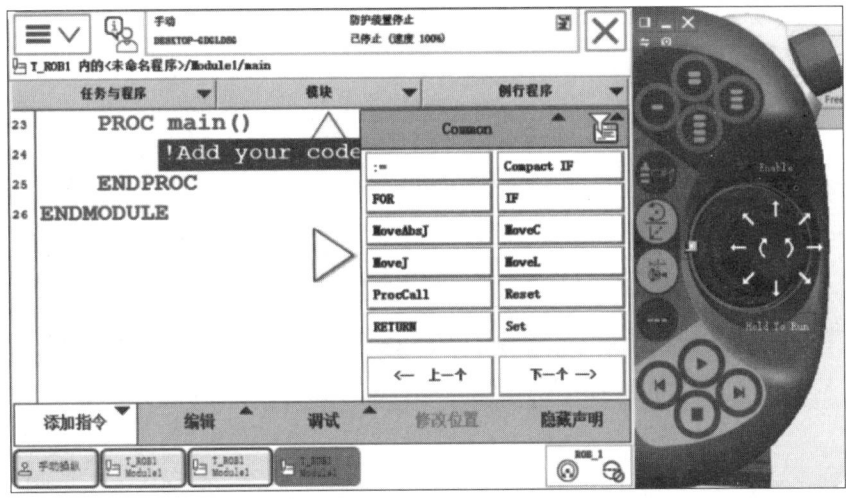

图 7-45　选择指令列表界面

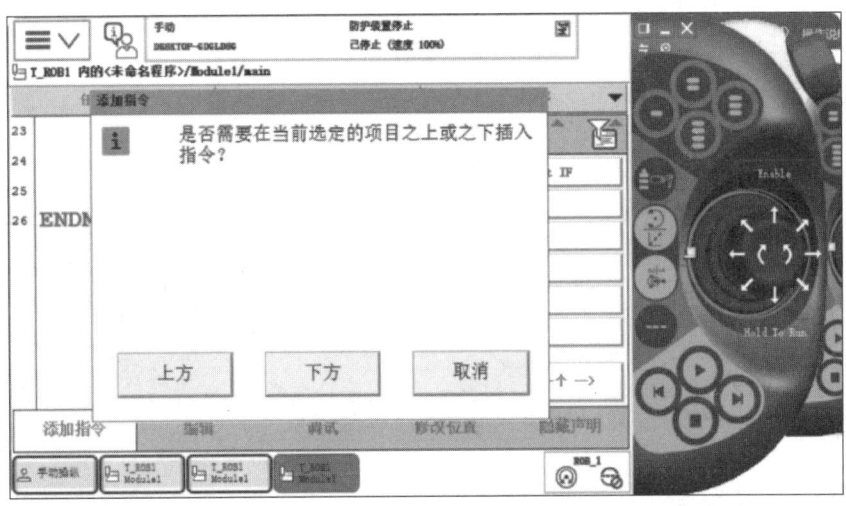

图 7-46　指令添加位置选择

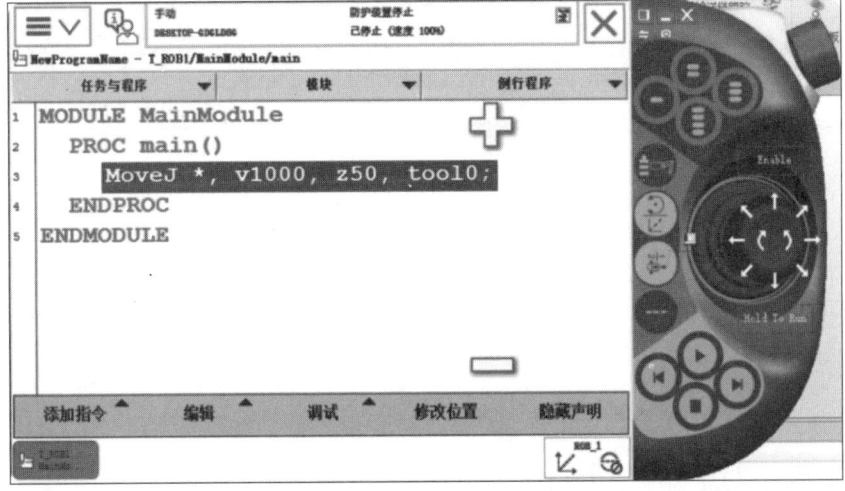

图 7-47　指令添加成功界面

④ 双击该条指令的"*",进入参数修改界面,如图7-48所示。

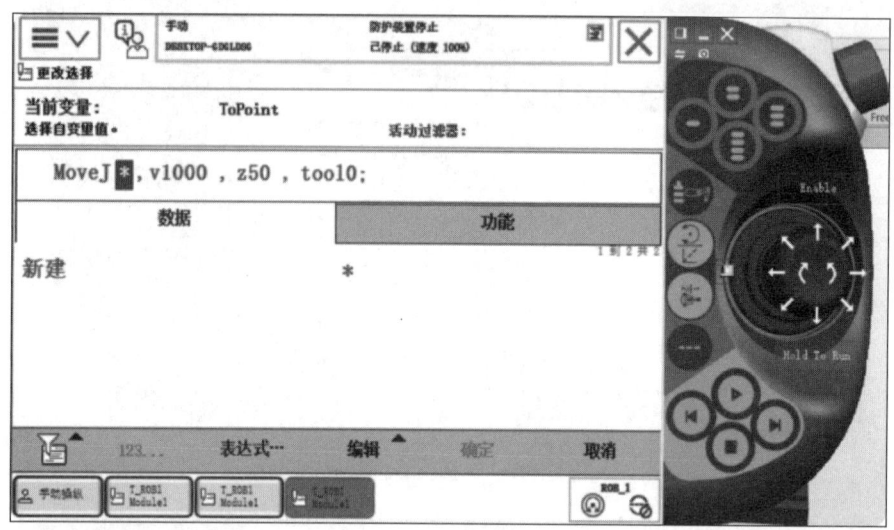

图7-48 参数修改界面

⑤ "数据"可以新建,或选择对应的参数数据。任务要求由p10运动到p20,因此设定为p10,如图7-49所示。

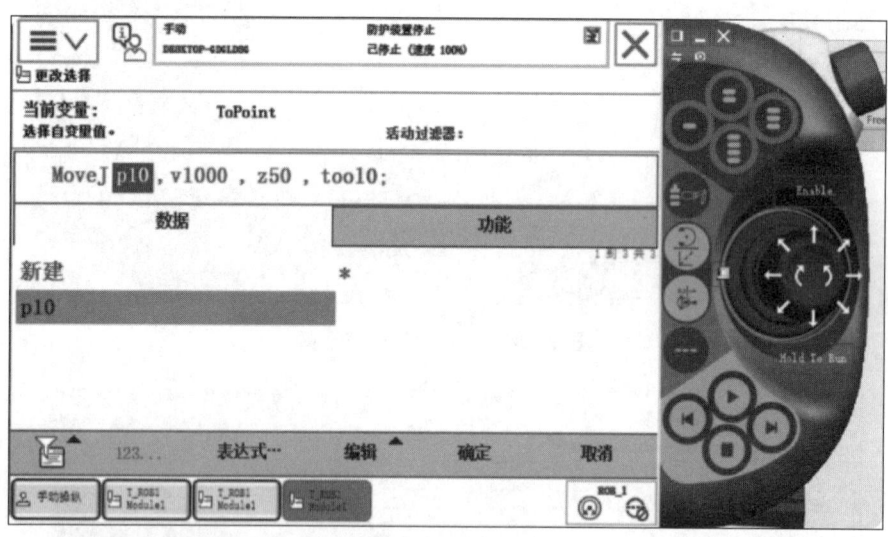

图7-49 新建p10数据

⑥ 选择合适的工作模式,通过操作操纵杆将机器人运动到p10位置,如图7-50所示,作为p10点。

⑦ 回到程序编写界面,选择"p10",单击"修改位置",更新机器人p10位置记录到程序中,如图7-51所示。

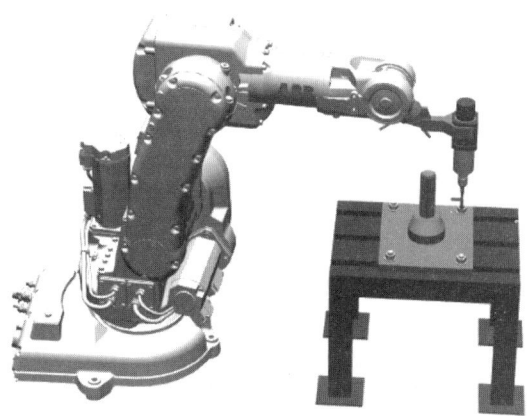

图 7-50 机器人运动到 p10 点

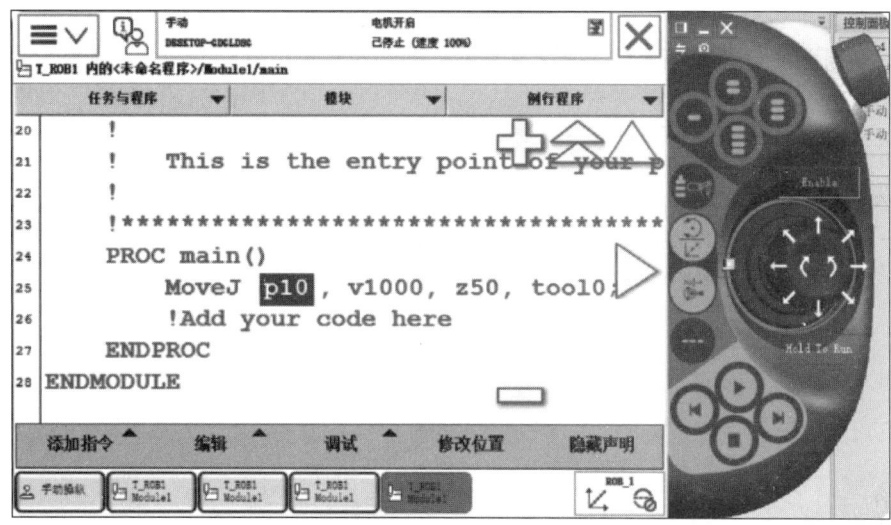

图 7-51 修改 p10 位置

⑧ 单击"修改"完成位置的确认修改,如图 7-52 所示。

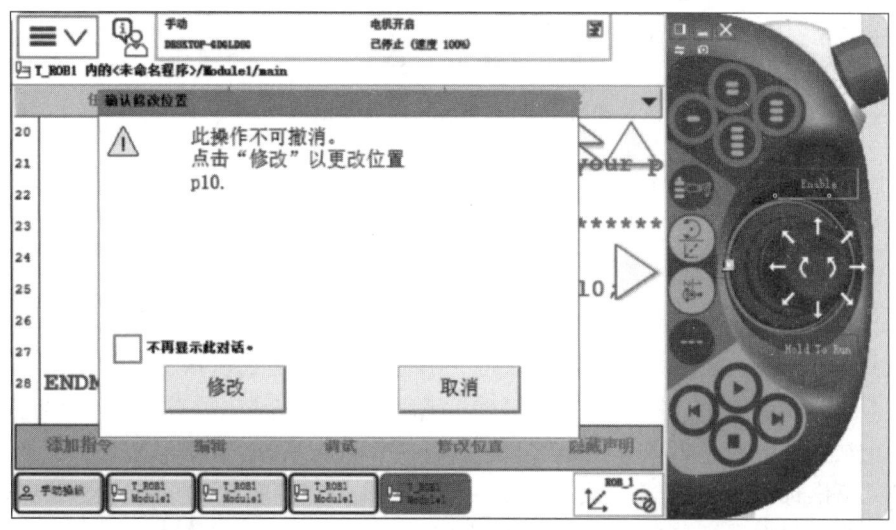

图 7-52 确认修改

⑨ 参考 p10 程序添加方法，将 p20 点添加成功。选择"MoveL"指令，添加至当前指令的下方，如图 7-53 所示。

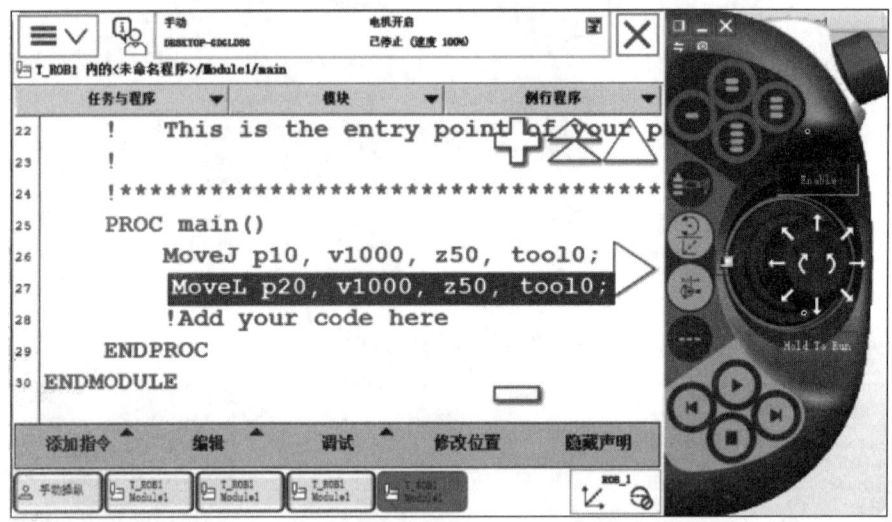

图 7-53　添加"MoveL"指令

⑩ 选择合适的工作模式，通过操作操纵杆将机器人运动到 p20 位置，如图 7-54 所示，作为 p20 点。

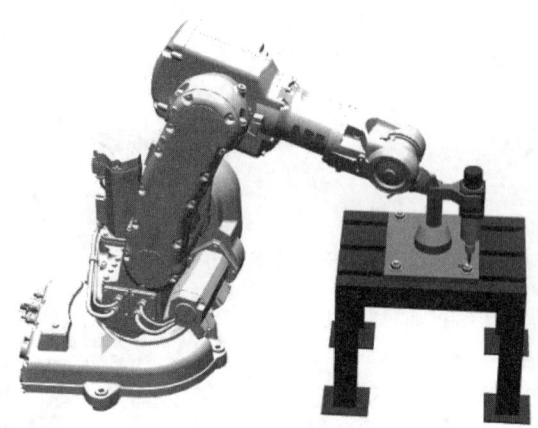

图 7-54　机器人运动到 p20 点

⑪ 回到程序编写界面，选择"p20"，单击"修改位置"，更新机器人 p20 位置记录到程序中。

3. 坐标系的标定

（1）工具坐标系的标定

工业机器人工具坐标系的标定是指将 TCP 的位姿传输给机器人，指出它与机器人末端关节坐标系的关系。目前，机器人工具坐标系的标定方法主要有外部基准标定法和多点标定法。

外部基准标定法：只需将工具对准某一测定好的外部基准点，便可完成标定，标定过程快捷简便。但这类标定方法依赖机器人外部基准。

多点标定法：大多数工业机器人都具备工具坐标系多点标定功能。这类标定包含 TCP 位置多点标定和 TCF 姿态多点标定。TCP 位置标定是使几个标定点 TCP 位置重合，从而计算出 TCP，如四点法；而 TCF 姿态标定是使几个标定点之间具有特殊的方位关系，从而计算出工具坐标系相对于末端关节坐标系的姿态，如五点法（在四点法的基础上，除能确定工具坐标系的位置外，还能确定工具坐标系的 Z 轴方向）、六点法（在四点法、五点法的基础上，能确定工具坐标系的位置和工具坐标系 X、Y、Z 三轴的姿态）。

六点法标定步骤如下：
① 在机器人的动作范围内找一个非常精确的固定点作为参考点；
② 在工具上确定一个参考点（最好是工具中心点 TCP）；
③ 按手动操作机器人的方法移动工具参考点，以四种不同的工具姿态尽可能与固定点刚好碰上。第四点是用工具的参考点垂直于固定点，第五点是工具参考点从固定点向将要设定的 TCP 的 X 方向移动，第六点是工具参考点从固定点向将要设定的 TCP 的 Z 方向移动；
④ 机器人控制器通过前四个点的位置数据即可计算出 TCP 的位置，通过后两个点即可确定 TCP 的姿态；
⑤ 根据实际情况设定工具的质量和重心位置数据。

（2）工件坐标系的标定

工件坐标系是工件相对于大地坐标系（或其他坐标系）的位置，因此标定的时候需要基于大地基座和工件框架。工业机器人可以拥有若干工件坐标，或者表示不同工件，或者表示同一工件在不同位置的若干副本。对工业机器人进行编程就是在工件坐标中创建目标和路径。利用工件坐标进行编程，重新定位工作站中的工件时，只需要更改工件坐标的位置，所有路径将随之更新。

目前机器人工件坐标系标定常用的方法是三点标定法。三点标定法是指在对象的平面上只需要定义三个点，就可以建立一个工件坐标系。其操作步骤如下：

（1）手动操纵机器人在工件表面或边缘角的位置找到一点 X_1，作为坐标系的原点。

（2）手动操纵机器人沿工件表面或边缘找到一点 X_2，X_1 和 X_2 确定工件坐标系的 X 轴的正方向。X_1 和 X_2 距离越远，定义的坐标系轴向越精准。

（3）手动操纵机器人在 X 平面上并且 Y 值为正的方向找到一点 Y_1，确定坐标系的 Y 轴的正方向。

7.5.5 搬运仿真工作站

1. 学习目的

(1) 熟悉和掌握 RobotStudio 软件的使用。
(2) 学习并使用 RobotStudio 对工业机器人进行编程。
(3) 掌握工业机器人搬运的工作流程。
(4) 掌握工业机器人搬运的编程方法。

2. 任务要求

工业机器人的搬运主要是指通过安装不同的末端执行器，如吸盘、抓夹等，来实现物料的搬运，因而可适用于重复劳动、繁重的体力劳动及危险环境的作业中。

本任务要求建立一个工业机器人搬运仿真工作站,其中包含机器人本体、真空吸盘、物料和工作台。要求将物料从工作台的 A 点搬运到 B 点位置,并且保证机器人工作流程正常运行。

(1) 建立工业机器人搬运仿真工作站。

(2) 根据任务要求,规划工业机器人搬运的工作流程,并绘制出流程框图和运动轨迹。

(3) 掌握 RobotStudio 中工业机器人 I/O 配置的设定方法。

(4) 通过编程,实现工业机器人的正常搬运工作。

3. 操作指导

(1) 工业机器人搬运仿真工作站的建立

建立工业机器人搬运仿真工作站,其中包含机器人本体、真空吸盘、物料和工作台,如图 7-55 所示。

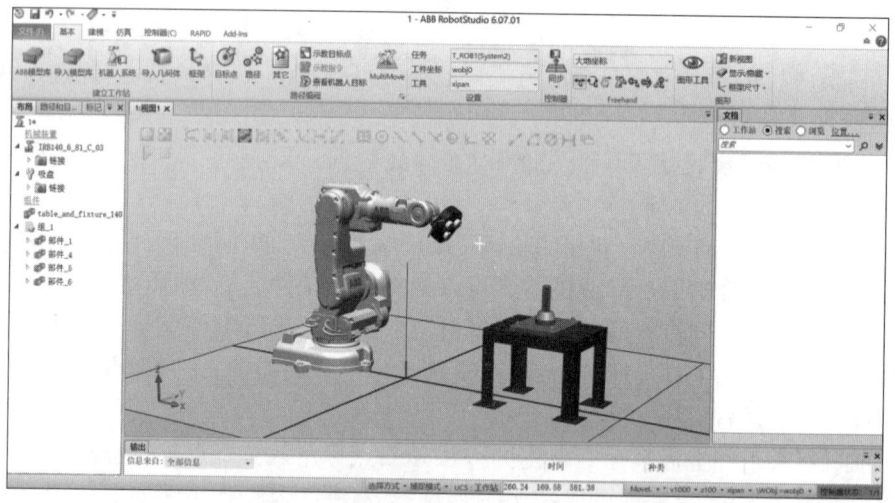

图 7-55 工业机器人搬运仿真工作站

(2) 工作任务及运动规划

工作任务由在线示教的方式来实现流程。任务中要求将物料从工作台的 A 点搬运到 B 点,因此机器人的搬运工作流程包含物料的抓取、物料的搬运和物料的放置等内容,其工作流程规划图如图 7-56 所示。

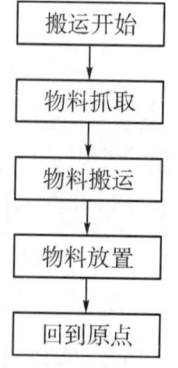

图 7-56 搬运工作流程规划图

一般情况下，机器人在搬运过程中包含起始点、物料抓取正上方点、物料抓取的位置点、物料放置的正上方点和物料放置的位置点。但是实际操作过程中，考虑到操作时流程的正确完成度，工作过程中增加一些过程点以防止硬件之间的碰撞，因此采用8个程序点，具体程序点说明如表7.3所示。

表7.3 搬运工作过程中程序点说明

程序点	说明
程序点1	机器人的起始点
程序点2	机器人移动到物料上方的过程点
程序点3	机器人移动到物料正上方点
程序点4	物料抓取的位置点（A点）
程序点5	机器人抓取物料后的空走点
程序点6	机器人移动到B点正上方点
程序点7	物料放置的位置点（B点）
程序点8	机器人放置物料后的空走点

（3）配置I/O信号

根据表7.4的参数配置I/O信号。

表7.4 I/O信号参数

名称	类型	地址	功能
do00	信号输出	0	吸盘控制
di07	信号输入	7	电机上电控制
di08	信号输入	8	程序开始控制
di09	信号输入	9	程序停止控制
di11	信号输入	11	急停复位控制
do05	信号输出	5	电机上电状态
do06	信号输出	6	急停状态
do07	信号输出	7	程序运行状态
do08	信号输出	8	程序报错

（4）机器人搬运过程的建立

根据搬运流程和程序点的规划，可将机器人搬运的过程通过以下步骤来实现。

① 设置机器人的工作原点作为流程开始的起始点，将其设置为第一个示教点；

② 通过合适的坐标系选择，将机器人示教移动到物料的上方，注意此时不一定在物料正上方，须添加第二个示教点；

③ 通过合适的坐标系选择，将机器人示教移动到物料正上方，添加第三个示教点；

④ 选择直角坐标系，沿Z轴方向将吸盘移动到物料抓取的位置点，添加第四个示教点；

⑤ 添加吸盘开启指令;

⑥ 选择直角坐标系,沿 Z 轴方向将吸盘移动到物料的正上方点,即抓取物料后的空走点,添加第五个示教点;

⑦ 通过合适的坐标系选择,将机器人示教移动到 B 点正上方,添加第六个示教点;

⑧ 选择直角坐标系,沿 Z 轴方向将吸盘移动到物料放置的位置点,添加第七个示教点;

⑨ 添加吸盘关闭指令;

⑩ 选择直角坐标系,沿 Z 轴方向将吸盘移动到物料的正上方点,即放置物料后的空走点,添加第八个示教点;

⑪ 机器人回到初始位置;

⑫ 仿真运行,观察搬运过程是否能顺利完成,如果正常,则表示任务要求已实现,否则根据错误地点进行修改,再仿真,直到顺利完成任务为止。

7.5.6　码垛仿真工作站

1. 学习目的

(1) 熟悉和掌握 RobotStudio 软件的使用。

(2) 学习并使用 RobotStudio 对工业机器人进行编程。

(3) 掌握工业机器人码垛的工作流程。

(4) 掌握工业机器人码垛的编程方法。

2. 任务要求

工业机器人的码垛主要是指通过末端执行器将物品按照摆放要求堆叠放置,末端执行器可选择吸盘、抓夹等夹具,其选择需根据物品的性质、形状、重量等参考因素。工业机器人的码垛作业广泛应用于生产加工等过程中物料的摆放,因而可减少繁重的体力劳动和危险环境的作业。

本任务要求建立一个工业机器人码垛仿真工作站,其中包含机器人本体、真空吸盘、多个物料(至少三个)和工作台。要求将物料在工作台上堆叠放置成一落,码垛过程中需保证机器人工作流程正常运行。

(1) 建立工业机器人码垛仿真工作站。

(2) 根据任务要求,规划工业机器人搬运的工作流程,并绘制出流程框图和运动轨迹。

(3) 掌握 RobotStudio 中工业机器人 I/O 配置的设定方法。

(4) 通过编程,实现工业机器人的码垛工作。

3. 操作指导

(1) 工业机器人码垛仿真工作站的建立

建立工业机器人码垛仿真工作站,其中包含机器人本体、真空吸盘、三个大小不一样的物料和工作台,如图 7-57 所示。

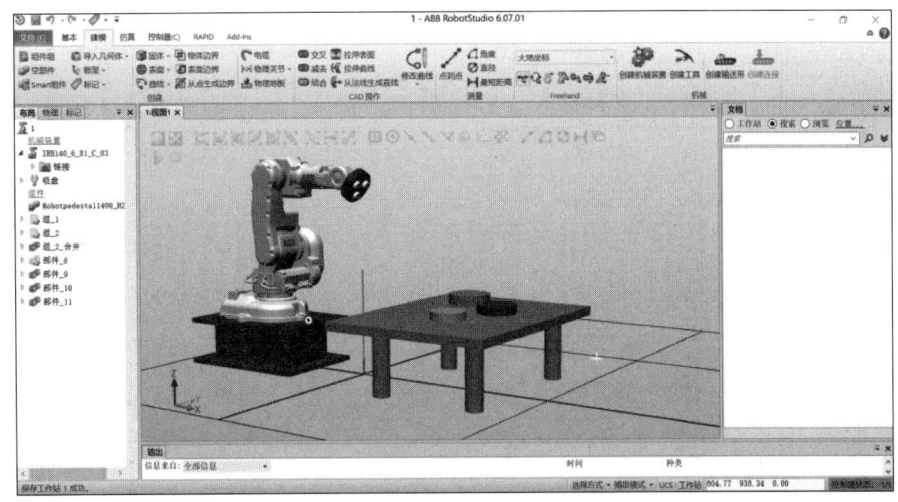

图 7-57 工业机器人码垛仿真工作站

(2) 工作任务及运动规划

工作任务由在线示教的方式来实现流程。任务中要求将物料在工作台上堆叠放置成一落,因此机器人的搬运工作流程和搬运类似,包含物料的抓取、物料的搬运和物料的放置等内容,仅需要多次搬运,其工作流程规划图如图 7-58 所示。

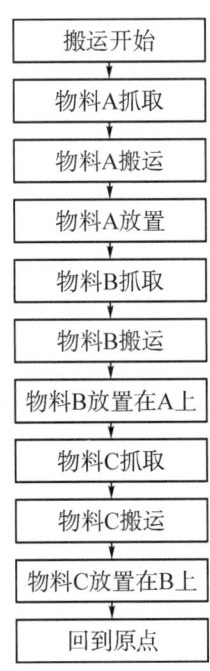

图 7-58 码垛工作流程规划图

一般情况下,机器人在码垛过程中搬运 A、B、C 物料的过程均类似于搬运过程,因此码垛过程中的程序点同搬运类似,在此不多作说明。

(3) 配置 I/O 信号

根据表 7.5 的参数配置 I/O 信号。

表 7.5　I/O 信号参数

名称	类型	地址	功能
do00	信号输出	0	吸盘控制
di01	信号输入	1	物料信号
di07	信号输入	7	电机上电控制
di08	信号输入	8	程序开始控制
di09	信号输入	9	程序停止控制
di11	信号输入	11	急停复位控制
do05	信号输出	5	电机上电状态
do06	信号输出	6	急停状态
do07	信号输出	7	程序运行状态
do08	信号输出	8	程序报错

（4）机器人码垛过程的建立

根据搬运流程和程序点的规划，可通过机器人多次搬运来完成码垛过程，因此不再多作说明。

习　题

7-1　工业机器人的主要编程方式有哪几种？各有什么特点？

7-2　从描述操作命令的角度来看，机器人编程语言的水平可分为哪几级？

7-3　示教再现编程的基本指令有哪些？

7-4　仿真吸盘工具的建立是如何实现的?

7-5　工业机器人在搬运的过程中为什么要有空走点?

7-6　机器人的抓取工具有很多种,例如:吸盘、三爪外抓手抓、平行连杆两爪等,不同的抓取工具有哪些功能要求?

7-7　若想实现自动搬运工作,该如何编程?

7-8　参考工业机器人码垛仿真工作站,搭建一个工业机器人拆垛仿真工作站。

7-9　工业机器人的码垛也常使用于物流配送,尝试完成一次简单的物流过程。

7-10　机器人完成工件 A 点到 B 点的焊接运动轨迹。示教如图 7-59 所示。

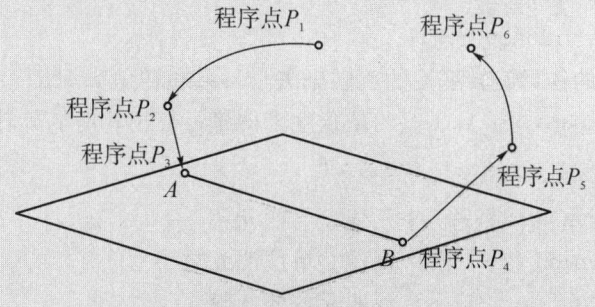

图 7-59　二自由度平面机械手

附录一:机器人的 Matlab 仿真

1. 二维空间位姿描述

(1) T = SE2(x, y, theta);   %代表(x,y)的平移和 theta 角度的旋转
(2) trplot2(T);   %画出相对于世界坐标系的变换 T
(3) T = transl2(x, y);   %二维空间中,纯平移的齐次变换

2. 三维空间位姿描述

(1) R = rotx(theta);   %绕 x 轴旋转 theta 得到的旋转矩阵
(2) R = roty(theta);   %绕 y 轴旋转 theta 得到的旋转矩阵
(3) R = rotz(theta);   %绕 z 轴旋转 theta 得到的旋转矩阵
(4) trplot(R);   %绘制出相应的旋转矩阵
(5) tranimate(R);   %做一个旋转动画

3. 三角度表示法

(1) 欧拉角:$R = rotz(\alpha) * roty(\beta) * rotz(\gamma)$

eul = tr2eul(R);   %旋转矩阵用欧拉角表示

R = eul2r(eul);   %eul = $[\alpha\ \beta\ \gamma]$.欧拉角转换为旋转矩阵

(2) RPY 角:$R = rotz(\alpha) * roty(\beta) * rotx(\gamma)$

rpy = tr2rpy(R);   %旋转矩阵用 roll-pitch-yaw 角表示

R = rpy2r(α, β, γ,options);   % roll-pitch-yaw 角用旋转矩阵表示

4. 绕空间任意向量旋转

[theta,vec] = tr2angvec(R);
%求出 R 等效的任意旋转变换的旋转轴矢量 vec 和转角 theta
R = angvec2r(theta,vec);   %从角度和向量计算出相应的旋转矩阵

5. 单位四元数

Q = Quaternion([s,v]);   %建立 s 四元数
Q = UnitQuaternion ([s,v]);   %建立单位四元数
Qi = Q.inv();   %四元数的共轭
Q.display();   %打印出可读形式
Q.plot();   %绘制四元数所指方向
Q.animate(options);   %四元数代表坐标变换的动画

```
Q.R;                    %转换成 3*3 旋转矩阵
Q.T;                    %转换成 4*4 齐次变换矩阵
rpy = Q.torpy();        %转换成导航角
eul = Q.toeul();        %转换成欧拉角
```

6. 坐标变换——平移类

```
t = transl(0.5, 0.0, 0.0) * troty(pi/2) * trotz(-pi/2);
```
%沿 x 轴平移 0.5,绕 y 轴旋转 pi/2,绕 z 轴旋转 -pi/2

7. 建立机器人模型函数

(1) Link 类:Link([theta, d, a, alpha]) Link 的类函数:

A:关节传动矩阵

 friction：摩擦力

 nofriction：摩擦力为 0

 islimit:检测关节变量是否超出范围

 isrevolute：检测关节是否为转动关节

 isprismatic：检测关节是否为移动关节

 display：显示 D-H 矩阵；dyn：显示动力学参数；type:关节类型:'R'或'P'

 char：转化为字符串

B:Link 的类属性(读/写):

 theta:D-H 参数；d:D-H 参数；a:D-H 参数；alpha:D-H 参数

 sigma：默认 0,旋转关节；1,移动关节

 mdh：默认 0,标准 D-H；1,改进 D-H

 offset:关节变量偏移量

 qlim：关节变量范围

 m:质量；r:质心；I:惯性张量；B:黏性摩擦；Tc:静摩擦；G:减速比；Jm:转子惯量

(2) Seriallink 类:

```
R = SerialLink(links, options);
R.plot (theta);
```

A:Seriallink 的类属性(读/写):

 links：连杆向量；

 gravity:重力加速度；

 base:基坐标系；

 tool:与基坐标系的变换矩阵；

 qlim:关节极限位置

B:Seriallink 的类属性(读):

 n:关节数；

 config:关节配置,如'RRRRRR'；

 theta:D-H 参数；d:D-H 参数；a:D-H 参数；alpha:D-H 参数；

 mdh:D-H 矩阵类型:默认 0,标准 D-H；1,改进 D-H 参数；

 Example 1:标准 DH 参数,建立 sawyer 机器人模型

```
clc
clear;
L0 = Link([0 0.317 0.081 -pi/2],'standard);
L1 = Link([-pi/2 0.1925,0,-pi/2],'standard');
L2 = Link([0 0.4,0,-pi/2],'standard');
L3 = Link([0 0.1685,0,pi/2],'standard');
L4 = Link([0 0.4,0,pi/2],'standard');
L5 = Link([0 0.1363,0,-pi/2],'standard');
L6 = Link([0 0.13375,0,0],'standard');
robot = SerialLink([L0,L1,L2,L3,L4,L5,L6]);
robot.name = 'standard sawyer';
robot.display();
robot.plot([0 -pi/2 0 0 0 0 0]);
robot.teach();
```

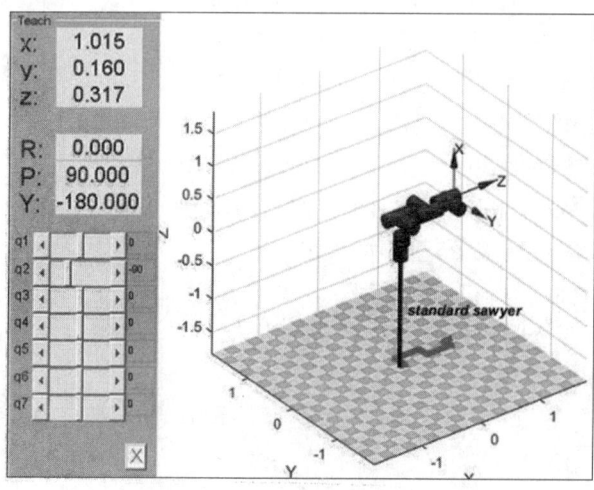

附录图 1-1

Example 2：改进 DH 参数，建立 sawyer 机器人模型
```
clc
clear;
L1 = Link([0 0 0 0],'modified');        %[thetai,di,a_{i-1},a_{i-1}]
L2 = Link([-pi/2 0.1925,0.081,-pi/2],'modified');
L3 = Link([0 0.4,0,-pi/2],'modified');
L4 = Link([0 0.1685,0,-pi/2],'modified);
L5 = Link([0 0.4,0,pi/2],'modified');
L6 = Link([0 0.1363,0,pi/2],'modified');
L7 = Link([0 0.13375,0,-pi/2],'modified');
b = isrevolute(L1);
robot = SerialLink([L1,L2,L3,L4,L5,L6,L7]);
```

```
robot.name ='modified sawyer';
robot.display0;
robot.plot([0 -pi/2 0 0 0 0 0]);
robot.teach();
```

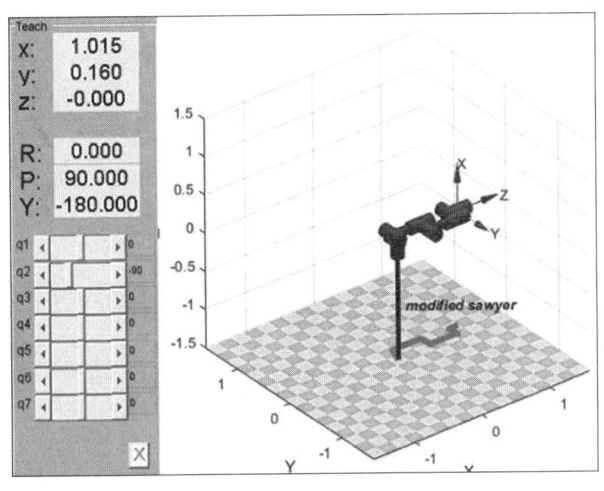

附录图 1-2

8. 正运动学:给定关节坐标求末端执行器的位姿

SerialLink.fkine(theta);   %对已经建立的机器人模型做运动学分析

Example 3:puma560 机器人正运动学:

```
>>mdl_puma560              %加载 puma560 模型
>>qz                       %零角度
qz = 0 0 0 0 0 0
>>qr                       %就绪状态,机械臂伸直且垂直
qr = 0 1.5708  -1.5708  0  0  0
>>qs                       %伸展状态,机械臂伸直且水平
qs = 0  -1.5708  0  0  0  0
>>qn                       %标准状态,机械臂处于灵巧工作状态
qn = 0  0.7854  3.1416  0  0.7854  0
>>p560.plot(qn)
>>T = p560.fkine(qn)
T = 0   0   1   0.5963
    0   1   0  -0.1501
   -1   0   0  -0.01435
    0   0   0   1
```

9. 逆运动学:给定末端执行器的位姿求关节坐标

SerialLink.ikine6s(T,config);   %逆运动学封闭解

config:'l','r':左手或右手

'u','d':肘部在上或在下

'f','n':手腕翻转或不翻转

SerialLink.ikine(T);   %逆运动学数值解,奇异位形以及非6关节型

Example 4:puma560 机器人逆运动学

```
>>qul = p560.ikine6s(T)     %肘关节在上左手位形
    qul = 2.6486   -3.9270   0.0940   2.5326   0.9743   0.3734
>>qur = p560.ikine6s(T,'ru')   %肘关节在上右手位形
    qur = -0.0000   0.7854   3.1416   -0.0000   0.7854   0.0000
>>qdr = p560.ikine(T)    %肘关节在下右手位形
    qdr = 0.0000   -0.8335   0.0940   0.0000   -0.8312   -0.0000
```

10. 轨迹规划

(1) 关节空间:jtraj

已知初始和终止的关节角度,利用五次多项式来规划轨迹。

[q,qd,qdd] = jtraj(q0,qf,m);

(2) 笛卡尔空间:ctraj

已知初始和终止的末端关节位姿,利用匀加速、匀减速运动来规划轨迹。

Tc = ctraj(T0,T1,n);

Example 5:sawyer 机器人轨迹规划

```
init_ang- = [0,0,0,0,0,0,0];
targ_ang = [pi/4,-pi/3,pi/5,pi/2,-pi/4,pi/2,pi/3];
step = 200;
[q,qd,qdd] = jtraj(init_ang,targ_ang,step);
T0 = robot.fkine(init_ang);
Tf = robot.fkine(targ_ang);
subplot(2,4,3);i = 1:7plot(q(:,i);title('位置');grid on;
subplot(2,4,4);i = 1:7;plot(qd(:,i);title('速度'); grid on;
subplot(2,4,7)i = 1:7;plot(qdd(:,i);title('加速度'); grid on;
Tc = ctraj(T0,Tf,step);
Tjtraj = transl(Tc);
subplot(2,4,8);plot2(Tjtraj,'r');
title('p1 到 p2 直线轨迹');grid on;
subplot(2,4,[1,2,5,6]);
plot3(Tjtraj(:,1),Tjtraj(:,2),Tjtraj(:,3),'b');grid on;
hold on;
qq = robot.ikine(Tc)
robot.plot(qq);
```

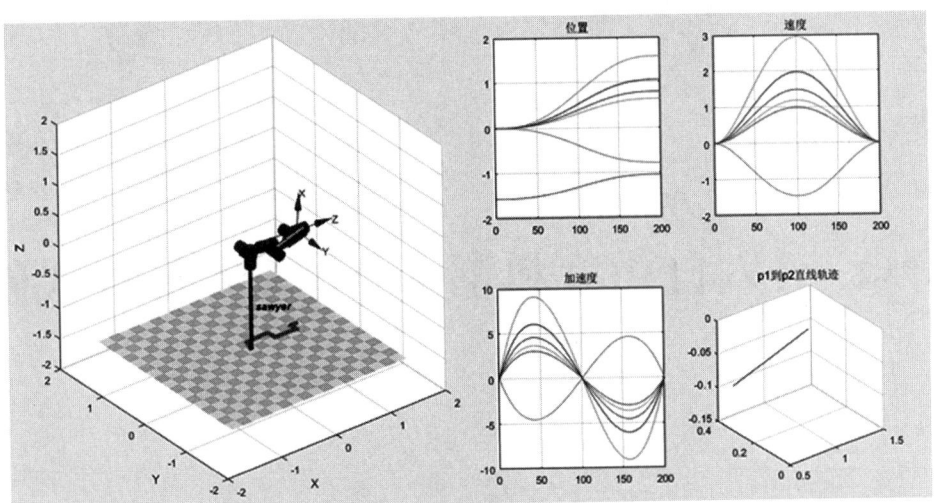

附录图 1-3

11. 雅克比矩阵

工具包中函数：

(1) SerialLink.jacob0

j0 = R.jacob0(q, options); % 在世界坐标系下,求雅可比矩阵

V = j0 * QD

(2) SerialLink.jacobn

jn = R.jacobn(q, options); % 在末端操作器空间中,求雅可比矩阵

V = jn * QD

(3) SerialLink.jacob_dot

jdq = R.jacob_dot(q, qd); % 求雅可比矩阵的微分

XDD = J(q)QDD + JDOT(q)qd

附录二：六自由度机器人 Matlab 仿真代码

1. 建模

```
clc;
clear;
%第1位:连杆转角 theta=q,第2位:连杆距离 d,%第3位:连杆长度 a,第4位:连杆扭角 alpha,第5位:0=R,1=P
%其中
a2=0.438 1; a3=0.020 3; d2=0.149 1;d4=0.433 1;
L(1)=Link([pi/2 0 0 0],'modified');
L(2)=Link([0 d2 0 -pi/2 0],'modified');
L(3)=Link([-pi/2 0 a2 0 0],'modified');
L(4)=Link([0 d4 a3 -pi/2 0],'modified');
L(5)=Link([0 0 0 pi/2 0],'modified');
L(6)=Link([0 0 0 -pi/2 0],'modified');
robot=SerialLink([L(1),L(2),L(3),L(4),L(5),L(6)]);
robot.name='PUMA560';
robot.comment='每一天都应不同';
robot.display();% SerialLink 类函数
%旋转角度1
theta1=[0 0 0 0 0 0];
robot.plot(theta1);%SerialLink 类函数
%旋转角度2
robot.plot([pi/2 0 0 0 0 0]);
%旋转角度3,伸展
robot.plot([pi/2 0 -pi/2 0 0 0]);%变直
theta2=[pi/2 0 -pi/2 0 0 0];
robot.plot(theta2);%SerialLink 类函数
%正转动画
t=[0:0.05:10]; %仿真时间
[q,qd,qdd]=jtraj(theta1,theta2,t); %关节空间规划
plot(robot,q); %动画
```

%反转动画
[q,qd,qdd]=jtraj(theta2,theta1,t);%关节空间规划
plot(robot,q);%动画
t=[0:1:10];%仿真时间
[q,qd,qdd]=jtraj(theta1,theta2,t);%关节空间规划
plot(robot,q);%动画
robot.teach()
robot.getpos()

2. 四个位置验证

qz=[0 0 0 0 0 0];% zero angle
qs=[0 0 −pi/2 0 0 0];% stretch, the arm is straight and horizontal
qr=[0 pi/2 −pi/2 0 0 0];% ready, the arm is straight and vertical
qn=[0 pi/4 −pi 0 pi/4 0];% nominal, the arm is in a dextrous working pose
robot.plot(qz);robot.plot(qs);
robot.plot(qr);robot.plot(qn);
t=[0:0.05:10];%仿真时间
[q,qd,qdd]=jtraj(qz,qn,t);%关节空间规划
plot(robot,q);%动画
%分步旋转 qz−>qn1−>qn2−>qn
qn1=[0 pi/4 0 0 0 0];
qn2=[0 pi/4 −pi 0 0 0];
qn=[0 pi/4 −pi 0 pi/4 0];
t=[0:0.05:10];%仿真时间
[q,qd,qdd]=jtraj(qz,qn1,t);%关节空间规划
plot(robot,q);%动画
t=[0:0.05:10];%仿真时间
[q,qd,qdd]=jtraj(qn1,qn2,t);%关节空间规划
plot(robot,q);%动画
t=[0:0.05:10];%仿真时间
[q,qd,qdd]=jtraj(qn2,qn,t);%关节空间规划
plot(robot,q);%动画
%分步连续旋转 qz−>qn1−>qn2−>qn

3. 正运动学

%The forward kinematics are computed using the fkine method robot.n;
% returns the number of joints
links=robot.links;
% returns a vector of Link objects comprising the robot
a2=0.4381; a3=0.0203; d2=0.1491;

d4=0.4331; robot.plot([0 0 0 0 0 0]);
robot.fkine([0 0 0 0 0 0]);
a2=0.4381; a3=0.0203; d2=0.1491;d4=0.4331; robot.plot([pi/2 0 0 0 0 0]);
robot.fkine([pi/2 0 0 0 0 0]);%如句尾不带';',执行后可显示

4. 关节曲线绘制

t=[0:0.05:10];%仿真时间
[q,qd,qdd]=jtraj(qz,qn,t);%关节空间规划
plot(robot,q);%动画
%关节3的角位移、角速度和角加速度曲线
figure
subplot(1,3,1)
plot(t,q(:,3))%关节3的角位移曲线
xlabel('时间 t/s');ylabel('关节角位移/rad');
grid on
subplot(1,3,2)
plot(t,qd(:,3))%关节3的角速度曲线
xlabel('时间 t/s');ylabel('关节角速度/(rad/s)');
grid on
subplot(1,3,3)
plot(t,qdd(:,3))%关节3的角加速度曲线
xlabel('时间 t/s');ylabel('关节角加速度/(rad/s^2)');
grid on

5. 机器人末端的运动轨迹

%先画轨迹图,再画动画
T=fkine(robot,q);
x(1,1:201)=T(1,4,:);
y(1,1:201)=T(2,4,:);
z(1,1:201)=T(3,4,:);
figure;
plot3(x,y,z,'ko');%轨迹图像
axis([-1 1 -1 1 -1 1]);
grid on
t=[0:0.05:10];%仿真时间
[q,qd,qdd]=jtraj(qz,qn,t);%关节空间规划
plot(robot,q); %动画

6. 逆运动学

```
qn=[0 pi/4 -pi 0 pi/4 0];
T=robot.fkine(qn);
qi=robot.ikine(T)
%-0.0000 -0.8214 0.0937 -0.0000 -0.8431 0.0000
robot.plot([-0.0000 -0.8214 0.0937 -0.0000 -0.8431 0.0000]);
qn=[0 pi/4 -pi 0 pi/4 0]; % nominal, the arm is in a dextrous working pose robot.plot(qn);
t=[0:0.1:10];
[q,qd,qdd]=jtraj(qi,qn,t);
plot(robot,q); %动画
%再反转回去
[q,qd,qdd]=jtraj(qn,qi,t);
plot(robot,q); %动画
%得到T矩阵
Tk=T(:,:,51);
%画出坐标系
trplot(Tk,'frame','tk','color','r')
```

参考文献

[1] 兰虎. 工业机器人技术及应用[M]. 2版. 北京:机械工业出版社,2014.

[2] 韩鸿鸾. 工业机器人工作站系统集成与应用[M]. 北京:化学工业出版社,2017.

[3] 温宏愿,孙松丽,林燕文. 工业机器人技术及应用[M]. 北京:高等教育出版社,2019.

[4] 工控帮教研组. ABB 工业机器人虚拟仿真教程[M]. 北京:电子工业出版社,2019.

[5] 雷旭昌,陈江魁,王茜菊. 工业机器人 RobotStudio 仿真训练教程[M]. 重庆:重庆大学出版社,2019.

[6] 项万明. 工业机器人现场编程[M]. 北京:人民交通出版社,2019.

[7] 邓三鹏. ABB 工业机器人编程与操作[M]. 北京:机械工业出版社,2018.

[8] 王震宇. ABB 工业机器人操作基础[M]. 哈尔滨:黑龙江人民出版社,2019.

[9] 汪洪青,曲晓绪、崔艳梅. 工业机器人操作与编程[M]. 北京:北京理工大学出版社,2019.

[10] 佚名. 机器人无线示教器以及 COMAU 公司 WITP 的基本原理[J]. 机器人技术与应用,2006(6):4.

[11] 〔日〕白井良明. 机器人工程[M]. 北京:科学出版社,2001.

[12] 蔡自兴. 机器人学基础[M]. 北京:机械工业出版社,2009.

[13] 张明文. 工业机器人基础与应用[M]. 北京:机械工业出版社,2018.

[14] 朱洪前. 工业机器人技术[M]. 北京:机械工业出版社,2019.6.

[15] 徐德. 机器人视觉测量与控制[M]. 北京:电子工业出版社,2012.

[16] 陈万米. 机器人控制技术[M]. 北京:机械工业出版社,2017.

[17] 刘杰,王涛. 工业机器人应用技术基础[M]. 武汉:华中科技大学出版社,2019.

[18] 郭彤颖,安冬. 机器人学及其智能控制[M]. 北京:人民邮电出版社,2014.

[19] 〔澳〕科克(Corke,P)著. 机器人学、机器视觉与控制:MATLAB 算法基础[M]. 刘荣,等译. 北京:电子工业出版社,2016.

[20] 〔美〕克来格. 机器人学导论[M]. 贠超,等译. 北京:机械工业出版社,2006.6.

[21] 张涛. 机器人引论[M]. 北京:机械工业出版社,2016.11.

[22] 郭洪红. 工业机器人技术[M]. 西安:西安电子科技大学出版社,2016.

[22] 郝巧梅,刘怀兰. 工业机器人技术[M]. 北京:电子工业出版社,2016.

[23] 杨立云. 工业机器人技术基础[M]. 北京:机械工业出版社,2017.

[24] 杨杰忠,王泽春,刘伟. 工业机器人技术基础[M]. 北京:机械工业出版社,2017.

[25] 吴军,徐昕,连传强,等. 协作多机器人系统研究进展综述[J]. 智能系统学报,2011,(1):13-27.

[26] 韩峥,刘华平,黄文炳,等. 基于Kinect的机械臂目标抓取[J]. 智能系统学报,2013,8(2):149-155.

[27] 汪励,陈小艳. 工业机器人工作站系统集成[M]. 北京:机械工业出版社,2014.

[28] 侯守军,金陵芳. 工业机器人技术基础[M]. 北京:机械工业出版社,2017.

[29] 姚屏. 工业机器人技术基础[M]. 北京:机械工业出版社,2020.